LES ANIMAUX ET ECOSYSTEMES DE L'HOLOCENE DISPARUS DE MADAGASCAR

Steven M. Goodman & William L. Jungers

Illustrations de
Velizar Simeonovski

Association Vahatra
Antananarivo, Madagascar

2013

Publié par l'Association Vahatra
BP 3972
Antananarivo (101)
Madagascar
edition@vahatra.mg

Editeurs de série : Marie Jeanne Raherilalao & Steven M. Goodman

ISBN 978-2-9538923-4-5

Titre original : *Windows into the extraordinary recent land animals and ecosystems of Madagascar*
Sous licence de l'University of Chicago Press, Chicago, Illinois, USA

Cartes par Herivololona Mbola Rakotondratsimba et Luci Betti-Nash
Page de couverture, design et mise en page par Malalarisoa Razafimpahanana

La publication de ce livre a été généreusement financée par des subventions de Fondation de la Famille Ellis Goodman et du Fond de Partenariat pour les Ecosystèmes Critiques (CEPF).

Imprimerie : Graphoprint
Z. I. Tanjombato, B.P. 3409, Antananarivo 101, Madagascar
Dépot légal no. 125/05/2013. Tirage 1. 000 ex.

Objectif de la série de guides de l'Association Vahatra sur la diversité biologique de Madagascar.

Au cours des dernières décennies, des progrès énormes ont été réalisés concernant la description et la documentation de la flore et de la faune de Madagascar, des aspects des communautés écologiques ainsi que de l'origine et de la diversification des myriades d'espèces qui peuplent l'île. Nombreuses informations ont été présentées de façons technique et compliquée, dans des articles et ouvrages scientifiques qui ne sont guère accessibles, voire hermétiques à de nombreuses personnes pourtant intéressées par l'histoire naturelle. De plus, ces ouvrages, uniquement disponibles dans certaines librairies spécialisées, coûtent cher et sont souvent écrits en anglais. Des efforts considérables de diffusion de l'information ont également été effectués auprès des élèves des collèges et lycées concernant l'écologie, la conservation et l'histoire naturelle de l'île, par l'intermédiaire de clubs et de journaux tel que *Vintsy*, organisés par WWF-Madagascar. Selon nous, la vulgarisation scientifique est encore trop peu répandue, une lacune qui peut être comblée en fournissant des notions captivantes sans être trop techniques sur la biodiversité extraordinaire de Madagascar. Tel est l'objectif de la présente série où un glossaire définissant les quelques termes techniques écrits en gras dans le texte, est présenté à la fin du livre.

L'Association Vahatra, basée à Antananarivo, a entamé la parution d'une série de guides qui couvrira plusieurs sujets concernant la diversité biologique de Madagascar. Pour le présent guide, nous présentons des informations sur les écosystèmes et les animaux disparus, pour souligner à quel niveau la faune et la flore de l'île sont délicates. Nous sommes vraiment convaincus que pour informer la population malgache sur son patrimoine naturel, et pour contribuer à l'évolution vers une perception plus écologique de l'utilisation des ressources naturelles et à la réalisation effective des projets de conservation, la disponibilité de plus d'ouvrages pédagogiques à prix raisonnables est primordiale. Nous introduisons par la présente édition le cinquième livre de la série, concernant les animaux et écosystèmes de l'Holocène disparus de Madagascar.

Association Vahatra
Antananarivo, Madagascar
15 mai 2013

En mémoire des Professeurs

Berthe Rakotosamimanana et Robert Dewar

TABLE DE MATIERES

Préface du Dr. Chantal Radimilahy 4

Remerciements 6

Partie 1
Introduction 8
    Généralités 8
    Format du livre 8
    L'artiste 10
Temps géologiques, dates et datation au carbone-14 11
    Qu'est-ce qu'un subfossile ? 13
    Types de sites subfossiles 14
Aperçu des origines, de la géologie, de la colonisation, des animaux et
    des habitats modernes de Madagascar 23
    Madagascar au cours du temps géologique – isolement et origine
        de ses animaux et de ses plantes 23
    I listoire dc la colonioation animale 25
    Géographie 25
    Géologie 29
    Modèles de végétation 31
        Forêt humide 31
        Forêt sèche caducifoliée 36
        Bush épineux 38
        Savane et prairie 39
Brève histoire du changement climatique à Madagascar depuis le
    Pléistocène supérieur 45
Histoire de la colonisation humaine de Madagascar 47
    Considérations relatives à la langue et différents types de
        présentations 48
    Preuves génétiques humaines 49
    Preuves de la colonisation de Madagascar avant l'Age du fer 50
    Témoins archéologiques de l'occupation et de l'établissement
        humains 51
    Preuves paléontologiques et paléoécologiques 53
    Résumé 54
Interactions entre les humains et les vertébrés terrestres, aujourd'hui
    disparus 55
Hypothèses sur les causes des extinctions de l'Holocène 59
Extinction, conservation et avenir 60

Partie 2
Changements écologiques au cours des temps géologiques récents :
    études de cas des sites paléontologiques et archéologiques 63

Planches géographiques

Planche 1. Cap Sainte Marie – écologie des oiseaux-éléphants et leur relation avec les humains 63

Planche 2. Andrahomana I – écologie de l'extrême Sud-est de Madagascar et baromètre du changement 72

Planche 3. Andrahomana II – preuves d'un tsunami holocénique dans le Sud de l'océan Indien et relations prédateur-proie 83

Planche 4. Tsimanampetsotsa – modifications écologiques rapides face au changement climatique naturel 88

Planche 5. Taolambiby – hypothèses liées à l'extinction des animaux et à la chasse par l'homme : preuves matérielles et interprétations 98

Planche 6. Ankilitelo – gouffre profond et inférences sur les changements écologiques et fauniques récents 105

Planche 7. Ampoza I – reconstruction de l'écologie et de la faune d'un ancien habitat riverain permanent du Sud-ouest 115

Planche 8. Ampoza II – changements écologiques dans une communauté forestière et couloirs de forêt humide se raccordant à la partie orientale de l'île 121

Planche 9. Belo sur Mer – éclaircissement sur différentes hypothèses liées aux changements environnementaux : naturels et provoqués par l'homme 129

Planche 10. Mananjary – ancien système estuarien des plaines de l'Est de Madagascar et certains de ses éléments fauniques 139

Planche 11. Région d'Antsirabe – écologie des marais des Hautes Terres centrales et des habitats forestiers : mesure du changement au cours du temps 144

Planche 12. Ampasambazimba – reconstruction d'un habitat de forêt de montagne et d'une savane boisée qui n'existent plus sur l'île 154

Planche 13. Anjohibe I – secrets du passé révélés par l'étude d'un os et de pollen subfossiles retrouvés dans une grotte 168

Planche 14. Anjohibe II – déductions basées sur des restes trouvés dans une grotte et aspects des organismes vivant dans l'écosystème adjacent 175

Planche 15. Anjajavy – gouffre-piège, écologie d'un lémurien disparu et biodiversité actuelle et éteinte jamais dévoilée 183

Planche 16. Ankarana I – changements écologiques d'une forêt communautaire, aperçu à partir du sol 188

Planche 17. Ankarana II – changements écologiques d'une communauté forestière de lémuriens, aperçu à partir de la canopée de la forêt 195

Planche 18. Ankarana III – tragédie et reconstitution du mode de vie et de l'écologie d'un lémurien disparu à partir de ses restes osseux 202

Planches sur les espèces

Planche 19. *Cryptoprocta spelea* – méga-prédateur disparu : mode de vie et stratégie de chasse 206

Planche 20. *Stephanoaetus mahery* – prédateur présumé être spécialiste des primates et son rôle dans l'évolution du comportement des lémuriens actuels et disparus 211

Glossaire 218

Bibliographie 224

Index de noms scientifiques 241
Index des localités à Madagascar 248

PREFACE

Madagascar, située dans l'océan Indien à l'Est du continent africain est notoirement connue pour sa faune et sa flore exceptionnelles. Son environnement, avec entre autres les baobabs, les lémuriens attirent les touristes et la population est mise à contribution pour leur conservation. Cependant, son passé, sa culture, le passé de sa population et de sa culture sont moins bien connus.

Auteur de nombreuses publications, dont la série de « Guides sur la diversité biologique de Madagascar », Steven Goodman, avec ici William Jungers, a toujours été soucieux de partager les résultats de ses recherches scientifiques en les sortant du cercle des initiés pour les porter sur la place publique.

Ce livre constitue une excellente opportunité pour connaître quelques aspects du passé inconnu de cette île-continent aussi bien concernant la faune, l'environnement que les installations humaines, relevant parfois des mythes et légendes. La vérité peut être très surprenante par rapport à ces derniers. Ce livre sur « *Les animaux et écosystèmes de l'Holocène disparus de Madagascar* » est une synthèse simple et claire de ce passé de différentes régions de Madagascar. La publication arrive à un moment où les changements environnementaux et climatiques avec leurs différentes conséquences commencent à se faire grandement sentir. Différents aspects comme l'histoire géologique de Madagascar depuis le Gondwana, sa géographie, son relief, son hydrographie, ou son climat sont présentés de façon précise et agréable. Les auteurs nous offrent ici des informations complètes et détaillées du contexte de conservation de la faune passée, les subfossiles endémiques et leurs relations probables avec les premiers habitants de Madagascar. Ils insistent également sur le problème épineux du changement environnemental à cause des activités anthropogéniques, un point récurrent dans le texte. Est-il toujours avéré que les activités humaines ont accéléré les changements environnementaux, poussant à la disparition des animaux subfossiles ? Certes, seuls les résultats scientifiques incontestables obtenus par des études approfondies de certaines régions sont exposés ici, néanmoins, des faits étonnants et singuliers, comme une chute de neige, un phénomène somme toute probable à certains endroits de Madagascar, y sont rapportés. Les auteurs qui ont puisé les informations nécessaires dans les différents documents scientifiques, restés chasse gardée des spécialistes, présentent ce guide comme une sorte de manuel pédagogique.

Abondamment illustré, ce livre nous met au courant des différentes étapes des changements de l'environnement, des habitudes des animaux éteints mais dont on retrouve encore actuellement des « descendants » adaptés à leur nouveau milieu. Il est très étonnant de lire, par exemple, que certains lémuriens vivants actuellement ont pu se développer dans un milieu naturel totalement différent dans le passé. Les scènes décrites sont si vivantes, avec des mots et expressions qui font revivre une réalité, même lointaine.

La documentation des sites archéologiques et paléontologiques, et toutes les observations qui s'ensuivent ne feront qu'éveiller de plus en plus la curiosité de passionnés et de curieux. Les études menées jusqu'ici ont apporté certaines réponses mais aussi soulèvent de nouvelles questions. Elles ne couvrent que certaines parties de l'île : la côte orientale demeure peu explorée et la partie occidentale est pratiquement *terra incognita* scientifiquement parlant. Une vue holistique de toutes les informations étudiées en détail est à envisager comme une étape importante dans la compréhension des changements, peut-être aussi à partir du mode d'exploitation des ressources naturelles ?

Etant un outil pédagogique, ce guide s'adressera, non seulement au grand public, mais sera d'une aide certaine pour les enseignants qui pourront y trouver le cadre scientifique pas toujours disponible, et y puiser les informations nécessaires et de base dans leur enseignement. Il encouragera aussi la promotion des recherches pour trouver des solutions aux problèmes auxquels doit faire face la population.

J'espère que ceux qui liront ce livre ne se contenteront plus d'hypothèses, de mythes ou de légendes, d'idées non confirmés par les recherches. Ainsi, les interprétations, à l'origine de convictions personnelles, auxquelles la population ajoute foi, seront mises de côté. En effet, les amoureux de l'environnement, de l'histoire passée trouveront ici le cadre scientifique qui peut satisfaire leur curiosité et les pousser à multiplier les recherches. Ils feront l'expérience de cette joie des chercheurs dénichant des sites archéologiques très anciens, remettant en cause certaines assertions, ou trouvant des pièces complètes d'animaux subfossiles dans de nouveaux sites paléontologiques !

Ce guide va aider à faire naître des vocations au niveau des jeunes, et éveiller leur esprit critique, souvent répété dans le livre. Par ailleurs, il servira de modèle pour les livres de vulgarisation ou pourquoi pas des manuels, qui manquent cruellement à l'heure actuelle. Il est à souhaiter que les recherches se poursuivent, déjà pour remplir le vide dans certaines régions et dans la perspective d'une rigueur scientifique exposée par les présents auteurs, et avec l'objectif de contribuer à une meilleure connaissance du passé le plus lointain possible de Madagascar.

Ce guide va aussi susciter une requête sociale importante et mieux assimilée comme la préservation du patrimoine. Les informations fournies pour la mise au point des connaissances constituent en réalité des données instructives pour l'éducation du citoyen dans la connaissance de son pays ainsi que des réalités dans les différentes régions.

Je souhaite un succès mérité à cette publication, et encore plus d'entrain pour la promotion de la recherche à Madagascar. Je souhaite aussi une traduction en malgache de ce guide pour encore toucher un plus grand nombre de lecteurs !

Dr. Chantal Radimilahy
Directeur de l'Institut de Civilisations/
Musée d'Art et d'Archéologie
Université d'Antananarivo

REMERCIEMENTS

Nous tenons à remercier les nombreux collègues malgaches, sans qui nos 60 ans et plus d'expériences combinées de travail à Madagascar n'auraient pas été possibles. Nous sommes redevables envers les différents chefs successifs du département de Biologie Animale de l'Université d'Antananarivo - Professeur Sylvère Rakotofiringa, le Dr Daniel Rakotondravony, la regrettée professeur Olga Ramilijaona et le Dr Hanta Razafindraibe ; du département de Paléontologie et d'Anthropologie Biologique – la regrettée professeur Berthe Rakotosamimanana, le Dr Armand Rasoamiaramanana et l'actuel chef, le Dr Haingoson Andriamialison, qui ont permis l'accès à certains spécimens et ont aidé sur de nombreux détails administratifs. Madame Berthe a été notre ange gardien pendant plusieurs décennies et sans son assistance et son aide, les progrès dans les différents domaines d'études abordés dans ce livre auraient été nettement moindres. Pour nous avoir fourni les permis à Madagascar, nous remercions « Madagascar National Parks » (ex-ANGAP), le Ministère de l'Énergie et des Mines et le Ministère de l'Environnement, et la Direction Générale de l'Environnement et des Forêts.

Différents aspects de notre travail ont été gracieusement pris en charge par Conservation International (CABS), Le Fond de Partenariat pour les Ecosystèmes Critiques (CEPF), la Fondation de la Famille Ellis Goodman, « E. T. Smith Fund » du « Field Museum of Natural History », la Fondation John D. et Catherine T. MacArthur, « National Geographic Society » (6637-99, 7402-03), « Margot Marsh Fund », « National Science Foundation » (BCS 0129185, BCS-0237388, 0516276 DEB, SBR - 0001420), la Fondation Volkswagen et le WWF-Madagascar. Le Fond de Partenariat pour les Ecosystèmes Critiques est une initiative conjointe de l'Agence Française de Développement, de Conservation International, du Fonds pour l'Environnement Mondial, du gouvernement du Japon, de la Fondation MacArthur et de la Banque Mondiale, et dont l'objectif principal est de garantir l'engagement de la société civile dans la conservation de la biodiversité.

Nous avons activement participé au cours des dernières décennies dans différents programmes de recherche avec un certain nombre de collègues, associés aux thèmes abordés dans ce livre ; ils sont trop nombreux pour être énumérés ici. Pour le droit d'accès aux images utilisées dans ce livre, nous sommes reconnaissants à Rich Baxter, Woody Cotterill, Manfred Eberle, Laurie Godfrey, Dominique Gommery (Mission Archéologique et Paléontologique dans la Province de Mahajanga - Centre National de la Recherche Scientifique), Hesham T. Goodman, Daniel Grossman, David Haring, Chris Hildreth, Olivier Langrand, Greg Middleton, Michael Parker Pearson, Ventura Perez, Chantal Radimilahy (Institut de Civilisations / Musée d'Art et d'Archéologie), Harald Schütz,

Voahangy Soarimalala, William T. Stanley et Thomas Wesener.

Nous remercions tout particulièrement Velizar Simeonovski pour la création des 20 planches qui ornent ce livre. Nous témoignons également de notre gratitude à Herivololona Mbola Rakotondratsimba et Luci Betti-Nash pour avoir préparé les cartes, les tableaux et les chiffres utilisés dans ce volume. Nous sommes sincèrement reconnaissants à Elodie Van Lierde, Marie Jeanne Raherilalao et Martial Rasamy qui ont beaucoup contribué à la préparation de ce livre et à Malalarisoa Razafimpahanana qui nous a énormément aidés dans les différents aspects de la réalisation de ce projet. Nous aimerions également remercier Dr. Chantal Radimilahy pour avoir accepté de composer la préface. Et sans oublier, des remerciements tout particuliers à l'endroit de nos épouses, Asmina et Vavizara ainsi qu'à nos enfants, Hesham, Mboty, Matt et Jocie.

Steve Goodman et Bill Jungers
Mai 2013

PARTIE 1.

INTRODUCTION

Généralités

Il est important de mentionner que ce livre ne prétend pas être un résumé technique de ce que les scientifiques connaissent sur des changements **écologiques** et de l'**extinction** des animaux de Madagascar dans son histoire géologique récente. Au lieu de cela, compte tenu de notre fascination pour essayer de savoir ce qui est arrivé à de nombreuses espèces d'animaux **endémiques** malgaches qui ne sont plus de ce monde, nous avons décidé d'apporter au grand public un aperçu de ces sujets. Bien que d'énormes progrès ont été réalisés au cours des dernières décennies pour comprendre les différentes facettes de « ce qui s'est passé », il nous manque encore beaucoup de détails importants afin de bien pondérer et peser le pour et le contre des facteurs induits par le changement climatique naturel, ainsi que par les modifications initiées par l'homme sur le paysage. Un point critique pour ce dernier aspect « **anthropique** » est relatif aux données **archéologiques** incomplètes sur Madagascar, et des questions débattent par exemple de la période où les humains sont arrivés sur l'île ; ce sont des questions à controverses et les éléments de réponse restent incertains. Après l'introduction de la partie 1, les 20 planches de la partie 2 créées par Velizar Simeonovski représentent des localités **paléontologiques** et archéologiques relativement bien connues, nous dévoilerons les différentes pièces du puzzle d'une variété de sites et d'espèces disparues basées sur différentes sources d'information.

En partant des informations sur l'île de Madagascar, qui couvre près de 600 000 km², légèrement plus petite que la France, il est clair qu'une seule réponse univoque à la question « que s'est-il passé » n'est pas possible à formuler, et cela pour plusieurs raisons. Compte tenu des éléments écologiques, géologiques, topographiques, météorologiques et culturels complexes et des variations trouvées dans ce paysage immense, de multiples facteurs régionaux doivent être invoqués pour expliquer les changements dramatiques qui ont eu lieu au cours de courtes périodes de temps géologique, c'est-à-dire sur une échelle de quelques milliers d'années. Notre objectif est de résumer et de donner au grand public un aperçu de décennies d'études scientifiques détaillées afin de les aider à découvrir l'île extraordinaire de Madagascar et de pouvoir ainsi apprécier tous les changements récents qui ont eu lieu.

Format du livre

Nous avons essayé d'écrire ce livre dans un style relativement peu technique. Les mots et les expressions parfois utilisés pourraient ne pas toujours être accessibles au grand public ceux-ci apparaissent en gras et sont définis dans le glossaire à la fin du livre. Par ailleurs, s'il est

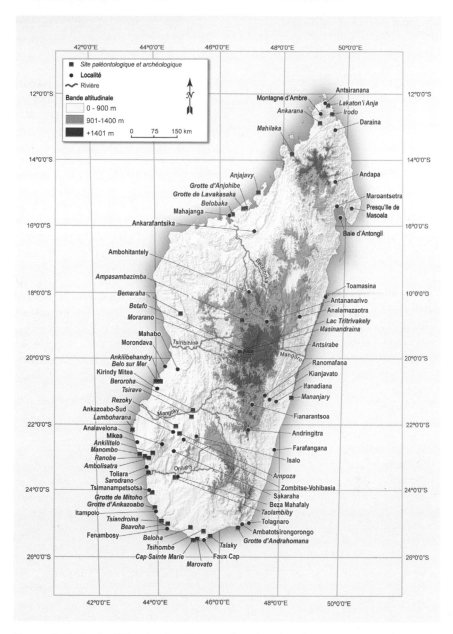

Figure 1. Carte de différentes localités mentionnées dans le texte, superposées sur la répartition en zone d'altitude de Madagascar. La zone en dessous de 900 m constitue la ligne de partage entre les plaines et les Hautes Terres centrales. (Carte par Herivololona Mbola Rakotondratsimba & Luci Betti-Nash.)

important de fournir un certain nombre de références bibliographiques pour certains points et informations importantes du texte, et pour ceux qui veulent plus de détails, nous l'avons fait de façon allégée. Ces informations sont numérotées et des références complètes sont présentées dans la dernière partie de l'ouvrage.

Deux types d'illustrations sont utilisés dans ce livre. Le terme « Planche » se réfère spécifiquement aux peintures de Velizar Simeonovski qui sont présentées dans la partie 2. Sur le verso de la couverture se trouve une carte montrant les différentes localités mentionnées, offrant au lecteur la clé de leur position géographique. Dans plusieurs cas, une petite image en noir et blanc et son texte associé, adjacents à une planche sont présentés afin de fournir une clé pour l'identification des animaux représentés. Le terme « Figure » se réfère à toutes les autres illustrations présentées dans ce livre. La Figure 1, montre la plupart des localités mentionnées dans le texte et la distinction entre les sites paléontologiques et archéologiques.

L'artiste

Velizar Simeonovski est originaire de Bulgarie. En 1987, il est diplômé de l'Ecole d'Art Professionnel des Arts Appliqués de Sofia, et en 1995 il a obtenu sa maîtrise en zoologie des vertébrés à l'Université de Sofia. En utilisant ses vastes connaissances de l'anatomie animale et grâce à l'observation attentive des animaux sauvages et en captivité, il a une capacité extraordinaire à reconstruire

et à illustrer les animaux disparus. En commençant par les caractères osseux, il est capable d'y rajouter les couches de muscles, puis la peau et les autres ornements (Figure 2).

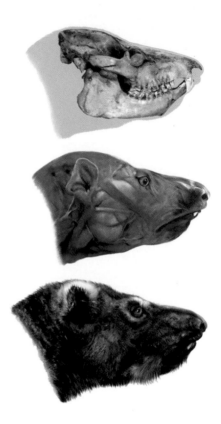

Figure 2. En utilisant ses connaissances sur l'anatomie animale, Velizar Simeonovski est en mesure de reconstituer l'apparence physique des animaux disparus avec beaucoup d'habileté et de précision. Ici par exemple, en commençant par le crâne du lémurien disparu *Megaladapis*, il y a rajouté des couches de tissus mous, puis pour terminer, la peau et le pelage. La coloration est en grande partie artistique, mais elle est faite à partir d'observations en milieu naturel dans la majorité des cas. (Figure par Velizar Simeonovski.)

TEMPS GEOLOGIQUES, DATES ET DATATION AU CARBONE-14

Dans ce livre, nous nous concentrons sur une période très récente des temps géologiques, en particulier l'**Holocène**, qui a commencé il y a un peu moins de 12 000 ans BP (Figure 3). La plupart des os et des dépôts de pollen abordés dans ce livre datent de l'Holocène, même si certains sont un peu plus âgés et datent du **Pléistocène** supérieur, environ 40 000 ans BP. Ces deux époques, Holocène et Pléistocène, forment la période connue sous le nom de **Quaternaire**. Etant donné que la terre est âgée de plus de 4,5 milliards d'années, la période dont nous parlons est inférieure à 0,0009 % de son histoire ! Afin de nous donner un peu plus de perspective, les membres du genre *Homo*, dont nous faisons partie, ont évolué vers le début du Pléistocène, il y a environ 2,3 millions d'années en Afrique, un autre clin d'œil en termes de temps géologiques.

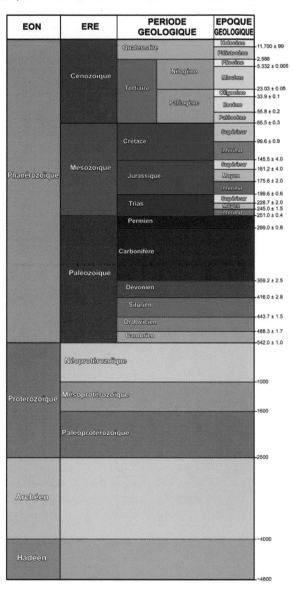

Figure 3. Divisions des temps géologiques. Modifié à partir de « U.S. Geological Survey Geologic Names Committee » (258).

Les scientifiques utilisent différentes échelles de temps pour évaluer la date ou la période des événements passés. Etant donné que la plupart des datations que nous employons dans ce livre sont basées sur le **carbone-14** ou ^{14}C (voir ci-dessous), nous utilisons l'échelle de temps connue sous le nom « Before present » ou en français « avant le présent », dont l'abréviation est « **BP** ». Les essais d'armes nucléaires des années 1950 ayant profondément modifié la proportion des **isotopes** de ^{14}C dans l'atmosphère, la date du 1 janvier 1950 qui marque le début de ces activités, est considérée comme étant la fin de ce système. Ainsi, en utilisant notre calendrier moderne, une date de 150 ans BP est 150 + 63 (2013-1950) = 213 ans.

L'avènement des techniques de datation au ^{14}C dans les années 1950 a permis un développement important pour la datation des matériaux organiques récupérés sur des sites **archéologiques** et **paléontologiques** récents. Le carbone est présent dans la nature sous forme d'isotopes différents, avec une dominante, le ^{14}C. Les physiciens ont pu calculer avec une grande précision le taux de ^{14}C qui se dégrade dans ses différentes formes isotopiques. Pendant le processus de la **photosynthèse**, lorsque les plantes assimilent et fixent le dioxyde de carbone dans leurs tissus organiques, elles intègrent le ^{14}C à des niveaux très équivalents à ceux trouvés dans l'atmosphère. Comme la photosynthèse est fondamentale pour la plupart des chaînes alimentaires, qu'il s'agisse d'un animal **herbivore** tel qu'un scarabée, ou d'une gazelle qui broute des plantes, des oiseaux **carnivores** qui consomment des coléoptères ou des léopards qui se nourrissent de gazelles, tous ont des niveaux mesurables de ^{14}C dans leurs tissus. Ainsi, basée sur la **dégradation** de cet isotope qui commence dès la mort de la plante ou de l'animal en question, la période à laquelle il a vécu peut être estimée avec une grande précision. Cette technique fonctionne pour une variété d'organismes qui ont vécu ces 60 000 dernières années.

La grande majorité des dates présentées dans cet ouvrage proviennent d'échantillons d'os. Une étape cruciale dans ce processus est la séparation du carbone contaminé, et aujourd'hui cela se fait dans la plupart des laboratoires avec une procédure de prétraitement. En outre, d'autres éléments peuvent modifier la précision des datations au ^{14}C, comme des modifications ou des contaminations chimiques, naturelles ou artificielles. Par conséquent, ceci souligne l'importance d'avoir plusieurs dates sur une strate donnée d'un site qui tombent dans la même gamme immédiate. De plus, les techniques utilisées pour la datation au ^{14}C posent d'autres complications, telle la manière dont certains organismes stockent ou assimilent le ^{14}C plus ancien.

Différents calculs ont été proposés pour contourner ces problèmes, et ils fournissent des valeurs maximales et minimales calibrées pour une datation au ^{14}C donnée. Ici, nous utilisons également la moyenne de ces valeurs, souvent citée dans le texte comme « la date moyenne calibrée », et ce qui suit entre parenthèses étant la date de ^{14}C en années BP. Dans presque tous les cas, ces valeurs étalonnées sont issues des travaux de David Burney et de ses collègues ou de ceux de Brooke Crowley (40, 51).

Parmi les plantes, différents systèmes existent quand elles convertissent l'énergie lumineuse du soleil en énergie chimique (photosynthèse) utilisée pour répondre aux besoins nutritionnels de la plante. La photosynthèse est à l'origine de tout le carbone organique dans les tissus d'une plante, des **invertébrés** qui se nourrissent de plantes, des **vertébrés** qui consomment des invertébrés et des carnivores qui se nourrissent de vertébrés. A cet égard, les différents aspects de l'alimentation d'un organisme peuvent être suivis sur la base des types de carbone en leur sein. Il existe trois types de photosynthèse, et ces différents processus donnent lieu à des cycles du carbone différents. Sans entrer dans les détails, les plantes qui piègent le dioxyde de carbone basé sur un composé 3-carbone sont des plantes C3, celles qui utilisent un composé 4-carbone sont des plantes C4 ou CAM, les types C4 ou CAM de la photosynthèse diffèrent selon la période à laquelle ces plantes fixent le dioxyde de carbone (de jour ou de nuit). Un aspect extraordinaire du phénomène est que grâce aux valeurs isotopiques du carbone venant de matière organique datée au ^{14}C, des déductions peuvent être faites quant au type de cycle photosynthétique d'une plante donnée, ou pour les mangeurs d'animaux, les types de plantes **introduites** dans la chaîne alimentaire et qui ont formé la base de leur alimentation.

Qu'est ce qu'un subfossile ?

Quand la plupart des gens pensent à un **fossile**, ils imaginent une forme de caillou contenant des traces d'un organisme autrefois vivant, tels que coquillages, os, bois, traces de pas, etc. Un certain nombre de procédés conduisent à la formation de fossiles, mais un des plus fréquents est constitué par le dépôt d'un organisme ou de parties de celui-ci sous l'eau et sans contact direct avec l'air ; ce phénomène **anaérobie** réduit notablement la vitesse de décomposition des tissus. Sous certaines conditions, les restes peuvent être rapidement enterrés dans les sédiments, formant un moule. Dans de tels cas, le processus de **minéralisation** peut commencer, la forte concentration de l'eau en silice ou en calcite sort de la solution, remplit la cavité du moule et forme un duplicata en pierre identique à l'organisme de départ.

Les **subfossiles** comme nous les appelons ici, sont des vestiges d'animaux (os) ou des plantes (bois, graines et pollen), mais sans minéralisation. Dans certains cas, les restes subfossiles ressemblent à leur état initial qui vient tout juste de sortir de la marmite, presque parfaits et seulement légèrement décolorés, tandis que dans d'autres cas, ils sont au moins partiellement cassés. L'un des atouts très utiles des subfossiles, est qu'ils sont essentiellement composés des restes non modifiés de l'ancien organisme vivant et ils peuvent délivrer de l'**ADN** pour des études de **génétique moléculaire**, du carbone pour la datation au ^{14}C, ou différents types d'**isotopes stables** pour examiner les préférences alimentaires de l'organisme.

Après le dépôt, les carcasses d'animaux, incluant les os et autres matières organiques, se décomposent et différentes transformations peuvent leur arriver au cours du temps. L'étude de ces aspects de préservation est le domaine connu sous le nom de **taphonomie**. Ces modifications peuvent inclure la **sédimentation** et le début du processus de fossilisation, comme décrits ci-dessus, ou une réorganisation de la matière à travers l'action **tectonique** de la terre. Comme les paléontologues et les archéologues doivent respecter la position verticale de la matière qu'ils déterrent pour déchiffrer les périodes et les séquences temporelles des dépôts (**stratigraphie**), une attention toute particulière doit être accordée aux processus taphonomiques. Par exemple, dans des dépôts cavernicoles, des inondations peuvent réorganiser ou mélanger les dépôts en remuant et en transportant des sédiments contenant des restes organiques. Ce n'est pas un aspect commun de certains dépôts, et une attention particulière doit être accordée à cette confusion potentielle dans l'interprétation de la séquence temporelle des restes.

Types de sites subfossiles

Un certain nombre de sites à Madagascar, surtout dans l'Ouest et plus particulièrement dans le Sud-ouest, nous ont fourni de nombreux ossements d'une grande variété d'animaux vertébrés (voir Tableau 1) et des restes de pollen de plantes.

Tableau 1. Liste des restes d'oiseaux, de mammifères et de certains reptiles récupérés sur des sites malgaches datant du **Pléistocène** supérieur, de l'**Holocène** et de temps plus récents. Les espèces éteintes sont indiquées avec un †, les auteurs et les dates des descriptions sont également donnés, ainsi que les synonymes des noms scientifiques utilisés dans la littérature. Les espèces **introduites** ne sont pas citées dans cette liste. Les références bibliographiques concernant les différentes sources d'informations sont présentées après les catégories **taxinomiques** les plus hautes. Ces dernières années, pour plusieurs groupes de **vertébrés** malgaches, un certain nombre de changements **systématiques** ont eu lieu et de nombreuses nouvelles espèces ont été décrites. C'est particulièrement vrai pour les lémuriens, et une proportion considérable de ces nouveaux taxons ne sont pas reconnus ici pour différentes raisons (voir 254). Nous reconnaissons la possibilité d'espèces supplémentaires en utilisant l'abréviation « sp. » après le genre choisi.

Ordre Reptilia
Famille Testudinidae (26)
†*Aldabrachelys abrupta* (A. Grandidier, 1866)
†*Aldabrachelys grandidieri* (Vaillant, 1885)
Astrochelys radiata
Famille Crocodylidae (28)
†*Voay robustus* (A. Grandidier & Vaillant, 1872)

Tableau 1. (suite)

Crocodylus niloticus[1]
Classe Aves (41, 115, 196)
†Ordre Aepyornithiformes
  †Famille Aepyornithidae
    †*Aepyornis gracilis* Monnier, 1913
    †*Aepyornis hildebrandti* Burckhardt, 1893
      syn. *Aepyornis mulleri* Milne-Edwards & A. Grandidier, 1894
    †*Aepyornis maximus* I. Geoffroy-Saint-Hilaire, 1851
      syn. *Aepyornis modestus* Milne-Edwards & A. Grandidier, 1869
      syn. *Aepyornis titan* Andrews, 1894
      syn. *Aepyornis ingens* Milne-Edwards & A. Grandidier, 1894
    †*Aepyornis medius* Milne-Edwards & A. Grandidier, 1866
      syn. *Aepyornis grandidieri* Rowley, 1867
      syn. *Aepyornis cursor* Milne-Edwards & A. Grandidier, 1894
      syn. *Aepyornis lentus* Milne-Edwards & A. Grandidier, 1894
    †*Mullerornis agilis* Milne-Edwards & A. Grandidier, 1894
    †*Mullerornis betsilei* Milne-Edwards & A. Grandidier, 1894
    †*Mullerornis grandis* Lamberton, 1934
    †*Mullerornis rudis* Milne-Edwards & A. Grandidier, 1894
      syn. *Flacourtia rudis* Andrews, 1894
Ordre Procellariiformes
  Famille Procellaridae
    Puffinus sp.
Ordre Pelecaniformes
  Famille Phalacrocoracidae
    †?*Phalacrocorax* sp. (probablement des espèces disparues mais non décrites)
    Phalacrocorax africanus
Ordre Ardeiformes
  Famille Ardeidae
    Bubulcus ibis
    Egretta sp.
    Ardea purpurea
    Ardea cinerea
    Ardea humbloti
  Famille Ciconiidae
    Mycteria ibis
    Anastomus lamelligerus
  Famille Threskiornithidae
    Threskiornis bernieri
    Lophotibis cristata
    Platalea alba
  Famille Phoenicopteridae
    Phoenicopterus ruber
    Phoeniconaias minor
Ordre Anseriformes
  Famille Anatidae
    †*Centrornis majori* Andrews, 1897
    †*Alopochen sirabensis* (Andrews, 1897)
      syn. *Chenalopex sirabensis* Andrews, 1897

---

[1] Selon Chris Brochu, qui a longuement étudié les crocodiles **subfossiles** de Madagascar, tous les spécimens qu'il a examinés de ces animaux sont reconductibles à *Voay robustus*. Cela remet en question les identifications antérieures présentées dans la littérature de *Crocodylus niloticus*.

Tableau 1. (suite)

Dendrocygna sp.
Sarkidiornis melanotos
Anas bernieri
Anas erythrorhyncha
Anas melleri
Thalassornis leuconotus
Ordre Falconiformes
 Famille Accipitridae
  †*Stephanoaetus mahery* Goodman, 1994
  †?*Aquila* sp. a (désignation spécifique incertaine)
  †?*Aquila* sp. b (désignation spécifique incertaine)
  Milvus aegyptius
  Haliaeetus vociferoides
  Polyboroides radiatus
  Accipiter francesii
  Buteo brachypterus
 Famille Falconidae
  Falco newtoni
Ordre Galliformes
 Famille Phasianidae
  Margaroperdix madagarensis
  Coturnix sp.
Ordre Gruiformes
 Famille Mesitornithidae
  †?*Monias* sp. (espèce probablement non décrite)
 Famille Turnicidae
  Turnix nigricollis
 Famille Rallidae
  †*Hovacrex roberti* (Andrews, 1897)
    syn. *Tribonyx roberti* Andrews, 1897
  Rallus madagascariensis
  Dryolimnas cuvieri
  Gallinula chloropus
  Fulica cristata
  Porphyrio porphyrio
Ordre Charadriiformes
 Famille Recurvirostridae
  Himantopus himantopus
 Famille Scolapaciidae
  Numenius phaeopus
 Famille Charadriidae
  †*Vanellus madagascariensis* Goodman, 1996
 Famille Laridae
  Larus dominicanus
  Larus cirrocephalus
Ordre Columbiformes
 Famille Pteroclididae
  Pterocles personatus
 Famille Columbidae
  Streptopelia picturata
Ordre Psittaciformes
 Famille Psittacidae
  Coracopsis vasa
  Agapornis cana

Tableau 1. (suite)

Ordre Cuculiformes
  Famille Cuculidae
    †*Coua berthae* Goodman & Ravoavy, 1993
    †*Coua primavea* Milne-Edwards & A. Grandidier, 1895
    Coua gigas
    Coua cursor
    Coua cristata
    Cuculus rochii
    Centropus toulou
Ordre Strigiformes
  Famille Strigidae
    Tyto alba
    Otus rutilus
    Ninox superciliaris
    Asio madagascariensis
Ordre Apodiformes
  Famille Apodidae
    Apus barbatus
Ordre Coraciiformes
  Famille Alcedinidae
    Alcedo vintsioides
  Famille Meropidae
    Merops superciliosus
  Famille Upupidae
    Upupa marginata
  Famille Leptosomatidae
    Leptosomus discolor
  Famille Coraciidae
    Eurystomus glaucurus
  Famille Brachypteraciidae
    †*Brachypteracias langrandi* Goodman, 2000
Ordre Passeriformes
  Famille Alaudidae
    Mirafra hova
  Famille Hirundinidae
    Phedina borbonica
  Famille Pycnonotidae
    Hypsipetes madagascariensis
  Famille Sylviidae
    Nesillas cf. *lantzii*
  Famille Bernieridae
    Thamnornis chloropetoides
  Famille Monarchidae
    Terpsiphone mutata
  Famille Zosteropidae
    Zosterops maderaspatana
  Famille Vangidae
    Vanga curvirostris
    Leptopterus viridis
    Cyanolanius madagascarinus
    Newtonia brunneicauda
  Famille Corvidae
    Corvus albus

Tableau 1. (suite)

Famille Ploceidae
Ploceus sakalava
Foudia madagascariensis
Classe Mammalia
†Ordre Bibymalagasia (178)
†*Plesiorycteropus germainepetterae* MacPhee, 1994
†*Plesiorycteropus madagascariensis* Filhol, 1895
Ordre Afrosoricida (41, 200)
Famille Tenrecidae
Tenrec ecaudatus
Setifer setosus
Echinops telfairi
Geogale aurita
syn. *Cryptogale australis*
†*Microgale macpheei* Goodman, Vasey & Burney, 2007
Microgale brevicaudata
Microgale longicaudata
Microgale cf. *majori*
Microgale nasoloi
Microgale pusilla
Ordre Primates (38, 41, 89, 104, 200)
Sous-ordre Strepsirrhini
Infra-ordre Lemuriformes
†Famille Archaeolemuridae
†*Archaeolemur edwardsi* Filhol, 1895
†*Archaeolemur majori* Filhol, 1895
†*Hadropithecus stenognathus* Lorenz von Liburnau, 1899
†Famille Palaeopropithecidae
†*Archaeoindris fontoynontii* Standing, 1909
†*Babakotia radofilai* Godfrey, Simons, Chatrath & Rakotosamimanana, 1990
†*Mesopropithecus dolichobrachion* Simons, Godfrey, Jungers, Chatrath & Ravaoarisoa, 1995
†*Mesopropithecus globiceps* Lamberton, 1936
†*Mesopropithecus pithecoides* Standing, 1905
†*Palaeopropithecus ingens* G. Grandidier, 1899
†*Palaeopropithecus maximus* Standing, 1903
†*Palaeopropithecus kelyus* Gommery, Ramanivosoa, Tombomiadana-Raveloson, Randrianantenaina & Kerloc'h, 2009
Famille Lepilemuridae
Lepilemur sp.
Lepilemur edwardsi
Lepilemur leucopus
Lepilemur mustelinus
Lepilemur dorsalis
Lepilemur septentrionalis
Lepilemur ruficaudatus
Famille Daubentoniidae
†*Daubentonia robusta* Lamberton, 1934
Daubentonia madagascariensis
Famille Cheirogaleidae
Microcebus sp.
Microcebus griseorufus
Microcebus murinus
Cheirogaleus sp.

Tableau 1. (suite)

Cheirogaleus major
Cheirogaleus medius
Famille Lemuridae
†*Pachylemur insignis* Filhol, 1895
†*Pachylemur jullyi* G. Grandidier, 1899
Eulemur sp.
Eulemur coronatus
Eulemur fulvus
Eulemur mongoz
Hapalemur griseus
Hapalemur simus
Lemur catta
Varecia variegata
†Famille Megaladapidae
†*Megaladapis edwardsi* G. Grandidier, 1899
†*Megaladapis grandidieri* Standing, 1903
†*Megaladapis madagascariensis* Forsyth-Major, 1894
Famille Indriidae
Avahi sp.
Avahi laniger
Indri indri
Propithecus sp.
Propithecus diadema
Propithecus tattersalli
Propithecus verreauxi
Ordre Chiroptera (41, 200, 232)
Famille Pteropodidae
Eidolon dupreanum
Pteropus rufus
Rousettus madagascariensis
Famille Hipposideridae
†*Hipposideros besaoka* Samonds, 2007
Hipposideros commersoni
†*Triaenops goodmani* Samonds, 2007
Triaenops furculus
Famille Emballonuridae
Paremballonura atrata
  syn. *Emballonura atrata*
Famille Molossidae
Mormopterus jugularis
Mops leucostigma
Otomops madagascariensis
Famille Vespertilionidae
Myotis goudoti
Famille Miniopteridae
Miniopterus gleni
Ordre Carnivora (124, 200)
Famille Eupleridae
†*Cryptoprocta spelea* G. Grandidier, 1902
  syn. *Cryptoprocta antamba* Lamberton, 1939
Cryptoprocta ferox
Fossa fossana
Galidia elegans
Galidictis grandidieri
Mungotictis decemlineata

Tableau 1. (suite)

Ordre Artiodactyla (78, 251)
  Famille Hippopotamidae
  †*Hippopotamus guldbergi* Fovet, Faure & Guérin, 2011
  †*Hippopotamus laloumena* Faure & Guérin, 1990
  †*Hippopotamus lemerlei* A. Grandidier, 1868
Ordre Rodentia (41, 181, 200)
  Famille Nesomyidae
  †*Brachytarsomys mahajambaensis* Mein, Sénégas, Gommery, Ramanivosoa, Randrianantenaina & Kerloc'h, 2010
  Eliurus sp.
  Eliurus myoxinus
  Hypogeomys antimena
  †*Hypogeomys australis* G. Grandidier, 1903
  Macrotarsomys bastardi
  Macrotarsomys petteri
  †*Nesomys narindaensis* Mein, Sénégas, Gommery, Ramanivosoa, Randrianantenaina & Kerloc'h, 2010
  Nesomys rufus

Les sites subfossiles holocéniques et leurs dépôts peuvent être divisés en quatre types (modifiés à partir de 184) :

1) Grottes - Ces formations ont livré de grandes quantités d'os. Les restes osseux sur ces sites peuvent inclure des animaux qui : a) sont passés par les entrées horizontales des grottes ou qui sont tombés par les trous des plafond ou « fenêtres de toit » (Figure 4, à gauche), b) des **proies** animales de petite taille transportées par des **rapaces** et destinées à être consommées ou régurgitées sous forme de pelotes (Figure 4, à droite), et 3) des proies d'une taille assez grande transportées par des **Carnivora**, déposées sous forme de portions non consommées ou de restes fécaux. Les différents types de grottes abordés dans ce livre comprennent les systèmes extensifs d'Ankarana (voir Planches 16 à 18) et d'Anjohibe (voir Planches 13 & 14), la fosse profonde verticale d'Ankilitelo (voir Planche 6), et les systèmes plus petits d'Andrahomana (voir Planches 2 & 3) et d'Anjajavy (voir Planche 15).

2) Dépôts marécageux dans la plaine de l'Est et dans les zones volcaniques des Hautes Terres centrales – Il a été découvert que plusieurs localités situées dans d'anciens systèmes de marais contiennent des concentrations importantes d'animaux **aquatiques** et **sylvicoles**, ainsi que des végétaux et d'autres restes organiques. Pour la plupart, les ossements d'animaux provenant de tels sites étaient probablement des individus morts de causes naturelles, et leurs ossements ont été à l'occasion concentrés dans certains endroits. Des exemples sur les Hautes Terres centrales, tous retrouvés au-dessus de 1100 m d'altitude, sont Ampasambazimba (voir Planche 12) et les dépôts près

Figure 4. Les grottes de Madagascar ont été une source importante de restes **subfossiles**. Dans certains cas, le plafond de la grotte présente des trous qui s'ouvrent à la surface du sol et agissent comme des pièges naturels pour les animaux qui y tombent accidentellement. Voici un exemple du plafond de la grotte d'Andrahomana (à gauche). (Cliché par Thomas Wesener.) De pelotes régurgitées par les **rapaces** sont des sources importantes d'os de petits animaux. Voici un dépôt dense d'os venant de pelotes de *Tyto alba* accumulées au cours de nombreuses années (à droite). (Cliché par Greg Middleton.)

d'Antsirabe (voir Planche 11). A ce jour, le seul marais connu contenant des dépôts osseux originaires de la plaine de l'Est est proche de Mananjary (voir Planche 10).

3) Dépôts des marais de la côte Ouest - Dans l'Ouest, les sites subfossiles se situent dans de nombreuses zones côtières marécageuses. Sur ces endroits, la majorité des restes étaient probablement des animaux qui sont morts de causes naturelles ou qui ont été attrapés par des **prédateurs** à proximité immédiate de la surface de l'eau ; les restes osseux y ont ensuite été concentrés dans le temps. Certains des sites les plus riches connus jusqu'à ce jour comprennent Lamboharana, Belo sur Mer (voir Planche 9) et Itampolo.

4) Dépôts fluviaux – A plusieurs endroits de l'île, en particulier dans le Sud-ouest, une quantité importante de restes subfossiles a été retrouvée dans des sédiments le long de profondes berges (Figure 5). Comme autrefois, l'**habitat** forestier bordait parfois ces systèmes ; des ossements d'animaux aquatiques et forestiers ont alors été emportés par la rivière, à la suite de fortes pluies par exemple. Ces ossements ont alors été enterrés dans les

Figure 5. Les fouilles de restes osseux dans les dépôts fluviaux, en particulier dans le Sud-ouest, ont permis la découverte d'une variété considérable d'animaux vivant dans les forêts et d'animaux **aquatiques**. Dans la plupart des cas, les tissus restent en place dans les dépôts stratifiés des berges et offrent une fenêtre sur les différents événements **écologiques** ou anthropiques. Ici, David Burney et Laurie Godfrey travaillent sur la berge de Taolambiby en 2004 pour retrouver des restes d'os d'animaux et de plantes. Le nom du site se traduit du malgache comme étant « l'endroit des os d'animaux », et beaucoup de ces localités appelées ainsi sont connues dans la partie Sud-ouest de l'île. (Cliché par Daniel Grossman.)

sols et accumulés le long des virages serrés des rivières ou immédiatement en aval des barrages naturels. De bons exemples de tels dépôts sont connus à Ampoza (voir Planches 7 & 8) et à Taolambiby (voir Planche 5).

Les sites subfossiles abordés dans ce livre peuvent être divisés en trois grandes catégories :

1) **Paléontologique** - Pour ce type, le dépôt de matière osseuse ou de pollen est naturel et sans intervention humaine. Toutefois, cette matière reste subfossile, tel que défini ci-dessus. Les sites traités dans ce livre qui sont d'origine strictement ou en grande partie paléontologique, comprennent le Cap Sainte Marie (voir Planche 1), Tsimanampetsotsa (voir Planche 4), Ankilitelo (voir Planche 6), Ampoza (voir Planches 7 & 8), Antsirabe (voir Planche 11), Anjajavy (voir Planche 15) et Ankarana (voir Planches 16 à 18).

2) **Archéologique** - Dans de tels cas, les humains sont responsables du

dépôt de matières, qui peut inclure des restes de nourriture, des ordures et des vestiges d'animaux **domestiques** et **introduits** près des sites d'occupation. Dans ce livre, aucun des sites illustrés sur les planches n'est purement d'origine archéologique, mais plusieurs sites abordés ici ont clairement un contexte humain, tel que Taolambiby (voir Planche 5).

3) Mixte - Renvoie à des sites pour lesquels les premières étapes des dépôts subfossiles étaient naturelles (paléontologiques), et après la **colonisation** humaine de la zone, les gens laissaient les restes d'animaux et autres objets culturels (archéologiques). Les sites mixtes traités dans ce livre sont notamment Andrahomana (voir Planches 2 & 3), Taolambiby (voir Planche 5), Mananjary (voir Planche 10), Ampasambazimba (voir Planche 12) et Anjohibe (voir Planches 13 & 14).

APERÇU DES ORIGINES, DE LA GEOLOGIE, DE LA COLONISATION, DES ANIMAUX ET DES HABITATS MODERNES DE MADAGASCAR

Pour des raisons appropriées, Madagascar est souvent désignée comme une « île-continent » ayant une superficie d'environ 590 000 km². Etant la quatrième plus grande île au monde, après Groenland (2 175 600 km²), la Nouvelle-Guinée (785 750 km²) et Bornéo (748 170 km²), Madagascar possède de nombreuses caractéristiques physiques, comme les montagnes et les rivières, qui divisent l'île en secteurs naturels. Ces aspects physiques combinés avec les différentes conditions météorologiques, notamment la température et les précipitations, sont directement liés à la distribution de la faune et de la flore uniques de l'île, ainsi que des **adaptations** aux diverses conditions locales rencontrées par ces organismes.

Madagascar au cours du temps géologique – isolement et origine de ses animaux et de ses plantes

Il y a environ 165 millions d'années, une masse énorme, connue sous le nom de **Gondwana**, s'est divisée en deux blocs distincts, le premier comprenant l'Afrique et l'Amérique du Sud et le second rassemblant Madagascar, l'Inde, l'Antarctique et l'Australie (Figure 6). Pendant cette période active de dérive des continents, le second bloc s'est séparé de l'ancien, formant un grand bassin, qui est aujourd'hui le canal du Mozambique. Dans les premières étapes, Madagascar et l'Inde étaient toujours rattachées, souvent désignées comme l'Indo-Madagascar, et il y a environ 115 millions d'années, cette unité a été séparée des autres masses **terrestres** du Gondwana.

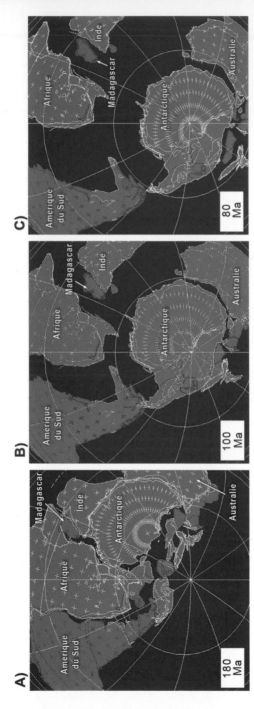

Figure 6. Au cours des 150 derniers millions d'années (Ma), la position de Madagascar par rapport à d'autres masses **terrestres** a changé de façon spectaculaire. Il y a environ 88 millions d'années, l'île a pris sa position approximative actuelle, isolée dans l'océan Indien occidental. Voici la séquence des événements géologiques majeurs menant à ce constat : a) l'existence du supercontinent du **Gondwana**, qui comprenait l'Amérique du Sud, l'Afrique, l'Inde et Madagascar (Indo-Madagascar), l'Antarctique et l'Australie, b) le fractionnement ultérieur du Gondwana et la rupture des liaisons terrestres entre par exemple, la partie Indo-Madagascar et les autres parties plus anciennes du Gondwana, c) Madagascar a atteint sa position actuelle et s'est séparée de l'Inde. (Modifié par Luci Betti-Nash de http://aast.my100megs.com/plate_tectonics/files/images.htm)

Ensuite, il y a environ 88 millions d'années, l'Indo-Madagascar s'est divisé en deux, avec Madagascar telle que nous la connaissons aujourd'hui et restée en gros dans sa position actuelle.

Un point crucial à mentionner sur le moment de la séparation entre l'Indo-Madagascar et le reste de l'ancien continent du Gondwana est qu'il y a 115 millions d'années, la grande majorité des plantes vivantes et des animaux, comme les mammifères modernes, n'avaient pas encore évolué. Par conséquent, leur apparition aujourd'hui à Madagascar ne peut pas être expliquée par des organismes qui se seraient glissé sur le bloc Indo-Madagascar lors de la séparation du reste du Gondwana ; mais il faudrait tenir compte d'autres facteurs ultérieurs, moyens pour les **ancêtres** de ces groupes d'avoir pu **coloniser** Madagascar.

Histoire de la colonisation animale

Les moyens physiques grâce auxquels les mammifères non volants sont arrivés à Madagascar suscitent un grand intérêt, et en même temps un débat important. Si nous supposons que la plupart de ces animaux sont venus d'Afrique, ils auraient dû traverser le canal du Mozambique, soit une distance d'environ 400 km à l'endroit le plus étroit. Il n'existe aucune preuve fiable que des connexions terrestres ou qu'une série d'îles reliant l'Afrique et Madagascar aient existé pendant les périodes géologiques appropriées (2). Une autre possibilité est que des organismes non volants

soient arrivés sur une végétation flottante ou dans des trous d'arbres morts flottant dans l'océan. George Gaylord Simpson a présenté cette idée il y a plusieurs années : des animaux ont été entraînés en mer sur des radeaux de végétation flottante après des pluies torrentielles ou après des tempêtes tropicales. Les rares « chanceux », qui ont été emmenés sur une terre lointaine et suffisamment en bonne santé, ont pu alors coloniser avec succès la nouvelle zone (245).

Un autre aspect intéressant dans cette histoire est que trois des quatre groupes de mammifères terrestres modernes de Madagascar : lémuriens, **Carnivora** et tenrecs possèdent des espèces avec des **adaptations** pour **hiberner** ou pour réduire leur métabolisme sous forme de **torpeur** (Figure 7). Comme l'explique Peter Kappeler, cette capacité sous de bonnes conditions, aurait permis aux ancêtres de ces animaux de supporter ce long voyage sur l'eau, probablement avec peu ou rien à manger et à boire (154) – et par conséquent, constituerait une explication de mécanisme plausible sur leur survie à ce long voyage.

Géographie

L'île de Madagascar est naturellement divisée en plusieurs unités géographiques. La partie centrale, que nous appelons ici les Hautes Terres centrales, est un grand plateau d'altitude qui couvre environ 40 % de la superficie totale des terres de Madagascar. En général, la barre des 900 m d'altitude est définie comme la limite inférieure des Hautes Terres

Figure 7. Comment les animaux nonvolants auraient survécu à la longue traversée du canal du Mozambique entre l'Afrique et Madagascar sur de la végétation flottante est difficile à comprendre. Parmi plusieurs groupes de mammifères **terrestres** malgaches, comme certains lémuriens, ils ont la capacité de stocker des quantités importantes de graisse qui les aideront à traverser de longues périodes de pénurie alimentaire. Ici, nous illustrons un lémurien, *Cheirogaleus medius*, qui possède une queue massive où les réserves de graisse sont stockées. Ce primate est connu pour entrer dans un état de dormance (**estivation** ou **torpeur**), avec une température corporelle et une activité réduites, ce qui lui permettrait ensuite de réduire considérablement ses dépenses d'énergie et d'augmenter ses chances d'atteindre l'autre côté dans un état relativement sain. (Cliché par Manfred Eberle.)

centrales (Figure 8). La limite orientale des Hautes Terres centrales descend de façon assez spectaculaire vers le côté de l'océan Indien de l'île, souvent le long de plusieurs centaines de mètres d'escarpement, tandis que le côté Ouest montre une réduction d'altitude plus progressive jusqu'au canal du Mozambique.

Sur la côte orientale des Hautes Terres centrales, il existe une chaîne de montagne s'étendant du nord au sud sur presque toute la longueur de Madagascar. En outre, dans le Nord, se situe une zone de relief appréciable.

Plusieurs grands massifs atteignent plus de 2000 m, dont le plus haut sommet est à 2870 m (Tsaratanana). Le côté oriental de cette chaîne de montagne allant du nord au sud forme les parties supérieures des bassins hydrographiques se déversant à l'Est, et son côté occidental forme les parties supérieures des bassins hydrographiques se déversant à l'ouest. La plupart des rivières qui arrosent l'est descendent brusquement des Hautes Terres centrales le long d'un fort gradient d'altitude et sur une distance relativement courte

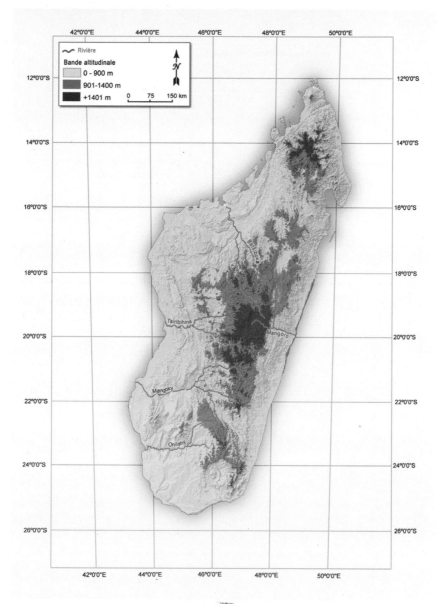

Figure 8. Carte de Madagascar montrant trois différentes zones d'altitude. La zone dans la partie centrale de l'île au-dessus de 900 m indique les Hautes Terres centrales ; y figurent aussi quelques principaux fleuves dont la partie en amont se situe sur les Hautes Terres centrales. (Carte par Herivololona Mbola Rakotondratsimba & Luci Betti-Nash.)

Figure 9. Deux types de cours d'eau peuvent être trouvés à Madagascar, dépendant en grande partie de leurs bassins hydrographiques se déversant à l'Est ou à l'Ouest. En général, vers l'est, les rivières quittent rapidement les Hautes Terres centrales et arrivent à l'océan Indien après une distance relativement courte, comme ici la rivière Namorona au dessus du village de Ranomafana (à gauche). (Cliché par Hesham T. Goodman.) En revanche, de nombreux fleuves qui se déversent à l'Ouest ont de larges méandres, comme on le voit ici pour le fleuve Onilahy, juste avant d'entrer dans le canal du Mozambique (à droite). (Cliché par Harald Schütz.)

jusqu'à l'océan Indien (Figure 9, à gauche). A l'opposé, de nombreux systèmes de drainage occidentaux, tels que l'Onilahy, Mangoky, Tsiribihina et Betsiboka, sont de longs cours d'eau et deviennent dans les parties basses des fleuves, larges et sinueux, avant de se jeter dans le canal du Mozambique (Figure 9, à droite).

Sur toute la chaîne de montagnes alignée nord-sud de l'Est, il existe des différences climatiques marquées entre les versants est et ouest. Comme la plupart des systèmes météorologiques se détachent de l'océan Indien selon la direction Sud-est, le côté au vent de ces montagnes reçoit des précipitations bien plus importantes et a une saison sèche moins marquée que le côté sous le vent. L'**écotone** entre ces **habitats** peut être très dramatique.

Un autre aspect important est que dans l'immensité du paysage de Madagascar, qui à son point le plus long fait près de 1600 km et au point le plus large 570 km, se trouvent plusieurs grandes clines. La plus importante d'entre elles est sans doute celle associée aux précipitations. Dans l'extrême Nord, sur la péninsule de Masoala, les précipitations annuelles peuvent atteindre près de 7 m (Figure 10, à gauche), généralement sans saison sèche prolongée ou prononcée. En revanche, dans certaines parties de l'extrême Sud-ouest, avoir 400 mm de précipitations par an est exceptionnel, et la saison sèche peut durer 10 mois (Figure 10, à droite). Dans cette dernière région, la sécheresse peut durer plusieurs années. Ces **écosystèmes** de végétation naturelle sont étroitement liés aux précipitations

et aux aspects physiques du sol, qui tour à tour, façonnent la répartition des espèces animales et végétales.

Géologie

La géologie de Madagascar est complexe. La plus vieille roche est la partie anciennement rattachée à l'Afrique (**Gondwana**) et datant de 3200 millions d'années (65), qui se rapproche de la période où la terre s'est formée (voir Figure 3). Un bon endroit pour trouver cette vieille roche est aujourd'hui la partie Ouest de l'Andringitra. C'est assez extraordinaire car le massif de l'Andringitra se trouve dans la partie Centrale Sud-est de l'île, et toutes les formations géologiques à l'ouest de cette zone, une bande de plus de 350 km jusqu'au canal du Mozambique, se sont formées depuis l'éclatement du Gondwana il y a de cela 165 millions d'années. Ces formations géologiques récentes de l'Ouest comprennent, par exemple, le **calcaire** des fonds marins qui est remonté par les mouvements internes de la terre (**tectonique**) et le grès formé par l'érosion de vastes montagnes. Ces transformations profondes fournissent d'excellents exemples de la dynamique au cours du temps de notre planète. Les choses peuvent vraiment changer !

Quelques points doivent être mentionnés sur la géologie moderne de Madagascar. A l'ouest, après la plaine sableuse côtière se trouvent différents dépôts calcaires du **Tertiaire**. Plus à l'intérieur, une longue bande de calcaire discontinue du **Mésozoïque** s'étire jusque dans la zone d'Ankarana dans l'extrême

Figure 10. Les forêts de Madagascar présentent des différences considérables dans la structure et la composition des espèces, allant de très humides à sèches. Plusieurs zones de l'île reçoivent d'importantes précipitations annuelles et les **forêts humides** locales sont hautes, avec une **canopée** fermée, et sans saison sèche marquée, comme dans le Parc National de Masoala (à gauche). (Cliché par Harald Schütz.) En revanche, certaines zones du **bush épineux** dans le Sud-ouest reçoivent moins de quelques centaines de millimètres de pluie par an et expérimentent de longues saisons sèches, comme dans le Parc National de Tsimanampetsotsa (à droite). (Cliché par Voahangy Soarimalala.)

Nord, et comprend plusieurs zones de pinacles calcaires, appelées *tsingy* en malgache (voir Planche 16). Dans beaucoup de ces domaines, la roche a été fortement érodée par l'eau, formant des canyons, des crevasses, et dans certains cas, des systèmes de grottes étendues (Figure 11, à gauche).

La majeure partie du centre de l'île, incluant la zone qui s'étend de la côte Est, est composée principalement de roches **métamorphiques** et **ignées** (Figure 11, à droite). En comparaison avec les zones calcaires de l'Ouest, cette partie est aujourd'hui nettement plus humide, conduisant à la dégradation des restes osseux, et ces formations rocheuses possèdent donc peu de coins et recoins. Par conséquent, très peu de sites **subfossiles** sont connus dans cette vaste région. Les principales exceptions sont constituées par certains sites fluviaux et par les marais des Hautes Terres centrales qui jusqu'à récemment étaient volcaniques ; tel est le cas de la région d'Antsirabe (voir Planche 11) et Ampasambazimba (voir Planche 12).

Modèles de végétation

Comme mentionné ci-dessus, il existe des différences notables dans les communautés de végétation naturelle de Madagascar et elles sont directement liées aux facteurs météorologiques. Il existe deux gradients prononcés de la diminution des précipitations annuelles à travers l'île : est-ouest et nord-sud. Les zones où les précipitations sont les plus importantes ont une végétation plus luxuriante, et dans la plupart des

cas des niveaux élevés de diversité biotique. Traversant les différentes communautés botaniques, il existe des différences considérables dans les caractéristiques de la forêt ; celles-ci ont des influences considérables sur les organismes qui vivent dans ces zones.

Plusieurs systèmes ont été proposés par les botanistes pour classer la végétation de Madagascar. Nous présentons une version simplifiée avec trois types de forêts distinctes : la **forêt humide**, la **forêt sèche caducifoliée** et le **bush épineux** (Figure 12). Nous considérons également dans cette section la question de savoir si la **savane** ou les **prairies**, dominées par la Famille des Poaceae, font partie des communautés de végétation naturelle de l'île.

Ces dernières années, la tendance des écologistes et des conservationnistes de la nature était d'utiliser les termes « intacte », « vierge » ou « primaire » pour certaines zones forestières de Madagascar. Dans la plupart des cas, ces termes ne sont pas corrects, car ils indiquent au moins implicitement que les formations ont été épargnées par l'influence de la **dégradation anthropique**. Très peu de blocs forestiers restants sur l'île ont échappé à l'influence humaine, et donc par définition, il ne reste que très peu de forêts primaires.

Forêt humide

Les parties orientales du pays, ainsi que celles des Hautes Terres centrales, sont sous l'influence des vents du Sud-est. Ceux-ci favorisent la formation de nuages et de

Figure 11. Madagascar dispose d'un très large éventail de formations géologiques, notamment les formations **calcaires (karst)** de l'Ouest profondément découpées par l'érosion hydrique (*tsingy*), comme le montre ici le massif du Bemaraha (à gauche). Le pont suspendu au milieu à droite fait partie de la passerelle touristique des *tsingy* de « Madagascar National Park ». (Cliché par Olivier Langrand.) Les grands dômes constitués de roches granitiques près d'Ambalavao forment une autre formation remarquable (à droite). (Cliché par Voahangy Soarimalala.)

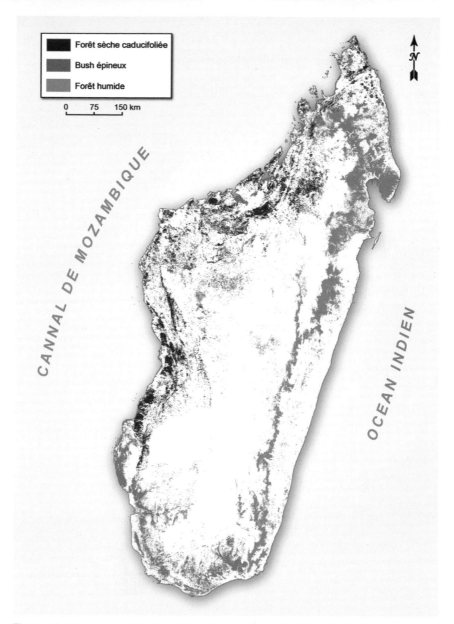

Figure 12. Dans un modèle simplifié de la couverture végétale naturelle de Madagascar, trois types différents peuvent être reconnus : la **forêt humide** le long de la majeure partie de la moitié Est et dans le Nord-ouest, la **forêt sèche caducifoliée** du Nord et du Sud dans les plaines à l'ouest de la zone centrale Sud, et le **bush épineux**, à l'extrême Sud-ouest et au Sud. (Carte par Herivololona Mbola Rakotondratsimba & Luci Botti-Nash.)

précipitations appréciables pendant une grande partie de l'année en raison de la montée des masses d'air humide le long d'un gradient d'élévation important. En général, ces zones connaissent une saison chaude et pluvieuse distinctes, dont la date varie en fonction de l'altitude et de la latitude, mais elle se situe généralement entre décembre et mars. Par la suite, il existe une transition vers la saison froide et sèche, qui continue jusqu'en septembre, suivie par le passage à la saison chaude et à celle des pluies.

L'étage stable (**climax**) de ce type de végétation est principalement la forêt humide (Figure 12), qui montre des changements notables dans la structure et dans la composition floristique associée à l'altitude. Plusieurs auteurs ont noté que la transition entre ces différentes zones de végétation est progressive, et des délimitations précises entre elles sont difficiles à définir (86, 197). Cependant, pour aider à expliquer certaines tendances décrites dans les autres parties de ce livre, et particulièrement des variations de végétation liées au changement climatique, nous avons maintenu ces distinctions : les forêts de plaine (du niveau de la mer jusqu'à 900 m), la forêt de moyenne altitude ou de montagne (de 900 à environ 1800 m) et la forêt de montagne d'Ericaceae ou sclérophylle (d'environ 1800 m jusqu'à la limite supérieure de végétation).

En général, la formation de plaine a de hautes forêts, avec des arbres atteignant 25-30 m de hauteur, souvent avec plusieurs strates, une **canopée** fermée, et un sous-étage diffus. Elle est floristiquement très riche, mais généralement avec une réduction de l'abondance des plantes **épiphytes**, comme de lichens, de mousses et d'orchidées (Figure 13). Les précipitations annuelles sont généralement de plus de 2 m, avec un maximum de près de 7 m, documenté dans certaines parties de la péninsule de Masoala. Les précipitations diminuent rapidement de la zone du Masoala vers la pointe nord de l'île, et plus progressivement vers le sud le long de la côte orientale de l'extrême Sud-est. Au cours des mois les plus froids, la température moyenne minimale dans la zone de forêt de plaine varie de plus de 18°C au niveau de la mer à environ 12°C à la base de l'escarpement des Hautes Terres centrales.

Le type d'habitat suivant de plus haute altitude est une forêt de montagne qui montre d'importants changements dans sa structure et son apparence le long de ses 1000 m de dénivelé. A limite inférieure (légèrement au-dessus de 900 m), la canopée de ce type de forêt peut atteindre une hauteur d'environ 25 m et à l'extrémité supérieure (environ 1800 m), elle est inférieure à 15 m et souvent composée d'arbres tordus aux branches basses. Le long de ce gradient, le nombre d'épiphytes qui poussent sur le sol et sur la végétation ligneuse augmente, et le sous-étage est souvent formé d'une couche **herbacée** épaisse (Figure 14). Le climat de cette zone est plus saisonnier que celui des plaines, et les précipitations annuelles sont comprises entre 1,2 et 2,5 m. Dans une grande partie de cette zone, les brouillards fréquents, plus que les précipitations directes, apportent l'humidité qui agit comme un tampon

Figure 13. Les **forêts humides** des plaines de l'Est de Madagascar sont hautes, avec une **canopée** fermée, et peu de plantes **épiphytes**. Ici, nous illustrons un exemple de ce type de forêt de la péninsule de Masoala. (Cliché par Harald Schütz.)

Figure 14. Le long de la bande d'altitude de végétation de montagne, de 900 à environ 1800 m, des changements importants dans la structure de la végétation s'observent. A l'extrémité inférieure de la zone, la forêt est similaire à celle de l'extrémité supérieure de la forêt de plaine, bien que de plus petite taille et avec plus de plantes **épiphytes**. En revanche, à l'extrémité supérieure de cette zone, la forêt est nettement plus basse, avec un sous-étage supérieur, et une importante croissance des épiphytes. Par exemple, la partie supérieure de la forêt de montagne du massif d'Andringitra, légèrement en dessous de 1800 m, caractérise la « forêt à mousses ». (Cliché par Harald Schütz.)

important contre la **dessiccation**. La température moyenne minimale du mois le plus froid dépend fortement de l'altitude, allant de plus de 13°C à moins de 5°C dans les zones plus élevées.

Vers la limite supérieure de la forêt de montagne, celle-ci se transforme brusquement en forêt d'Ericaceae. Ce type de forêt est bas, ne dépassant généralement pas plus de 10 m de haut, avec des troncs et des branches tordus et une forte croissance d'épiphytes (Figure 15, à gauche). Elle est semblable à la forêt de montagne supérieure qui est illustrée à la Figure 14, mais elle est encore plus basse et fortement recouverte d'épiphytes différents. Le sous-bois est ouvert et le sol et la végétation sont souvent recouverts d'une épaisse couche de mousses et de lichens.

Les données météorologiques provenant des stations de cette zone ne sont pas publiées, mais nous estimons qu'il existe des variations saisonnières importantes des précipitations, qui sont au moins partiellement tamponnées par les brumes de la saison froide et sèche. La température moyenne minimale du mois le plus froid dépend encore de l'altitude, allant de moins de 6°C dans les zones basses, à des nuits en dessous de zéro dans les hautes altitudes. Sur le Massif de l'Andringitra, qui est à environ 22° de latitude sud et atteint 2658 m d'altitude, de la neige y a déjà été enregistrée. Dans les zones plus élevées de ce massif, la température peut descendre à -11°C, et les différences quotidiennes entre les maxima et les minima s'étendent sur près de 40°C. Vers la zone sommitale de l'Andringitra et plusieurs autres montagnes de Madagascar, le paysage est principalement composé de roches nues (Figure 15, à droite).

Forêt sèche caducifoliée

Entre la limite ouest des Hautes Terres centrales, où l'habitat naturel restant est considéré comme de la forêt humide, et plus à l'ouest, à partir d'environ 900 m, un changement de végétation allant vers une formation de la forêt sèche caducifoliée est observé. Cette évolution est étroitement liée à la baisse des précipitations. Dans la forêt sèche, une partie importante de la végétation perd ses feuilles pendant la saison sèche. Dans les parties Ouest et Nord-ouest du centre de l'île, où la forêt sèche est la formation forestière principale (Figure 12), les différents types de roches nues ont une influence importante sur la structure des communautés végétales. Comme cette zone de Madagascar se situe dans l'ombre pluviométrique des zones situées plus à l'est, les précipitations sont généralement limitées, et il existe un gradient notable des précipitations annuelles, diminuant du nord au sud. La partie Nord-ouest de l'île a un climat tropical avec une saison sèche d'environ cinq mois par an, alors que plus au sud, la saison sèche est nettement plus longue. Dans la zone proche du fleuve Mangoky qui constitue la zone de transition entre la forêt sèche caducifoliée et le bush épineux, la saison sèche peut être de 10 mois par an.

En général, la canopée supérieure de la forêt sèche caducifoliée atteint 10 à 15 m de haut, allant parfois jusqu'à 20 m, avec une section médiane et un sous-bois relativement ouverts. Etant donné que ces formations connaissent une importante saison sèche, les plantes épiphytes, les lichens et les mousses sont quasiment absents. Le long des berges des rivières de la partie Ouest et Sud de l'île, s'installe une autre formation végétale appelée **forêt**

Figure 15. Les parties supérieures des montagnes les plus élevées dans la zone de **forêt humide** possèdent des **habitats** plutôt prononcés. A la limite supérieure de la forêt, il existe une transition brutale vers une zone dominée par les membres de la Famille des Ericaceae, principalement des membres du genre *Erica*, la bruyère, ou de *Vaccinium*, les myrtilles. Cette zone de transition est représentée ici par la zone sommitale du massif de l'Andringitra, dont la partie supérieure des pentes montre la formation d'Ericaceae, la section médiane, la forêt de haute montagne et la partie inférieure, l'habitat d'Ericaceae (à gauche). (Cliché par Harald Schütz.) Vers le sommet de l'Andringitra, sur la partie supérieure qui atteint près de 2700 m, très peu de végétation s'y installe (à droite). Les entailles profondes dans la partie supérieure du massif sont associées à la **glaciation** du Pléistocène. (Cliché par Voahangy Soarimalala.)

galerie ou riveraine. Dans certains cas, ces cours d'eau ne sont pas taris tout au long de l'année, au moins des piscines isolées ou de l'humidité souterraine persistent pendant la saison sèche. Par conséquent, les forêts galeries ont tendance à être nettement plus grandes que les forêts sèches caducifoliées adjacentes, atteignant 15 à parfois 20 m de haut, et avec quelques différences dans la composition des plantes (Figure 16).

Bush épineux

La végétation naturelle dominante des parties extrêmes Sud et Sud-ouest de Madagascar est le bush épineux (Figure 12). La zone de transition du Nord, donnant naissance à la forêt sèche caducifoliée, se situe près du fleuve Mangoky, et celle de l'Est, passant à la forêt humide, le long des versants de montagnes à l'ouest de Tolagnaro. La zone de bush épineux est la partie la plus sèche et la plus chaude de l'île, avec une pluviométrie moyenne annuelle généralement inférieure à 700 mm. Dans l'extrême Sud, dans le meilleur des cas, la précipitation peut atteindre 350 mm. Les moyennes annuelles des températures maximales se situent entre 30° et 33°C et minimales entre 15° et 21°C.

Des formations différentes composent la végétation naturelle du bush épineux ; elles sont liées au substrat (croissance sur sols sableux ou sur roches nues) et à l'ensoleillement (partiellement ombragées dans les canyons ou en plein soleil dans des espaces ouverts ou sur des parois verticales). En général, ce bush est inférieur à 5-10 m de hauteur, et dominé par des plantes de deux familles (Didiereaceae

Figure 16. Dans certaines parties de l'Ouest de Madagascar, il existe une **communauté** distincte de végétation, souvent désignée comme la **forêt galerie**, qui pousse le long des berges des cours d'eau. La photo ici représente ce type de formation s'installant le long d'Ihazoara près de Beza Mahafaly, qui est un cours d'eau saisonnier dont le sol reste humide pendant la saison sèche. (Cliché par Harald Schütz.)

et Euphorbiaceae) (Figure 10, à droite). Comme dans la forêt sèche caducifoliée, des forêts galeries restantes demeurent le long des grandes rivières du Sud-ouest et au Sud (Figure 16). Dans la plupart des cas, ces cours d'eau sont saisonniers, avec de l'eau qui y coule moins de 4-6 mois par an, mais un peu d'humidité y persiste quand même.

Savane et prairie
Une importante partie de Madagascar est formée de **savanes** ou de **prairies** qui couvrent de vastes étendues (Figure 17), qui ont déjà été interprétées comme étant la conséquence directe de la dégradation humaine du paysage (210). Selon une estimation légèrement dépassée, 72 % de la superficie totale de Madagascar est composée de prairies, la plupart

du temps à de basses et moyennes altitudes (173). Au cours de ces dernières années, les chercheurs se sont questionnés sur cette origine anthropique de ces prairies et ont proposé à la place qu'elles soient au moins en partie naturelles, et non considérées comme étant le résultat de modifications par l'homme d'anciennes zones boisées (25).

Pour beaucoup de gens, quand ils pensent à la savane, il leur vient à l'esprit l'image de la vaste zone de prairies d'Afrique orientale, en particulier celle de Serengeti, un paysage dominé par des prairies continues et des arbres occasionnels. Dans sa définition de prairies associées à une classification de la végétation de l'Afrique, Frank White utilisa ceci, « les formations ayant un recouvrement en plantes ligneuses ne dépassant pas 10 % sont comme

Figure 17. Une grande partie de Madagascar est couverte par la **savane** et une question importante est de savoir si de telles formations sont naturelles. Ces **prairies** sont fréquemment sujettes au feu qui permet de stimuler une nouvelle croissance des graminées pour créer des pâturages, comme ici sur le Plateau d'Horombe à l'est de Ranohira. (Cliché par Harald Schütz.)

des formations herbeuses sans autre qualificatif » (269). Dans le contexte africain ou ailleurs dans le monde, de nombreux animaux des prairies sont adaptés à cet écosystème. Le mécanisme de maintien d'une telle savane est une combinaison d'une forte **biomasse** d'animaux mangeurs d'herbes (**herbivores**) et d'incendies naturels. Il est important de souligner que de nombreux écosystèmes aujourd'hui dénommés « savanes » ont différentes densités d'arbres, de prairies avec des acacias diffus (Famille de Fabaceae) comme dans le Serengeti, avec une végétation dense de *Brachystegia* (Famille de Fabaceae) ou avec des forêts claires ou savanes boisées de Miombo dans certaines parties de l'Afrique australe (Figure 18). Par définition, l'ensemble de ces formations sont des savanes (225). Selon White, une formation herbeuse boisée est caractérisée par un peuplement ouvert d'arbres d'au moins 8 m de haut avec un couvert arboré de 40 % ou plus. La strate herbacée est habituellement dominée par les graminées.

Sur la base des aspects structurels et fonctionnels des os de lémuriens subfossiles déterrés à différents endroits, tel que sur le site d'Ampasambazimba sur les Hautes Terres centrales (voir Planche 12), certaines espèces principalement ou exclusivement **arboricoles**, utilisaient les lianes et les branches de la canopée moyenne et supérieure pour se déplacer, tandis que d'autres étaient en grande partie terrestres. En outre, mélangés au milieu des

Figure 18. Dans certaines parties du Sud de l'Afrique, il existe une formation végétale naturelle connue sous le nom de **savane** boisée de Miombo. Cet **habitat** dispose d'une couverture variable, allant de zones denses d'arbres à **canopée** fermée à d'autres zones avec des arbres dispersés et à canopée ouverte. Ici, nous illustrons la savane boisée de Miombo à l'est du lac Mweru en Zambie. Notez la canopée variable dans cette formation étendue. Basé sur de différentes reconstitutions d'animaux récupérés sur des sites **subfossiles** de Madagascar, il semblerait qu'un type parallèle de savane boisée ait existé dans le passé sur l'île. (Cliché par Woody Cotterill.)

ossements de lémuriens se trouvaient ceux des animaux tels que les oiseaux-éléphants et les tortues géantes, qui ont certainement vécu beaucoup plus dans des bois ouverts que dans la forêt à canopée fermée. Par conséquent, nous avançons qu'un écosystème structurellement similaire aux forêts claires de Miombo a existé à Madagascar jusqu'à il y a quelques milliers d'années. Bien qu'il s'agisse par définition d'une forme de savane, cet écosystème aurait eu une structure très différente de celle des savanes africaines. Ces forêts claires ou savanes boisées de type de celles de Miombo auraient facilement pu être l'habitat préféré de nombreux organismes qui vivent aujourd'hui à Madagascar et qui semblent prospérer dans des habitats non forestiers ouverts modernes, comme les alouettes, les gangas et autres espèces de « savane ».

Sans entrer dans trop de détails dans le débat si oui ou non les prairies ouvertes sont majoritairement composées de formations **anthropogéniques**, quelques points méritent d'être mentionnés à cet égard. Hormis les habitats de hautes altitudes, en particulier de montagne et les formations d'Ericaceae, où de nombreuses graminées **endémiques** sont présentes et font clairement partie de la flore de Madagascar, peu de recherches ont été menées sur la **taxonomie** des graminées dans les zones de plaines ouvertes. L'**hypothèse** que beaucoup de ces herbes ont été introduites à Madagascar à partir de l'Afrique doit être évaluée, notamment avec des études de **génétique moléculaire**.

En effet, si un grand pourcentage de graminées ont été introduites en provenance d'Afrique, cela répondrait à certaines questions, dont les aspects particuliers de la **photosynthèse** (C4) pour les espèces qui se trouvent aujourd'hui sur l'île et typiques des savanes africaines.

Un autre résultat de recherches sur le terrain portant sur la dynamique de végétation au niveau de l'écotone entre la forêt et la prairie : sous conditions naturelles stables, au moins sur les Hautes Terres centrales (Figure 19, à gauche) ; le processus normal est que la forêt prend le dessus sur les prairies, plutôt que l'inverse (141, 205). Cela montre que la forêt, y comprises les formations boisées ressemblant à celles de Miombo dans un passé récent, est la végétation **climacique** dans certaines parties des Hautes Terres centrales.

Un certain nombre d'études modernes associées aux effets de la fragmentation forestière ont montré, par exemple dans la région de Daraina, que l'écotone entre les prairies ouvertes et les forêts est stable depuis plusieurs décennies (Figure 19, à droite) (215). Cette observation a été interprétée comme si la prairie était une formation naturelle et la fragmentation n'était pas nécessairement un processus induit par l'homme. Toutefois, compte tenu des informations actuelles considérant que les forêts ou les terres boisées sont probablement constitutives de la végétation climacique de ces milieux, nous maintiendrons qu'au cours de la période où l'écotone prairie-forêt est resté stable, une meilleure explication est que certains facteurs humains ont

Figure 19. Pour décider si les îlots boisés existants sont bien des formations naturelles, la dynamique de la végétation est nécessaire à étudier pour la compréhension du sujet. Au moins sur les Hautes Terres centrales, à Ambohitantely, des recherches récentes indiquent que sous des conditions stables, la forêt prend le dessus sur les **prairies** ou **savane** (à gauche). (Cliché par Olivier Langrand.) La plupart des fragments de forêt sur des sites tels que la région de Daraina (Loky-Manambato) dans le Nord-est, sont dans des situations topographiques où ils seraient beaucoup plus protégés contre les feux. Par conséquent, les limites de la forêt sur ces sites montrent une certaine stabilité au cours des dernières décennies (à droite). (Cliché par Harald Schütz.)

entravé la recolonisation forestière des prairies. La **régénération** est un processus très lent. En outre, si ces prairies étaient en effet une formation naturelle, on pourrait s'attendre à un niveau de richesse plus grand en espèces végétales et à un taux d'endémisme élevé de ces sites, en particulier parmi les membres de la Famille des Poaceae. Par exemple, les formations de savane d'Afrique ont un pourcentage remarquable de graminées endémiques. Cependant, sur les nombreux sites de plaine, les prairies de Madagascar se composent seulement de quelques espèces de graminées et, basées sur la taxonomie actuelle ; ce sont des espèces largement répandues, souvent **pantropicales**, **pérennes** et résistantes au feu (173).

Comme mentionné précédemment, le maintien de prairies ouvertes, par exemple en Afrique de l'Est, est associé à des incendies naturels et à une énorme biomasse d'herbivores se nourrissant de graminées générées après la saison des pluies. Basé sur des particules de charbon microscopiques trouvées dans des carottes de pollen prélevées dans des dépôts lacustres à différents endroits de Madagascar (voir Planche 9, par exemple), il est clair que le feu était un aspect naturel de certaines communautés végétales avant l'arrivée de l'homme (35). La question cruciale est de savoir si ces incendies naturels, en fonction de leur fréquence et de leur intensité, étaient suffisants pour maintenir cet habitat comme dans les prairies de savane naturelle en dehors de Madagascar. Pour le moment, nous ne pouvons pas répondre avec certitude à cette question. Cependant, le plus important est qu'il n'existe aucune preuve de l'existence d'une importante biomasse d'**ongulés** d'origine naturelle à Madagascar, contrairement à ceux qui vivent dans le Serengeti par exemple, comme les antilopes, les gazelles, les girafes, etc. (Figure 20). S'il est vrai que les différentes espèces d'hippopotames qui vivaient sur l'île (voir Planche 10), étaient d'importants consommateurs d'herbe, ceux-ci auraient été limités aux régions marécageuses ou aux habitats riverains qui couvraient une fraction de la superficie des prairies ouvertes modernes. On ne sait pas ce que les différentes espèces d'oiseaux-éléphants (Famille des Aepyornithidae) ont mangé, elles ne peuvent donc pas être citées comme de gros consommateurs de graminées, du moins pour l'instant (24).

D'autre part et de façon plutôt extraordinaire, la densité actuelle des tortues géantes herbivores *Aldabrachelys gigantea* sur l'atoll d'Aldabra (voir Planche 4) atteint une biomasse comprise entre 3,5 et 58 tonnes par km² (Figure 21) ; c'est plus que la biomasse combinée de différentes espèces de mammifères herbivores de n'importe quel paysage africain (48) ! Etant donné que les membres malgaches récemment éteints de ce genre de tortue étaient de la même taille qu'*Aldabrachelys gigantea*, et avaient sans doute atteint d'importantes densités naturelles, cela pourrait indiquer que leur disparition a eu des conséquences considérables pour différents aspects du fonctionnement des écosystèmes. Des restes de tortues malgaches

Figure 20. Le Serengeti est bien connu pour sa **biomasse** très importante d'animaux mangeurs d'herbe, tels que les bubales, les zèbres et les gazelles que nous voyons sur cette image. Il n'existe pas de preuve, du moins parmi la faune d'oiseaux et de mammifères qui vivaient jusqu'à récemment à Madagascar, d'un niveau comparable d'animaux **herbivores** qui auraient pu aider à maintenir ces **savanes** si réputées. (Cliché par William T. Stanley.)

Figure 21. Sur l'atoll d'Aldabra, à quelques centaines de kilomètres au nord de Madagascar et dans la partie occidentale de l'archipel des Seychelles, une importante population de tortues géantes (*Aldabrachelys gigantea*) reste aujourd'hui étroitement liée à une espèce qui s'est éteinte à Madagascar. La **biomasse** de ces animaux **herbivores** à Aldabra est particulièrement supérieure à celle des mammifères des **savanes** du Serengeti. Les tortues géantes éteintes de Madagascar étaient probablement d'importantes brouteuses dans les différentes formations de végétation, y comprises les savanes boisées du type de Miombo. La photo montre ici un groupe de tortues sur l'atoll d'Aldabra descendant dans des piscines d'eau douce après une forte pluie. Bien que légèrement concentrées en raison de la ressource éphémère en eau, cela donne quand même une idée de leur densité relative. (Cliché par Rich Baxter.)

disparues ont été trouvés sur des sites subfossiles comme ceux des savanes boisées de Miombo, qui couvrent un très large éventail d'altitudes et de latitudes, comme Tsimanampetsotsa (voir Planche 4), Belo sur Mer (voir Planche 9) et Ampasambazimba (voir Planche 12). Par conséquent, ces tortues étaient probablement d'importants herbivores dans leur ancienne aire de répartition.

Comme mentionné ci-dessus, il existe plusieurs organismes endémiques présents à Madagascar et qui sont clairement adaptés aux habitats ouverts plutôt qu'aux formations forestières à canopée fermée. Partant de ce constat ainsi que d'autres aspects **écologiques**, il est raisonnable de supposer que la végétation pré-humaine des îles n'était pas des formations forestières à canopée fermée d'une côte à l'autre. Comme il a été dit par les premiers botanistes (210), la végétation naturelle de l'île pendant l'**Holocène** était une mosaïque d'habitats. Des échantillons animaux subfossiles récents nous rappellent notamment les formations végétales variées de l'île. Compte tenu des restes d'animaux retrouvés sur certains sites paléontologiques, comme Ampasambazimba (voir Planche 12), il existe de bonnes preuves de l'existence d'animaux adaptés aux styles de vie arboricoles et d'autres aux modes terrestres ; ce qui indiquerait nécessairement des habitats variés au sein du même écosystème général.

En résumé, plusieurs lignes de support indiquent qu'il existe peu de preuves que les prairies des plaines ouvertes fassent partie des écosystèmes naturels actuels de Madagascar ou si elles l'étaient dans un passé géologique récent. Cependant, l'idée que les formations de savane aient existé sur l'île, structurellement similaires aux forêts claires de Miombo en Afrique australe, est conforme aux différentes conclusions quant aux types d'habitats utilisés par la faune subfossile. Enfin, les différents habitats des Hautes Terres centrales ont connu des changements dramatiques au cours des 50 dernières années, et particulièrement la perte des zones humides et des forêts galeries (161) ; ce qui souligne encore davantage les impacts des activités humaines dans leur configuration moderne.

BREVE HISTOIRE DU CHANGEMENT CLIMATIQUE A MADAGASCAR DEPUIS LE PLEISTOCENE SUPERIEUR

Rappelons que le **Pléistocène** a commencé il y a plus de 2 millions d'années et est passé dans une autre époque appelée l'**Holocène** 12 000 ans BP (Figure 3). Le Pléistocène est une période composée de nombreux cycles froids et chauds, périodes que l'on appelle respectivement « **glaciaires** » et « **interglaciaires** ». Le dernier épisode froid est appelé le **Dernier Maximum Glaciaire** (DMG), qui a eu lieu environ

20 000 ans BP. Le record climatique connu à Madagascar a été atteint au Pléistocène supérieur (mais au-delà du DMG). Les informations sur le changement climatique de l'île ne sont pas seulement superficielles ; elles sont également limitées géographiquement.

La meilleure preuve provient actuellement de longues carottes forées dans le lac Tritrivakely sur les Hautes Terres centrales (32, 83, 85 ; voir Planche 11). Ce site et d'autres dans la même région révèlent que des conditions glaciaires froides et sèches, étaient en place depuis environ 40 000 ans à travers le DMG. L'identification du pollen de ces noyaux montre qu'une formation d'Ericaceae de bruyères et d'arbustes qui, dans les **habitats** forestiers humides d'aujourd'hui tend à être trouvée à des altitudes élevées, mélangée avec des herbes, apparues au cours de cette période, environ 1000 m plus bas qu'aujourd'hui. Avec l'expansion de cette végétation de montagne vers une altitude plus basse, il a été suggéré que pendant cette période, les forêts de plaine qui aujourd'hui poussent du niveau de la mer jusqu'à environ 900 m, peuvent avoir été compressées dans des poches relativement limitées sur les côtes Est et Nord-ouest.

Le froid et la sécheresse du DMG ont certainement influencé d'autres parties de l'île, y compris le Massif de l'Andringitra dans le Centre Sud-est et des preuves de variations de dessiccation du lac Alaotra dans la partie orientale humide de Madagascar jusqu'à l'extrême Nord sur la Montagne d'Ambre. Les conditions après le DMG sont signalées dans les échantillons

de pollen du lac Tritrivakely quand la **déglaciation** et le réchauffement ont commencé. En association avec ce changement climatique, il y a eu une nette diminution de pollen d'Ericaceae autour de la région du lac. Les variations de température ont continué, mais juste après 10 000 ans av. J.C., la végétation d'Ericaceae semble avoir disparu et a été remplacée par des **prairies** boisées. Des conditions plus humides ont aussi existé brièvement au milieu de l'Holocène dans le Sud-ouest, avec la forêt sèche en pleine expansion. La dessiccation réapparaît ensuite, et différentes régions de l'île ont connu des sécheresses brèves jusqu'à ce que les conditions humides reviennent. Même avec une humidité effective plus élevée, des conditions plus fraîches réapparaissent sur les Hautes Terres centrales, et les arbres ont pu alors se propager à des altitudes plus élevées formant des zones boisées. Cependant, l'**aridification** qui a eu lieu environ 3000 ans BP se propage à nouveau sur plus ou moins toute l'île et persiste ensuite, mais c'est la zone du Sud-ouest qui a été particulièrement touchée.

Il a été suggéré qu'une grave sécheresse a frappé toute l'île 950 ans BP, et que cet événement a été couplé dans certaines régions avec des feux plus réguliers et l'introduction du bétail **domestique** (262). On pourrait s'attendre à ce que cette combinaison ait des implications profondes sur la transformation du paysage et sur l'**extinction** finale des espèces de **vertébrés** terrestres, et peut-être l'a-t-elle fait à certains endroits. Cependant, même face à ces nombreuses oscillations climatiques évoquées ci-dessus, il convient de noter que la majorité des vertébrés éteints actuellement connus de la science ont résisté à ces fluctuations parfois extrêmes, et beaucoup ont persisté jusqu'à tout récemment (40).

HISTOIRE DE LA COLONISATION HUMAINE DE MADAGASCAR

Les questions concernant précisément les fondateurs originaux (parfois appelés les « proto-malgaches ») (quand et comment sont-ils arrivés à Madagascar ?), constituent un sujet d'intenses recherches et de débats. Régulièrement, les chercheurs présentent de nouvelles preuves et la date de la première **colonisation** recule plus loin dans l'histoire. Les scientifiques ont des indices **linguistiques**, **génétiques**, **archéologiques** et **paléontologiques** sur les origines probables du peuple malgache, et certains aspects de l'histoire sont plus clairs que d'autres. Les commerçants arabes, les pirates et les colonialistes européens, et les commerçants indo-pakistanais et chinois sont tous arrivés beaucoup plus tard dans les vagues successives d'immigration, et eux aussi ont rajouté leurs signatures génétiques et physiques à l'impressionnant évident mélange de la population actuelle. Des idées différentes sur l'origine des Malgaches ont été présentées comme étant des preuves nouvelles, et des

Figure 22. Sur cette photo s'observe Pierre Vérin (debout en haut à gauche). Il a été membre du corps professoral de l'Université d'Antananarivo entre 1962 et 1973, il était une grande figure de l'**archéologie** malgache, et a mené de nombreuses missions de terrain autour de l'île, souvent en utilisant ces possibilités pour former de nouvelles générations de chercheurs malgaches. Cette image a été prise lors d'une mission de 1970 sur l'île d'Ambariotelo, dans l'extrême Nord. Parmi les étudiants qui l'accompagnaient, Jean-Aimé Rakotoarisoa en faisait partie (assis sur le sol entre un homme plus âgé avec un chapeau et une jeune femme), futur directeur de l'Institut de Civilisations / Musée d'Art et d'Archéologie. (Cliché offert gracieusement par l'Institut de Civilisations / Musée d'Art et d'Archéologie.)

interprétations ont été avancées Nous offrons notre synthèse et notre évaluation ci-dessous.

Madagascar possède une riche tradition de recherches en archéologie et en paléontologie. Des générations de chercheurs nationaux et étrangers ont consacré leur carrière à la compréhension de différents aspects du sujet ; par exemple, comment différents organismes (y compris les personnes) ont colonisé l'île. Par exemple, les chercheurs et les collaborateurs associés à l'Institut de Civilisations / Musée d'Art et d'Archéologie de l'Université d'Antananarivo, créé en 1970, ont effectué des missions dans différentes régions de l'île pour fouiller des sites archéologiques. Dans de nombreux cas, ces sorties sont organisées par des étudiants universitaires et ont constitué un élément important dans le renforcement des capacités et l'avancement professionnel (Figure 22).

Considérations relatives à la langue et à différents types de présentations

Bien qu'il existe plusieurs dialectes malgaches parlés autour de l'île, on sait depuis longtemps que la langue fait partie de la « famille austronésienne ». Le dialecte Merina des Hautes Terres centrales est apparemment le plus proche de la branche occidentale malayo-polynésienne de cette famille linguistique. Otto Christian Dahl a identifié une relation particulièrement étroite entre le malgache et la langue parlée dans la région de la rivière Barito du Sud-est de Bornéo (56).

Parce qu'aujourd'hui les gens de Barito manquent de technologie marine, il a également été supposé que cette population parlant du Barito était probablement composée par des ouvriers ou par des membres d'équipage esclaves sur les bateaux commandés par l'empire maritime malais Srivijaya, empire qui s'est élargi dans le courant du 6ème et 7ème siècle (22).

Dahl a également reconnu à juste titre un Africain bantou « substrat » de la langue malgache, mais la question portant précisément sur l'introduction des mots bantous et sur d'autres éléments culturels n'est pas encore réglée. Philippe Beaujard (18) suggère que ces contacts bantous-austronésiens pourraient avoir d'abord eu lieu dans l'archipel des Comores. Encore une fois s'appuyant en grande partie sur les preuves linguistiques, Beaujard déduit que les premiers Austronésiens à Madagascar ont apporté avec eux le riz, l'igname et la noix de coco ; seulement plus tard, arrivèrent les bananes et diverses autres cultures **introduites** d'Afrique.

Le premier métal sous forme de fer aurait pu venir à Madagascar en provenance d'Afrique ou d'Asie ; les données archéologiques indiquent que le fer était connu en Afrique de l'Est et en Asie du Sud-est il y a plus de 2000 ans BP. Il existe également un débat pour savoir si les bovins africains auraient précédé et auraient été par la suite remplacés dans toute l'île, par les zébus, probablement d'origine asiatique. D'autres aspects physiques culturels trouvés aujourd'hui à Madagascar qui semblent être d'origine asiatique comprennent, par exemple, les stabilisateurs sur les pirogues ; ils ont été apparemment mis au point par des populations parlant une langue austronésienne qui vivent sur les îles, spécifiquement pour une plus grande stabilité du bateau pendant le voyage maritime. Roger Blench a relancé l'idée que les Austronésiens sont peut-être arrivés sur le continent africain avant Madagascar, en incorporant éventuellement des gènes africains et des mots avant leur départ de l'Afrique orientale et leur arrivée sur les côtes de Madagascar (22) ; cette théorie a besoin de preuves archéologiques concrètes. Blench suggère également que les premiers pionniers humains arrivés à Madagascar pourraient ne pas être du tout des Austronésiens, mais des Africains (voir Planche 1).

En plus de l'impact bantou sur sa fondation austronésienne, peu importe l'endroit et le moment où tout a commencé, des mots supplémentaires ont été empruntés et intégrés plus récemment au malgache, y compris le swahili, l'arabe, l'anglais et le français. En fait, le premier exemple de malgache écrit, retrouvé dans le Sud-est, était en alphabet arabe de la fin du 16ème siècle. Pas plus tard qu'au 17ème siècle, les habitants de certains villages de l'Ouest parlaient un dialecte africain qui est celui du Mozambique, et qui semble encore persister aujourd'hui dans des poches isolées (62). Jusqu'à il y a quelques années, les personnes âgées des villages reculés du Nord-ouest, comme à Marodoka sur Nosy Be, parlaient du swahili entre eux. Le nom du village, avec *maro* provenant du malgache qui signifie « beaucoup » et *doka* du

swahili qui signifie « boutiques », fournit une trace de métissage culturel. Aujourd'hui, dans les dialectes du Nord de Madagascar, le mot *dokana* signifie boutiques ou magasins.

Preuves génétiques humaines

La double origine du peuple malgache, africaine et asiatique (côtière contre Hautes Terres centrales) a été appuyée par une analyse précoce de la détermination des groupes sanguins. D'autres données génétiques ont confirmé par la suite la preuve de ces deux groupes fondamentaux, et une quantité faible mais variable d'un mélange eurasien a été trouvé dans certains groupes culturels malgaches (255, Figure 23). Bien que manquant parmi les populations Barito modernes de Bornéo, près de 20 % des Malgaches sujets d'une étude étaient porteurs de mutations bien définies de type « motif polynésien » de l'**ADN mitochondrial maternel**. Ce résultat a été également soutenu par l'analyse simultanée des **génomes paternel** et maternel (146), qui désigne encore Bornéo comme étant l'origine la plus probable de la composante asiatique du peuple malgache. Lors d'un réexamen par Sergio Tofanelli & Stefania Bertoncini, les mêmes marqueurs génétiques exprimaient une conclusion plus nuancée : l'**ancêtre** austronésien est plus marqué chez les femmes que chez les hommes et, également davantage chez les gens des Hautes Terres centrales. Il a également été déduit qu'un empire malais pré-Srivijaya des Austronésiens s'est aussi étendu. Fait important, les résultats les

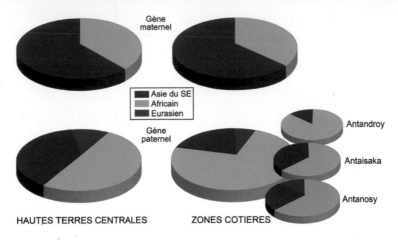

Figure 23. Diagrammes montrant les proportions de la population malgache venant des Hautes Terres centrales et de la côte, divisées en leurs composantes **génétiques** ancestrales, en particulier d'Asie du Sud-est, d'Afrique subsaharienne et d'Eurasie. Deux marqueurs différents ont été utilisés, ceux hérités de la mère (**maternel**) et du père (**paternel**). Pour les groupes ethniques du Sud-est et du Sud de Madagascar, des diagrammes circulaires séparés sont utilisés pour le marqueur paternel. (Adapté de 255.)

plus récents sont compatibles avec un premier contact bantou et austronésien il y a plus de 2000 ans BP. Un nouveau « motif génétique malgache », présent chez 20 % des Malgaches modernes, a également été récemment identifié. Il se distingue du précédent « motif polynésien » par une poignée de mutations supplémentaires, et doit encore être identifié en Asie du Sud-est.

Preuves de la colonisation de Madagascar avant l'Age du fer

Il y a plus 40 ans, Marimari Kellum-Ottino a publié un article citant la découverte d'outils **Néolithiques** dans le Centre-ouest (158). Deux outils ont été trouvés à la surface le long des berges d'une rivière, et ont été décrits comme étant une herminette inachevée et un petit marteau en pierre, tous deux étaient composés d'une forme de silice cristalline et de quartz. C'est le type classique d'outils en pierre qui ont été fabriqués par des gens du Néolithique dans d'autres parties de l'**Ancien Monde**. Ce sont les premiers outils néolithiques réputés qui ont été trouvés à Madagascar. Peut-être qu'à cause de la nature et des conditions de la découverte, et aussi du fait que celle-ci est différente des preuves archéologiques de cette période, ces détails ont été en grande partie perdus et ne sont pas mentionnés dans la littérature ultérieure parlant de l'histoire de la colonisation humaine de Madagascar (40, 63).

Récemment, l'équipe archéologique composée de Chantal Radimilahy, Henry Wright, Robert Dewar et d'autres collègues, a recommencé les fouilles sur un site connu sous le nom de Lakaton'i Anja dans une gorge de la Montagne des Français, où l'on avait déjà retrouvé des traces du plus ancien site d'occupation humaine sur l'île. Sous un grand espace de sable en dessous d'un surplomb rocheux, ces chercheurs ont fouillé deux fosses de dépôts stratifiés d'une profondeur inférieure à 1 m et ont soigneusement lavé et trié les sédiments sous microscope afin de retrouver d'éventuels matériels intéressants (64). Au sein de ces dépôts, ils ont trouvé des éclats ou des objets travaillés en silice, qui est un type de pierre qu'on ne trouve pas naturellement à proximité du site, et ils ont conclu que ces objets sont la preuve de l'existence d'une industrie de la pierre manufacturée par l'homme. En utilisant une technique de datation connue sous le nom de « luminescence stimulée optiquement », qui mesure l'exposition de certains sédiments à la lumière du soleil, les niveaux les plus bas mesurés à partir des éclats de chaille ont donné des dates de 3470 et 4380 ans BP. Les datations au ^{14}C des dépôts étaient bien plus récentes. Les preuves que ces pierres travaillées ont été fabriquées par l'homme sont solides, mais l'ambiguïté demeure quant à la période à partir de laquelle ils remontent. En tout cas, sur la base des fouilles de Lakaton'i Anja, il existe des preuves solides témoignant du fait que les humains sont certainement arrivés à Madagascar avant le 4ème-6ème siècle selon les données archéologiques, et peut-être

même avant 2350 ans BP selon les informations paléontologiques.

Témoins archéologiques de l'occupation et de l'établissement humains

Les preuves directes venant d'objets humains *in situ*, de l'occupation d'un site, contrairement à un établissement à long terme, viennent de Lakaton'i Anja mentionné précédemment. Cet abri sous roche de la Montagne des Français contenait « des débris provenant de recherches côtière et forestière de nourriture » et de charbon de bois daté du 4ème au 6ème siècle (61, 62). La base de départ de celui qui a occupé ce camp temporaire demeure inconnue. D'autres sites au nord semblent de nature plus résidentielle et datent de 1200 ans BP (Irodo) à 1250 ans BP (Nosy Mangabe dans la baie d'Antongil).

Un autre site archéologique ancien a été documenté dans le Sud-ouest à Sarodrano ; il s'agit d'une habitation installée sur un banc de sable, qui a été datée à 1460 ans BP et qui a été emportée par un cyclone (207). Il existe également trois sites de colonisation dans le Sud à l'embouchure du fleuve Menarandra, dont les preuves suggèrent qu'ils ont été habités du 7ème au 10ème siècle. Ces sites sont particulièrement intéressants dans lesquels une poterie a été découverte dont le style rappelait celui d'Afrique de l'Est (Figure 24), et qui n'a pas été mélangée avec de la poterie malgache typique de cette même période. Plus important encore, la poterie a été faite à partir de la terre locale et n'a donc pas été importée. Cela donne

Figure 24. Des recherches **archéologiques** récentes de Michael Parker Pearson et ses collègues dans l'extrême Sud de Madagascar à Enijo sur la rive ouest du fleuve Menarandra ont identifié un type particulier de poterie. Cette poterie ne provient pas de la tradition malgache et elle est étroitement comparable à la céramique incisée à décor triangulaire du 7ème au 10ème siècle de la côte swahilie de Tanzanie et du Kenya. Bien qu'elle provienne d'un style d'Afrique orientale, les parties constituantes de la poterie sont chimiquement compatibles avec celle de la fabrication locale à Madagascar. C'est une preuve que les déplacements de l'homme d'Afrique orientale à Madagascar se sont produits bien plus tôt que ce qu'on pensait précédemment, et que le Sud a été colonisé par des groupes venant de la côte swahilie. (Cliché par Michael Parker Pearson.)

à penser, « que la colonisation du Sud aurait été initiée par les communautés swahili » ou par les commerçants swahili (207). Ces dates suggèrent qu'une colonisation et un établissement relativement précoces ont pu avoir lieu à peu près en même temps dans le Sud-ouest et le Nord, respectivement par des populations africaine et austronésienne. La croissance démographique à l'intérieur des Hautes Terres centrales, qui a commencé vers 1400 BP est évidente (38), mais les sites archéologiques plus grands, à l'échelle urbaine sont encore plus récents, comme le port islamique de Mahilaka sur la côte Nord-ouest qui date du 11ème au 14ème siècle.

Les sites d'occupation du Sud-est sont également relativement récents, et il semble que l'occupation plus importante et plus intensive du Sud-ouest n'a pas eu lieu jusqu'à environ 500-600 ans BP (51). La formation de l'Etat dans les Hautes Terres centrales était basée économiquement sur les esclaves et le riz n'a pas été produit avant la fin du 18ème siècle (voir les contributions de 272). Les vestiges archéologiques sont donc compatibles avec la colonisation régionale aux environs de 1680 à 1300 ans BP dans le Nord, mais d'autres preuves dans le Sud-ouest et ailleurs suggèrent que l'arrivée et l'impact de l'homme ont commencé encore plus tôt.

Preuves paléontologiques et paléoécologiques

Les données accumulées à partir d'os modifiés d'animaux aujourd'hui disparus, de particules de charbon de bois, de pollen de plantes **introduites** et d'autres indications de la présence humaine et de l'impact de ces différentes variables sur le paysage de Madagascar, se regroupent autour de la date de l'arrivée de l'homme entre 2000 et 2350 ans BP. Ces données sont appelées « substituts » ou « proxies » en Anglais, car cela ne concerne pas les objets d'origine humaine au sens archéologique des termes poterie ou outils, mais ensemble, elles racontent une histoire cohérente de l'arrivée de l'homme sur l'île (36, 40, 51).

La date la plus ancienne de la présence humaine actuellement connue vient d'un site à l'intérieur des terres du Sud-ouest appelé Taolambiby (voir Planche 5). Un radius, qui est un des os de l'avant-bras, d'un lémurien disparu (*Palaeopropithecus ingens*) porte des marques de coupure, indiquant un abattage de la carcasse à l'aide d'un objet pointu fait par les humains. Ce spécimen a été daté au ^{14}C à 2325 ans BP. Compte tenu des problèmes potentiels avec les techniques de datation au ^{14}C, des dates comparables venant d'autres échantillons de matières osseuses du site sont nécessaires pour corroborer ce moment apparemment initial, dans l'histoire des interactions homme-animaux éteints de Madagascar.

Du pollen de plantes introduites (*Cannabis/Humulus*, Famille des Cannabaceae) a été trouvé dans une carotte extraite du lac Tritrivakely sur les Hautes Terres centrales (voir Planche 11) et a été daté de 2200 ans BP. Dans ce cas, la morphologie du pollen de *Cannabis*, utilisé pour la fabrication de cordes de chanvre ou pour être fumé pour ses effets narcotiques, et celle du pollen de *Humulus*, un ingrédient important dans le brassage de la bière, sont morphologiquement similaires et difficiles à distinguer.

Alors que discutés en détail ci-dessous, il est important de présenter ici quelques points afin de mettre en évidence d'autres « substituts » entre les humains et les animaux disparus. Le fémur d'un hippopotame nain disparu, *Hippopotamus lemerlei* retrouvé sur le site côtier du Sud-ouest d'Ambolisatra s'est avéré avoir été modifié par l'homme (en d'autres termes, des entailles et marques d'abattage) et a été daté d'environ 2000 ans BP. Un os modifié de la jambe d'un oiseau-éléphant disparu retrouvé sur un autre site du Sud-ouest (Itampolo) a été daté de 1880 ans BP. Bien que ces dates soient remarquablement semblables, compte tenu des problèmes potentiels des techniques de datation au ^{14}C, ces dates uniques par site pour de si importantes histoires ne sont en aucun cas une preuve bien documentée. En outre, on ne connaît pas de site archéologique d'occupation de cette période dans le Sud-ouest de Madagascar. Toutefois, si ces « substituts » sont utilisés comme des **hypothèses**, il semble que les gens étaient présents sur les lieux et chassaient la « **mégafaune** » aujourd'hui disparue. Il n'est pas clair si ces premiers hommes étaient Africains ou Austronésiens, mais ils étaient suffisamment nombreux pour commencer à modifier le paysage naturel local.

Les premiers signes de la transformation du paysage par les humains viennent aussi du Sud-ouest. *Sporomiella* est un champignon qui produit des spores reconnaissables et il a été associé à la fiente de la mégafaune éteinte de l'Amérique du Nord jusqu'à la Nouvelle-Zélande (39). Ce champignon présent dans les excréments a aussi laissé sa signature à Madagascar. La première baisse marquée dans la quantité de *Sporomiella* venant de dépôts terreux provient d'échantillons d'Andolonomby, au nord de Toliara, datant de 230-410 ans av. J.-C., et d'autres échantillons marquant une baisse de la quantité de ce champignon venant du site côtier de l'ouest de Belo sur Mer (voir Planche 9) sont un peu plus âgés, mais leur datation n'est pas certaine. Cette diminution indique une réduction de la mégafaune locale tels que les oiseaux-éléphants, les hippopotames, les lémuriens, les tortues géantes, mais une telle diminution ne signifie pas nécessairement une extinction rapide. En fait, les preuves que nous avons indiquent que quelques-uns des grands **vertébrés terrestres** aujourd'hui disparus ont vécu dans le Sud-ouest jusqu'à une époque relativement récente. La baisse de la densité des populations de ces animaux dans certaines parties de l'île pourrait probablement être directement attribuée à la chasse de ces animaux naïfs et / ou aux changements climatiques qui les ont affectés négativement. Il existe une corrélation entre leur déclin et l'abondance accrue des particules de charbon. Ceci pourrait s'expliquer par la faible abondance des **herbivores** consommant la végétation, entraînant une augmentation de la matière combustible, et une augmentation associée de l'intensité et de la fréquence des feux. Cette séquence d'événements cumulatifs a pu déclencher une spirale descendante de la modification des **habitats** et de l'extinction des animaux.

Résumé

A ce jour, les preuves de cultures néolithiques à Madagascar, telles que celles de zones voisines d'Afrique et des îles au large, ont davantage besoin de vérification. C'est avec un petit doute que les archives archéologiques sous-estiment l'ancienneté de l'arrivée de l'homme et de son installation à Madagascar. Les « substituts » de la présence humaine indiquent que des hommes étaient déjà installés dans le Sud-ouest il y a plus de 2000 ans. Il est possible que différentes populations humaines venues de différents endroits aient colonisé Madagascar très tôt et peut-être de manière synchrone, comme les Africains au Sud-ouest et les Austronésiens dans le Nord. Les informations génétiques indiquent que le contact et le mélange de ces deux groupes ont eu lieu très tôt dans l'histoire du peuple malgache. La domination linguistique (et dans une moindre mesure, culturelle) du groupe des langues austronésiennes que l'on trouve à Madagascar aujourd'hui ne doit pas être interprétée comme une preuve que l'île a été peuplée exclusivement par des personnes venant d'Asie du Sud-est. Il est clair que les premiers proto-malgaches se chevauchent dans le temps et dans l'espace avec de nombreux oiseaux, reptiles et mammifères **endémiques**, aujourd'hui disparus de Madagascar.

Dans tous les cas, un point important est le caractère unique de la culture malgache, et cela est bien résumé dans la citation suivante de Jean-Aimé Rakotoarisoa (Figure 22), l'un des doyens de l'étude de la culture et l'archéologie malgache (219) :

« Les Malgaches viennent de Madagascar. Cette affirmation peut sembler un truisme, mais elle représente en fait le départ de la plupart des études académiques à propos de l'île et de ses habitants. Des études antérieures ont tenté d'expliquer et de définir les Malgaches en grande partie en fonction de leurs origines outre-mer en Afrique de l'Est, en Asie et au Proche-Orient. La culture unique des Malgaches, a commencé sur l'île, il y a près de deux mille ans, depuis que les premiers colons sont arrivés de ces endroits lointains. Il s'agit d'une culture autochtone qui s'est appropriée de manière sélective des éléments linguistiques, matériels et culturels venant de sources variées du vaste océan Indien et de les transformer en quelque chose de nouveau. Malgré ce mystère pour les chercheurs, les origines outre-mer ne jouent aucun rôle dans les coutumes ou l'identité de la plupart des Malgaches ruraux. Les seules « terres ancestrales » (*tanin-drazana*) qu'ils connaissent et reconnaissent est l'île de Madagascar elle-même ; leurs ancêtres sont seulement ceux qui résident dans les tombes qui parsèment visiblement le paysage ».

INTERACTIONS ENTRE LES HUMAINS ET LES VERTEBRES TERRESTRES, AUJOURD'HUI DISPARUS

Au cours de fouilles sur des sites archéologiques et mixtes **paléontologique / archéologique**, un certain nombre de restes d'os et de dents ont été trouvés montrant clairement des preuves de modifications par l'homme.

L'**hypothèse** associée à ces types de marques, c'est que l'animal a vécu simultanément avec les humains, et au moins dans certains cas, la mort de l'animal était associée à une persécution humaine, comme par exemple la chasse. Basé sur ces

« substituts », en particulier la forme et la nature des entailles, on peut en déduire qu'elles ont été faites avec des outils en métal, probablement en fer (179, 209). Il a été largement admis que les premières personnes arrivées à Madagascar sont venues avec la technologie du fer. Un autre aspect important est la nature des entailles. Sans une force excessive, des entailles sur des os frais ont normalement des bords lisses (Figure 25), tandis que pour des entailles sur de vieux os au moins partiellement séchés, les marques sont clairement dentelées. Dans d'autres échantillons d'os ou de dents, il est possible que les gens n'aient pas été impliqués dans la mort de l'animal ; ils ont simplement retrouvé les restes et les ont modifiés ultérieurement.

Comme l'ont souligné Robert Dewar et Alison Richard, il y a deux manières différentes de traiter la question suivante : « quand les premiers colons sont-ils arrivés à Madagascar ? » 1) en se basant sur les preuves archéologiques des établissements humains et les restes physiques sur les sites, qui a été traité dans la section précédente, et 2) les premières preuves de l'impact humain sur les éléments de l'environnement (62), que nous aborderons ci-dessous.

Reptiles

Tortue – Au milieu des années 1960, quand Alan Walker et Paul Martin se sont rendus à Taolambiby (voir Planche 5), ils ont recueilli une partie d'une carapace de tortue qui était artificiellement perforée (217). Il semble y avoir une certaine ambiguïté quant à quelle espèce de tortue la carapace appartenait, mais c'était probablement *Aldabrachelys grandidieri* (26).

Oiseaux

Oiseaux-éléphants – Un os modifié par l'homme d'*Aepyornis* provenant d'Itampolo a livré une date au **carbone-14** de 1880 ans BP (51). Aucun détail n'est disponible sur la manière dont l'os a été modifié (35). Au cours des fouilles d'Ampasambazimba (voir Planche 12) du début du 20ème siècle, il a été signalé qu'un os de la patte d'un *Mullerornis* modifié a été trouvé parmi les vestiges culturels (60, 76). Sur la base de discussions ultérieures, cette preuve a été jugée insuffisante pour impliquer les humains dans le dépôt ou la modification de cet os (13, 183).

Des fragments de coquilles d'œufs d'oiseaux-éléphants ont été trouvés dans un certain nombre de sites mixtes (voir Planche 1). Il est difficile d'établir s'il s'agit de restes d'œufs consommés par les hommes ou des œufs qui ont été légèrement modifiés pour transporter des liquides (60, 207). Comme des œufs entiers se retrouvent encore aujourd'hui dans les zones des plaines du Sud, bien longtemps après l'extinction de ces oiseaux. Ces œufs utilisés pour le transport de liquides auraient pu être des œufs pris directement dans les nids ou d'anciens spécimens enterrés.

Mammifères

Lémuriens – Des restes de lémuriens différents ont été retrouvés dans des sites archéologiques ou mixtes ; ils montrent des signes de modifications des os et des dents par les humains. Dans la plupart des cas, le contexte **stratigraphique** de ces vestiges est absent, et à ce jour aucun site n'a livré d'objets culturels clairement associés à des os de lémuriens modifiés, apportant la preuve directe d'une présence humaine simultanée. Ainsi, dans un sens purement archéologique, ce sont aussi des « substituts ». C'est déroutant, car on pourrait supposer que les restes des objets utilisés pour découper les animaux ou d'autres vestiges culturels, tels que la poterie, seraient trouvés en association avec des os modifiés.

Des incisives exhumées très certainement par Guillaume Grandidier à Lamboharana, ont les parties proximales des racines forées d'un petit trou symétrique. Ces dents ont été identifiées comme étant celles de l'espèce éteinte *Daubentonia robusta* (181). Grandidier a émis l'hypothèse que la perforation était le moyen utilisé pour attacher les dents sur un ornement, comme une amulette ou un collier, pour être portés par les hommes (135). Par conséquent, si tel était le cas, certaines propriétés esthétiques ou magiques auraient été associées à ces objets.

La première preuve reconnue d'un site où les hommes chassaient, abattaient, et égorgeaient les animaux à une échelle importante est Taolambiby (voir Planche 5). Parmi les ossements de lémuriens disparus récupérés à Taolambiby et examinés en détail, 40 % des os de *Palaeopropithecus maximus* et 33 % de *Pachylemur insignis* portaient des marques prouvant que l'abattage était effectué avec un outil métallique (209). Les os de deux espèces toujours présentes aujourd'hui, *Propithecus verreauxi* et *Lemur catta*, récupérés à Taolambiby ont également montré des marques d'abattage (Figure 25).

Figure 25. Un certain nombre de restes d'animaux retrouvés sur des sites **archéologiques** montrent des entailles dans les os. Une entaille a été identifiée sur le fémur d'un *Propithecus verreauxi* trouvé à Taolambiby (voir Planche 5). Comme on peut le voir sur cette image en gros plan, la marque est lisse en forme de « V », caractéristique d'un objet métallique traversant un os frais. (Cliché par Laurie Godfrey.)

D'autres restes d'os modifiés de lémuriens éteints pour lesquels le contexte culturel est vague ont été cités dans la littérature. A Andrahomana (voir Planche 2), le crâne d'un *Archaeolemur* présentait des signes d'une fracturation effectuée avec un outil de type hache, et les os brûlés d'un animal du même genre ont également été récupérés (60, 264), mais une datation au ^{14}C de cet échantillon nous donne une période qui a précédé les estimations actuelles de la colonisation humaine de l'île.

D'autres crânes d'*Archaeolemur* prétendument percés ont été déterrés à Ampasambazimba (voir Planche 12) et Beloha (15).

Hippopotames – Ross MacPhee et David Burney ont examiné des échantillons d'*Hippopotamus lemerlei* conservés au Muséum national d'Histoire naturelle à Paris, déterrés par Alfred Grandidier sur deux sites différents au nord de Toliara, Lamboharana et Ambolisatra (179). Ces os présentaient des entailles, dont l'origine pourrait venir d'un objet métallique qui les aurait traversés immédiatement après la mort des hippopotames. Trois des quatre dates au ^{14}C obtenues à partir d'os modifiés de ces animaux allaient de 2020 à 1740 ans BP, et ces dates, lorsqu'elles ont été publiées, représentaient la plus ancienne interaction connue entre animaux et humains sur l'île. Par la suite, d'autres éléments ont été trouvés et qui repoussent cette date encore plus loin dans le temps (voir Planche 5). Le quatrième échantillon d'hippopotame, présentant une marque de couteau, donnait une date au ^{14}C de 3495 ans BP.

Quelques points doivent être mentionnés concernant les échantillons d'hippopotames de MacPhee et Burney. La plus ancienne de ces dates au ^{14}C a été jugée peu fiable. Un second échantillon du même os a de nouveau été soumis pour datation au ^{14}C et a donné une date autour de 2020 ans BP. Par conséquent, il existe un écart de près de 1500 ans entre les échantillons du même spécimen, dû à une contamination ou à un faible niveau de **collagène**

osseux récupéré, créant d'importants problèmes d'analyse pour donner des dates précises. Le message important ici est que les datations au ^{14}C ne sont pas toujours exactes et donc si possible, plusieurs dates venant de la même strate ou du même individu sont importantes pour corroborer et pour documenter correctement la date d'un événement. Une autre difficulté est que la plupart des entailles ont été faites sur le centre de l'os. Ce n'est pas intuitif, car on pourrait supposer que quelqu'un qui dépècerait un hippopotame aurait suffisamment de connaissance anatomique pour savoir que les entailles devraient être faites à l'extrémité des os plutôt qu'en leur centre.

Plus récemment, Dominique Gommery et ses collègues (105), en se basant sur des échantillons d'hippopotames d'Anjohibe (voir Planches 13 & 14), présentaient des dates encore plus anciennes, environ 3950 ans BP pour ces dépôts de grottes associés à des restes osseux modifiés par l'homme. Trois os d'hippopotame ont été récupérés sur les lieux, ayant des marques distinctives à leur surface, causées par un objet non identifié lors de l'abattage des animaux. Cependant, d'après les illustrations fournies, certaines entailles semblent similaires à des marques faites par de petits rongeurs et ne présentent pas de structure parallèle aux marques droites et non dentelées décrites précédemment sur les restes osseux de Taolambiby (voir Planche 5 ; 209). En outre, les marques ne sont pas concentrées aux extrémités des os, ce qui serait normalement le cas lors du découpage d'un animal avec un objet tranchant. Plus important encore, Gommery et ses collègues n'étaient pas en mesure d'utiliser eux-mêmes ces os d'hippopotame dans la datation au ^{14}C, mais s'appuyaient plutôt sur d'autres os des mêmes gisements. Ces dates sont fascinantes car bien antérieures aux preuves publiées précédemment de la colonisation de l'île, et afin qu'elles soient acceptées par tous, ces os d'hippopotame doivent être datés et les entailles réexaminées en détail par des spécialistes.

HYPOTHESES SUR LES CAUSES DES EXTINCTIONS DE L'HOLOCENE

Au cours du siècle passé, de nombreuses idées ont été présentées sur les causes potentielles associées aux modifications de l'**habitat** et de l'**écosystème** et l'**extinction** de différents animaux **terrestres** à Madagascar. David Burney (35) a distillé beaucoup d'idées en cinq **hypothèses** distinctes.

1. Gigantesque incendie -- Il s'agit d'une idée selon laquelle une grande partie de l'île a été transformée par les grands feux allumés par les humains durant une courte période (144). La notion principale ici est que les humains ayant colonisé l'île de la côte vers l'intérieur du pays, ont utilisé le feu pour défricher les habitats forestiers ; ce qui a abouti à leur réduction, et ensuite à l'extinction d'un nombre considérable d'espèces animales.

2. Changement climatique et sécheresse de grande envergure -- Il a été proposé que la partie Sud-ouest de Madagascar a connu un changement radical du climat, allant vers des conditions plus sèches et vers la disparition critique des zones humides permanentes (185). Les extinctions ultérieures des organismes terrestres et **aquatiques** ont été associées à des changements d'habitats naturels directement liés à l'aridité.

3. Extinction massive du **Pléistocène** -- Les hommes une fois arrivés à Madagascar, se sont déplacés de la côte vers les zones montagneuses ; ils se sont alors rapidement mis à chasser et à surexploiter des espèces animales qui n'avaient jamais été confrontées à l'homme et qui étaient donc naïves ; ce qui a conduit à leur extinction massive (187, 188).

4. Maladie hypervirulente -- Une hypothèse relativement récente a été proposée selon laquelle les organismes **pathogènes introduits** par l'homme ou par leurs animaux **commensaux** aient été mortels pour les mammifères ainsi que probablement pour d'autres organismes (180). Les agents pathogènes se sont rapidement répandus à travers l'île, laissant un sillage d'extinction derrière eux.

5. Synergie -- Reconnaissant les paysages **écologiques** et culturels complexes de Madagascar, cette hypothèse propose que différents facteurs ont travaillé de façon synergique et n'ont pas été nécessairement les mêmes dans toute l'île (35). Le changement climatique comme facteur de fond a ensuite été amplifié par les différents impacts **anthropiques**.

Dans la partie 2 de ce livre, nous discuterons les détails les plus fins de ces hypothèses associées aux récits qui accompagnent les différentes planches, et nous tenterons de peser les avantages et les inconvénients des preuves que nous avons pour soutenir ou pour rejeter ces explications sur l'histoire de Madagascar au cours des derniers millénaires.

EXTINCTION, CONSERVATION ET AVENIR

Madagascar a connu au cours des derniers milliers d'années l'**extinction** d'une grande variété d'animaux incroyables, comme des oiseaux-éléphants géants, des petits hippopotames, des grands **Carnivora**, des aigles gigantesques, des lémuriens de la taille de gorilles, d'une bête étrange qui ressemblait à un oryctérope, et d'autres créatures variées. Pour citer un compte-rendu de l'histoire de la culture de Madagascar de Robert Dewar et Henry Wright, « l'histoire naturelle de Madagascar pendant l'**Holocène** a été décrite comme une pièce de théâtre en un acte moral : un paradis de merveilles détruites par la cupidité et la folie des hommes » (63). Nous savons maintenant que ce qui s'est passé était nettement plus compliqué. Comme il a été expliqué en détail dans la partie 2 de ce livre, en se basant sur des dépôts régionaux **subfossiles** d'os, de pollen et de charbon, aucune cause sur l'île entière n'a pu être invoquée pour expliquer la disparition de la faune éteinte, ainsi que les modifications considérables

des **écosystèmes** naturels qui se sont produits dans un passé géologique récent. Dans certains cas, le changement climatique semble être la principale raison du déclin menant à l'extinction, alors que dans d'autres cas, les facteurs **anthropiques** ou une combinaison synergique du climat et de sources humaines sont plus plausibles.

Quelles que soient les origines de ces extinctions au cours des derniers millénaires, les modifications massives de l'environnement naturel restant ont eu lieu pendant les périodes les plus récentes. Cela comprend, au cours des 100 dernières années, la réduction très importante du couvert forestier et la transformation à grande échelle des anciennes zones humides en rizières. De 1950 à 1985, les **forêts humides** de l'Est de Madagascar ont été réduites de 50 % en surface et la zone d'impact humain le plus lourd a été constituée par les formations de plaines (136). Depuis 1985, cette partie de l'île a été encore plus dégradée, et le niveau très élevé de **déforestation** a entraîné la destruction de très nombreux **habitats** naturels, affectant négativement les plantes et les animaux qui y vivent.

Une étude plus récente du couvert forestier de Madagascar, a trouvé un schéma similaire (142). Entre 1953 et 2000, à l'échelle de l'île, le couvert forestier a été réduit de 40 %, le taux pour les forêts humides étant de 48 % et les forêts sèches de 58 % ; le **bush épineux** a moins souffert. Durant cette période, près des quatre cinquièmes des blocs forestiers restants ont été réduits en taille, conduisant à un isolement et à une fragmentation très importante (Figure 19, à gauche). En ne tenant pas compte des débats sur les types d'habitats présents à l'origine et à l'étendue de la forêt sur l'île lors de la **colonisation** humaine, ces chiffres sont associés à des changements pendant les dernières décennies, et en termes simples, la **dégradation** de l'habitat par l'homme en est la cause. Comme indication supplémentaire de ces tendances, même ce que nous considérons comme des habitats anthropiques sur les Hautes Terres centrales ont connu une transformation dans le dernier demi-siècle, en particulier la transformation des zones humides en rizières et la disparition d'importantes superficies de **forêt galerie** (161).

Etant donné qu'une grande partie des **vertébrés terrestres endémiques** de l'île sont **sylvicoles** et ne franchiront donc pas les zones non boisées, l'impact de la déforestation a des conséquences inquiétantes pour l'avenir à long terme de la **biodiversité** de l'île. Un point important est que la crise biologique moderne à laquelle fait face Madagascar est enracinée dans des facteurs socio-économiques profonds. Une proportion importante des Malgaches vivant à la campagne comme les agriculteurs, sont pauvres, et la déforestation qui leur permet d'obtenir à court terme des terres agricoles productives fait partie de leurs traditions.

Avec des niveaux élevés de croissance de la population et des zones forestières en diminution constante, ce système n'est tout simplement pas viable pour l'avenir **écologique** du pays. En partie liés à l'inflation, les troubles politiques de 2009 qui ont conduit à un changement de gouvernement, à une mauvaise gestion, associée à la corruption et à une économie stagnante, Madagascar a été élu au premier semestre 2011, comme étant le pays avec la pire économie du monde (74). Jusqu'à ce que d'élémentaires questions de gestion des terres liées à la croissance économique et au progrès dans l'éducation soient dûment prises en compte, l'avenir précaire du pays restera dans un état d'incertitude.

Compte tenu du niveau élevé de diversité biologique et des menaces d'origine humaine sur les habitats naturels restants, telles que les magnifiques formations des *tsingy* de l'Ouest (Figure 26), Madagascar est considéré comme un « **hot-spot** » de la conservation dans le monde entier. Des biologistes nationaux et internationaux, des écologistes et des scientifiques sociaux ont examiné ces questions cruciales dans les détails, et de nombreux programmes ont été proposés et avancés pour aborder l'avenir du développement socio-économique de l'île et de sa biodiversité unique. Même s'il y a eu de nombreux développements positifs, la lutte politique actuelle, l'absence d'un système judiciaire qui fonctionne correctement, et l'utilisation irrationnelle des ressources naturelles, y comprise l'exploitation massive de bois précieux dans les aires protégées existantes, continuent à réduire le couvert forestier restant. De récentes estimations de la couverture forestière naturelle indiquent qu'il reste 10 à 15 % de forêts sur l'île. Avec cette perte continue de l'habitat naturel, l'avenir de la biodiversité de Madagascar et le maintien de certains aspects de la culture malgache et du **patrimoine naturel** de l'île sont très sombres.

Figure 26. Des zones uniques et biologiquement importantes de forêt sont toujours présentes à Madagascar, comme cette **forêt sèche caducifoliée** des *tsingy* du massif de Bemaraha. Ici, à l'extrémité Sud du massif, le fleuve Manambolo forme un canyon profond avec des zones nues de **calcaire**, ainsi que des zones débroussaillées par l'homme. La conservation de sites tels que Bemaraha revêt une importance énorme pour la sauvegarde du **patrimoine naturel** extraordinaire de Madagascar et de notre planète. (Cliché par Olivier Langrand.)

PARTIE 2. CHANGEMENTS ECOLOGIQUES AU COURS DES TEMPS GEOLOGIQUES RECENTS : ETUDES DE CAS DES SITES PALEONTOLOGIQUES ET ARCHEOLOGIQUES

Planches géographiques

CAP SAINTE MARIE – ECOLOGIE DES OISEAUX-ELEPHANTS ET LEUR RELATION AVEC LES HUMAINS

Madagascar possède une flore et une faune exceptionnelles, avec l'un des niveaux les plus élevés d'organismes **endémiques** du monde. L'une des principales raisons pour laquelle le **biote** de Madagascar est si exceptionnel est directement liée à son histoire géologique, en particulier à son isolement des autres masses **terrestres** importantes dans les temps géologiques anciens. Afin de comprendre comment cette unicité est survenue, il est nécessaire de commencer il y a des millions d'années. Ici, nous discutons brièvement de l'histoire géologique de l'île afin de fournir le contexte nécessaire pour comprendre la chronologie de la **colonisation** des **vertébrés** de l'île : c'est le cas d'un groupe exemplaire d'oiseaux récemment éteints, les oiseaux-éléphants de la Famille des Aepyornithidae.

Certaines zones du substratum rocheux de l'île comptent parmi les plus anciennes au monde, datant de plus de 3200 millions d'années (65). Aujourd'hui, l'île de Madagascar se trouve à un peu plus de 400 km à l'est du Mozambique et au sud de la Tanzanie, dans la partie Ouest de l'océan Indien, mais sa position a

changé au cours des millions d'années, et elle n'a pas toujours été isolée dans le canal du Mozambique. Le meilleur point pour commencer l'explication de l'histoire géologique de l'île est le supercontinent du **Gondwana**, qui était composé de l'Afrique, l'Amérique du Sud, l'Australie, l'Antarctique, Madagascar et l'Inde. Ce continent massif était stable jusqu'à il y a environ 150 millions d'années, quand les mouvements **tectoniques** profonds de la terre ont commencé. Lorsque Madagascar s'est détachée du Gondwana, l'Inde était encore reliée à Madagascar, formant l'Indo-Madagascar, qui a atteint la position actuelle de Madagascar il y a 130 à 120 millions d'années. Par la suite, il y a environ 80 millions d'années, l'Inde s'est séparée de Madagascar et a commencé à se déplacer vers le nord. Elle est finalement entrée en collision avec la masse de terre qu'est aujourd'hui l'Asie.

Pour aider à mettre les choses en perspective, le milieu du **Mésozoïque** se situe il y a 150 millions d'années (Figure 3) ; cette période est appelée plus précisément le Jurassique, qui a été l'ère des dinosaures. Il est à noter que cette période ancienne s'est

Planche 1. Sur la base de la densité de résidus de coquilles d'oiseaux-éléphants, en particulier *Aepyornis maximus*, déterrés au Cap Sainte Marie, le point le plus au Sud de Madagascar, il était possible de déduire que cette espèce nichait en colonies. Les facteurs qui ont conduit cette espèce à l'**extinction**, le plus grand oiseau connu ayant vécu sur terre, restent vagues. (Planche par Velizar Simeonovski.)

passée bien avant l'**évolution** de la majorité des groupes d'animaux qui existent aujourd'hui. Ainsi, la présence de la plupart des vertébrés terrestres vivant à Madagascar ne peut pas être expliquée par leurs **ancêtres** ayant atterri sur l'Indo-Madagascar quand il s'est détaché et s'est éloigné du continent du Gondwana (**vicariance**). La métaphore de l'« Arche de Noé » ne fonctionne tout simplement pas ici. Les ancêtres **colonisateurs**, dans des temps géologiques plus récents, auraient plutôt dû trouver une autre façon de trouver leur chemin vers Madagascar. Pour les organismes volants, comme les chauves-souris, certains insectes et les oiseaux, il est facile d'imaginer comment ils pourraient avoir colonisé l'île, par rapport aux mammifères terrestres non volants tels que les lémuriens, les tenrecs et les rongeurs, qui auraient dû traverser une grande portion du canal du Mozambique ou arriver par d'autres moyens.

Les premiers **fossiles** connus d'une lignée d'oiseaux modernes datent de la fin du Crétacé, soit environ 70 millions d'années. Il est important de garder à l'esprit qu' à cette date, Madagascar était déjà complètement isolée du Gondwana et des autres masses terrestres. Parmi les oiseaux qui vivaient à Madagascar, en se basant sur des inférences de **génétique moléculaire,** deux groupes ont été connus comme étant plus âgés que ceux de la fin du Crétacé et ils auraient pu avoir une origine antérieure à l'éclatement du Gondwana. Il s'agit notamment des oiseaux-éléphants de la Famille des Aepyornithidae et des mésites de la Famille des Mesitornithidae, qui peinent à voler (50, 234). Par conséquent, compte tenu du fait que ces oiseaux-éléphants étaient incapables de voler et que leur origine remonte particulièrement loin dans les temps géologiques, l'**hypothèse** serait qu'ils représentent un groupe ancien qui se trouvait sur la masse continentale de Madagascar avant l'éclatement du Gondwana. Avec une telle introduction, nous pouvons maintenant passer aux étonnants oiseaux-éléphants, une espèce qui était le plus grand oiseau connu ayant existé sur notre planète.

En 1851, la communauté scientifique mondiale a été étonnée par une communication de Geoffroy Saint-Hilaire, annonçant à l'Académie des Sciences de Paris la découverte d'un oiseau géant disparu qu'il appela *Aepyornis maximus*. Cette découverte est basée sur trois énormes œufs intacts achetés par la marine marchande le long de la côte Sud-ouest de Madagascar et ramenés en France. On estime la taille de cet oiseau à 3-4 m de hauteur, et son poids serait proche des 440 kg (4) ; les estimations les plus récentes indiquent que ces estimations seraient surévaluées (271). Dans tous les cas, ces mesures sont beaucoup plus élevées que celles de l'autruche actuelle, *Struthio camelus* (Ordre des Struthioniformes) d'Afrique et du Moyen-Orient. Les œufs de *A. maximus* mesuraient environ 32 x 24 cm et pouvaient contenir l'équivalent de 150 à 170 œufs de poule, soit 7,5 l ; ce qui serait suffisant pour faire une omelette pour nourrir environ 75 personnes. L'œuf de cet oiseau est la plus grande cellule connue dans le monde animal. Des œufs entiers peuvent être encore trouvés aujourd'hui, en particulier dans la région d'Androy entre Marovato et Cap Sainte Marie.

Les oiseaux-éléphants étaient incapables de voler, avec des ailes de petite envergure, rudimentaires et sans bréchet sur le sternum pour l'insertion des muscles servant au vol. Ces oiseaux avaient des pattes particulièrement longues, avec le tibiotarse (os de la jambe) plus long que le tarso-métatarse (os de la cheville). Ils étaient clairement capables de marcher et de courir, peut-être même à grande vitesse pour au moins de courtes rafales. Le bec était long et assez large, et portait un bord tranchant.

Au cours des 80 années qui ont suivi la description d'*A. maximus*, au moins 14 autres taxons appartenant au genre *Aepyornis*, ainsi qu'au genre plus petit de *Mullerornis*, ont été décrits. Des restes de ces oiseaux ont été découverts à l'Ouest de l'île, de la pointe Sud vers l'extrémité Nord et dans plusieurs localités des Hautes Terres centrales, comme Antsirabe (voir Planche 11) et Ampasambazimba (voir Planche 12). Fait intéressant, ces animaux sont la plupart du temps inconnus dans les zones de basse altitude de l'Est, mais ceci est peut être dû à l'absence de sites **subfossiles** dans cette région (voir Planche 10).

Le problème pour savoir combien d'espèces d'oiseaux-éléphants ont existé à Madagascar, est lié au fait que certains ont été décrits sur la base d'ossements isolés ou de fragments de coquilles. Ainsi par exemple, *A. cursor* a été nommé grâce à un os de la patte et *A. grandidieri* a été proposé à partir de fragments de coquilles. Par conséquent, il n'est tout simplement pas possible de déterminer si ces deux noms représentent la même espèce ou non. L'avènement des techniques sophistiquées d'**ADN** ancien devrait fournir des indications importantes sur le nombre d'espèces d'oiseaux-éléphants qui existaient. Cependant, en général, les os et les coquilles d'œufs de ces oiseaux donnent un ADN de faible qualité (50), mais des progrès ont été accomplis dans l'obtention d'ADN à partir de fragments de ces coquilles (147, 203).

L'utilisation des techniques d'ADN ancien sur des moas disparus de Nouvelle-Zélande (Ordre des Dinornithiformes), un groupe parallèle à bien des égards de grands oiseaux coureurs, qui sont souvent désignés collectivement comme les **ratites** (Super-ordre des Palaeognathae), nous a donné un aperçu exceptionnel de leur **systématique**, de leur **écologie** et de la **diversité spécifique**. Ces techniques fournissent des détails extrêmement fins, allant des proportions de mâles et de femelles sur des dépôts osseux différents, à plus de détails sur leur régime alimentaire basé sur le contenu des fèces (3, 279). Une fois que les techniques sont élaborées, des études d'ADN anciens comparables d'oiseaux-éléphants seraient certainement une fenêtre importante sur leur **histoire naturelle** et peut-être sur la ou sur les cause(s) de leur **extinction**.

Selon des comparaisons morphologiques plus anciennes d'échantillons d'oiseaux-éléphants, il semblerait que près de sept espèces, dont trois du genre *Mullerornis* et quatre du genre *Aepyornis*, soient reconnaissables (29), mais ces chiffres sont au mieux provisoires. Si ces espèces ont montré des différences marquées pour la taille du corps des adultes mâles et femelles (**dimorphisme sexuel**), comme cela a été montré chez les moas de Nouvelle-Zélande, le nombre d'espèces pourrait être réduit de moitié. Les coquilles de ces deux genres se distinguent généralement par l'épaisseur, avec celle d'*Aepyornis* plus épaisse que celle de *Mullerornis*. Dans le Sud, les restes de ce dernier genre sont rares et représentent environ 1 % des coquilles trouvées sur les sites paléontologiques et archéologiques (207).

Etienne de Flacourt (1607-1660) a été nommé commandant de Madagascar par le roi de France en 1649 et il s'était installé dans la région de Fort Dauphin, aujourd'hui connue sous le nom de Tolagnaro. C'était un chroniqueur de la culture et de la nature, et des détails exceptionnels sont présentés dans son livre « Histoire de la Grande Isle Madagascar » (75). Bien qu'il n'ait jamais vu les oiseaux-éléphants de ses propres yeux, il a pu obtenir des informations sur ces animaux, et il a utilisé le nom malgache « *vouron patra* » dans son livre. Même s'il est tentant de supposer que ces animaux étaient encore vivants pendant la période passée par Flacourt à Madagascar, cela pourrait ne pas avoir été le cas, et comme on le verra ci-dessous, la tradition orale associée aux détails de ces animaux a duré beaucoup plus longtemps que leur existence sur terre. Le nom malgache de cet oiseau cité par Flacourt est dérivé de *vorona*

pour oiseau, et *patra* qui était la région géographique des « Ampatres », correspondant sur la carte produite par Flacourt au Bassin du Mandrare, zone qui s'appelle aujourd'hui l'Androy, c'est-à-dire le domaine de l'Antandroy. Aujourd'hui, les oiseaux-éléphants sont restés dans le folklore local et ils ont pris beaucoup de noms différents, comme *vorombe* ou *vorom-bey* (grand oiseau), *vazoho* (à regarder) et *vorombazoho* (l'oiseau avec une vue perçante) dans le dialecte Antandroy.

De nos jours, chez les Antandroy, certains éléments du « *vorom-bey* » restent dans la tradition orale, dont « *Vorom-bey mahilala ty agnombe, mahilala feie tsy mivolagne* » ou « les zébus sont comme des oiseaux géants, ils sont très sages, même s'ils ne communiquent pas cette sagesse aux autres » (256). Sur les Hautes Terres centrales et sur les sites côtiers du Sud et de l'Ouest de l'île, des vestiges d'oiseaux-éléphants ont été trouvés sur différents sites paléontologiques et archéologiques à proximité de points d'eau comme des rivières, des marais, des puits artésiens et des grottes ouvertes avec des sources d'eau douce. Les analyses **isotopiques** effectuées sur des œufs semblent indiquer qu'ils se nourrissaient principalement de végétation C3, et en comparaison avec les autruches africaines, leurs **isotopes** de l'oxygène suggèrent qu'ils auraient pu dépendre des zones humides côtières alimentées par les eaux souterraines (47).

Il a été avancé que les oiseaux-éléphants étaient responsables de la **dispersion** des graines d'*Uncarina* (Famille des Pedallaceae) (192), un genre limité aux forêts sèches de

Madagascar. Cette plante produit des fruits très épineux, comme les bardanes qui s'accrochent comme des hameçons. Une fois mûrs, ces fruits tombent sur le sol et peuvent facilement s'accrocher aux pieds des grands vertébrés, tels qu'*Aepyornis* ou *Mullerornis*. Cependant, comme chez plusieurs lémuriens géants tels qu'*Archaeolemur* et *Hadropithecus* qui étaient également au moins partiellement terrestres, il n'y avait pas obligatoirement eu une coévolution directe entre *Uncarina* et les oiseaux-éléphants.

Il est également assez probable que les oiseaux-éléphants, ainsi que certains des plus grands lémuriens éteints, aient ouvert les gros fruits de baobabs (*Adansonia*, Famille des Malvaceae), qui peuvent atteindre la taille d'une noix de coco de petite taille (208). Six des huit espèces de baobabs dans le monde sont endémiques à Madagascar et leur **biomasse** dans certaines forêts est particulièrement importante. Par conséquent, compte tenu de cette ressource, il est possible que ces oiseaux aient consommé des graines de baobab. Sans échantillons d'excréments subfossiles pour une analyse de leur contenu, il est difficile de savoir si ces semences passaient intactes ou non à travers leurs systèmes digestifs.

Une communication a été publiée récemment portant sujet sur des plantes possiblement consommées par les oiseaux-éléphants, et accordant une attention particulière aux **adaptations** défensives des plantes, visant à protéger leur feuillage ou d'autres parties de plantes consommées par des **herbivores** (24) ; cette étude a établi de nombreuses comparaisons avec le système défensif des plantes contre les moas disparus de la Nouvelle-Zélande. L'idée qui se cache derrière cette comparaison est la suivante : les plantes peuvent maintenir certaines défenses structurelles pour réduire la consommation de leurs parties végétatives longtemps après l'extinction des animaux herbivores. En Nouvelle-Zélande, un certain nombre de plantes ont des branches en forme de grand angle ou de zigzag, souvent avec des épines qui décourageraient les herbivores se nourrissant de feuilles. Ces adaptations ont été interprétées comme étant des défenses ayant évolué spécifiquement contre les moas, disparus il y a au moins 600 ans. Ces chercheurs ont identifié les mêmes types d'adaptation chez certaines plantes malgaches et ils en ont déduit par analogie, qu'un système de défense parallèle a été mis en place sur l'île contre les oiseaux de grande taille.

Hormis les **habitats aquatiques**, où au moins trois espèces éteintes d'hippopotames étaient présentes jusqu'à très récemment, les oiseaux-éléphants ont pu certainement constituer une biomasse importante des herbivores de Madagascar, juste après les tortues géantes (voir Planche 4), et avant l'introduction du bétail il y a seulement quelques siècles. La ligne de raisonnement de William Bond et John Silander est plausible et certainement très attrayante, mais elle nécessite quelques mises en garde. Une différence importante : à Madagascar, il y avait la présence d'un grand nombre d'autres herbivores terrestres, dont les lémuriens et les tortues actuels et disparus, tandis que les moas de Nouvelle-Zélande étaient les principaux herbivores. Par conséquent, ces adaptations des plantes à Madagascar, si elles ont été correctement identifiées, ne sont pas utilisées nécessairement ou exclusivement contre les oiseaux-éléphants.

Un autre bon exemple pour tenter d'établir des parallèles entre les espèces vivantes et éteintes de ratites à partir des restes de l'impressionnante coquille d'oiseau-éléphant trouvés sur les terrasses au-dessus du niveau de la plage de Cap Sainte Marie, à la pointe Sud de Madagascar. Quelle est l'origine de ces vestiges ? Le long de cette partie côtière de l'île, les amas de coquilles d'œufs de ces oiseux souvent denses, se trouvaient pour la plupart, à une distance relativement courte de vallées sèches entre les dunes littorales et la falaise côtière (207). Sur quelques sites, il existe une incroyable concentration de résidus de coquilles sur une superficie d'environ 1 ha ; ces résidus appartenaient à *A. maximus* d'après l'épaisseur de la coquille. La quantité et la densité de ces résidus évoquent des sites archéologiques, mais ici les fragments de coquilles remplacent les morceaux de poterie. Ces concentrations élevées ont été interprétées comme étant des indices d'anciens sites de nidification d'une colonie d'*Aepyornis* (15, 256) ; en se basant sur cette supposition, nous avons composé la Planche 1. Comme les autruches et les nandous, tous deux probablement **phylogénétiquement** liés aux oiseaux-éléphants, ils fréquentent des nids communautaires où les œufs sont pondus par plusieurs femelles,

y comprise la femelle dominante ou majeure ; et le mâle propriétaire du territoire couve les œufs et fournit les soins parentaux aux jeunes. Ces types de nids, en particulier lorsqu'ils sont en forte concentration, génèrent beaucoup de débris d'œufs.

A partir de ces informations, nous essayons de comprendre ce qui est arrivé aux oiseaux-éléphants. Est-ce que leur disparition est associée au changement climatique naturel, au résultat direct de l'intervention humaine, ou est-ce une interaction entre ces deux facteurs ? Des œufs d'oiseaux-éléphants ont été retrouvés dans différents contextes archéologiques comme à Talaky dans l'extrême Sud, près de Tsihombe (17, 260). Plusieurs problèmes potentiels se posent dans l'interprétation de certaines de ces données, en particulier si les restes d'oiseaux-éléphants ont été trouvés dans les couches archéologiques ; dans ce cas, pour quelles raisons les hommes ont-ils exploité ces animaux ? Les œufs ont-ils été consommés ou utilisés comme récipients (« bidons » de 10 l) pour transporter des liquides tels que l'eau ? Ce qui est assez pertinent ici et plutôt extraordinaire, est qu'il existait des Malgaches qui utilisaient des coquilles d'œufs énormes, certainement ceux de ces oiseaux, pour transporter des liquides jusqu'au milieu du 19ème siècle.

Plusieurs ratites, comme les casoars australiens, qui envoient des coups violents grâce à leurs longues griffes droites, seraient de redoutables protecteurs de leurs nids contre les **prédateurs** d'œufs, incluant les humains. Même si les humains pouvaient facilement localiser les nids occupés, comme dans le cas de la colonie d'*A. maximus* à Cap Sainte Marie, un coup de pied de cet oiseau de plusieurs centaines de kilos était un réel danger.

Sur la base de différentes sources de données, Clark et ses collègues (47) ont suggéré que les oiseaux-éléphants se nourrissaient de plantes côtières puisant leurs substances nutritives dans les sources souterraines locales. Si cela s'avère exact, étant donné que le Sud de Madagascar est devenu plus aride (voir Planche 4 pour une discussion sur ce point), la réduction ou l'assèchement complet de certaines sources aurait certainement affecté les populations locales. Suivant cette logique, les oiseaux se sont concentrés autour des points d'eau douce saisonniers ou permanents restants, en particulier le long des berges des rivières ou des zones d'eaux résurgentes comme les lagunes côtières qui sont en effet des lieux où l'on trouve des restes de coquilles d'oiseaux-éléphants en abondance (207). Toutefois, des concentrations de coquilles d'œufs, telles que celles de Cap Sainte Marie, sont également connues sur des sites côtiers n'ayant aucune source d'eau douce. Par conséquent, même si les résultats isotopiques sont remarquables, ils ne peuvent pas expliquer les grandes tendances de l'extinction de ce groupe à travers leur très vaste ancienne aire de répartition.

Au cours de leur enquête archéologique approfondie dans le Sud de Madagascar, particulièrement dans la zone de l'Androy, Michael Parker Pearson et ses collègues ont examiné différentes questions liées à l'extinction des oiseaux-éléphants (207). Des concentrations appréciables de résidus de coquilles de ces oiseaux ont été identifiées dans différentes habitations humaines côtières datant des 1000 dernières années, mais aucune preuve d'une prédation humaine n'a été trouvée. Un résultat important de cette étude est que les restes de coquilles d'oiseaux-éléphants trouvés dans les dépôts stratifiés ont donné des dates nettement plus anciennes que celles des restes de bois associés d'après une datation au **carbone-14**. Il semblerait que ces oiseaux assimilaient davantage de vieux carbone par le biais de leur alimentation, s'incrustant dans les coquilles d'œufs au cours de leur formation, et ainsi considérées, ces dates sont apparemment discordantes. Sur la base de ces informations, on peut conclure que les dates déterminées au ^{14}C venant de résidus de coquilles sont inexactes, et elles sont plus anciennes que la période où les œufs ont effectivement été pondus. Par conséquent, deux dates sont disponibles pour les oiseaux-éléphants, en se basant sur des échantillons d'os : un tibio-tarse de *Mullerornis* obtenu à Ankilibehandry, près de Belo sur Mer, datant de 1280 ans **BP** (date moyenne calibrée de 1135) et un *Aepyornis* d'Itampolo datant de 1880 ans BP (date moyenne calibrée de 1730) (51). Il est important de souligner que les humains ont modifié l'os d'Itampolo (35).

Michael Parker Pearson et ses collègues ont revisité le site de Talaky, qui représente le seul site archéologique qu'ils ont fouillé, et contenant des restes de coquille d'oiseau-éléphant dans un contexte humain clair. C'est le site susmentionné, qui a été fouillé par René Battistini et ses collègues il y a quelques années, et il a déjà été établi et prouvé que les gens se nourrissaient d'oiseaux-éléphants. Au cours des fouilles faites par l'équipe de Parker Pearson, des couches d'habitations humaines intactes mêlées à des restes de coquilles d'oiseaux-éléphants ont été trouvées (207). Sur la base des datations au ^{14}C, comprenant l'ajustement du problème de réservoir de vieux carbone, ces restes datent du 9ème au 14ème siècle. Cette gamme de dates chevauche la période à laquelle Talaky était déjà occupée par les humains. Selon Parker Pearson et ses collègues, si en effet les humains furent responsables de la disparition locale des oiseaux-éléphants, on aurait du s'attendre à ce que la quantité de résidus de coquilles fût beaucoup plus importante que ce que les preuves actuelles indiquent. Comme des œufs intacts anciens sont encore récupérés aujourd'hui dans les régions côtières sableuses, il est tout à fait possible, qu'au moins une partie des œufs utilisés pour le transport des liquides n'ait pas été forcément fraîche. Afin d'offrir plus de crédibilité à cette hypothèse, rappelons qu'il existe plusieurs comptes rendus du 19ème siècle de personnes utilisant des œufs d'oiseaux-éléphants comme des « bidons » pour transporter des liquides.

La période à laquelle les oiseaux-éléphants ont disparu n'est pas claire, mais au moins dans la région de l'Androy, en combinant les comptes rendus de Flacourt et plus particulièrement les informations récoltées à partir des fouilles archéologiques, ils auraient probablement disparu à environ 750 ans BP. Par conséquent, ils se sont chevauchés localement dans le temps avec les humains. Cependant, il existe peu de preuves dans cette région, indiquant que les hommes chassaient ces oiseaux ou leurs œufs. Pourtant, la pression de la chasse a été citée comme une cause probable de leur disparition (15). Le changement climatique allant vers une aridité croissante est bien documenté dans le Sud, à partir d'environ 3000 ans BP ; ce qui a certainement eu un impact profond sur les populations locales de cet oiseau. Les facteurs dans d'autres parties de l'aire de répartition géographique des membres de cette famille, qui s'étendait aussi à l'extrême Nord de l'île et sur les Hautes Terres centrales, peuvent être radicalement différents de ceux du Sud. Comme Pierre Vérin a succinctement déclaré il y a plus de 50 ans : « Nous croyons que la question de la disparition de ce grand ratite ne pourra être résolue que par une étroite collaboration entre les géologues, les zoologues et les archéologues » (17). Une fois que des données fiables soient disponibles pour répondre à cette question, les facteurs critiques seront probablement déterminés par une synergie entre le changement climatique naturel et l'intervention humaine (40). Il se peut également que dans l'ancienne aire de répartition de ce groupe exceptionnel d'oiseaux, les us et les coutumes qui diffèrent d'une région à l'autre aient contribué à sa disparition.

ANDRAHOMANA I – ECOLOGIE DE L'EXTREME SUD-EST DE MADAGASCAR ET BAROMETRE DU CHANGEMENT

La grotte d'Andrahomana dans le Sud-est de Madagascar, a été fouillée à plusieurs reprises par différents **paléontologues** et **archéologues**, pendant les périodes allant de 1899 à 2003. La grotte et son contenu sont particulièrement intéressants pour plusieurs raisons. Le plafond de la partie principale de la grotte s'est effondré, et avec les quelques trous restants de la partie supérieure (« fenêtres de toit »), ils forment des pièges à fosse naturels pour une variété d'organismes (Figure 4, à gauche). Par conséquent, la grotte a servi de filtre dans le temps, en préservant une multitude de vestiges qui permettent de mieux comprendre les changements climatiques régionaux et **biotiques**. De plus, la grotte se situe au pied Ouest des montagnes Anosyenne et à proximité de l'un des **écotones** les plus spectaculaires au monde, zone de rencontre des **forêts humides** de l'Est et du **bush épineux** sec de l'Ouest. La **communauté** végétale naturelle restant près de la grotte est transitoire et conserve des éléments de ces deux types de végétation. Avec l'alternance de périodes humides et sèches dans les temps géologiques récents, les **subfossiles** de la grotte sont un bon baromètre pour mesurer ces changements.

Les premières fouilles de la grotte d'Andrahomana menées par Franz Sikora en 1899 et au cours des trois années suivantes par Charles Alluaud, avec Guillaume Grandidier, puis Martin François Geay en 1906, ont fourni de remarquables collections d'ossements d'animaux (41). Une partie des matériels les plus importants de ces premières années comprenait plusieurs crânes splendides de *Megaladapis edwardsi*, des squelettes partiellement complets d'*Archaeolemur majori* et *Hadropithecus stenognathus*, ainsi que des restes d'un très grand rongeur faisant partie du genre *Hypogeomys*. Typiques de l'époque, ces excavateurs étaient désireux de trouver des ossements de grands animaux, et ont donc concentré leurs efforts sur la « **mégafaune** », en prêtant peu d'attention à la position des subfossiles dans les sédiments (**stratigraphie**) et en ignorant les plus petits os présents dans les dépôts de la grotte.

En 1926, Raymond Decary, naturaliste français de renom et administrateur colonial, a visité la grotte (58). Il a envoyé une collection de restes de petits mammifères, sans doute au moins en partie dérivés de pelotes de régurgitation de **rapaces** qui sont communes dans la grotte (voir Figure 4, à droite), et d'autres petits **vertébrés**, à Guillaume Grandidier. Par la suite à partir de ces restes, ce dernier a nommé deux petits animaux nouveaux pour la science appartenant à la famille **endémique** des Tenrecidae. Il a été découvert par la suite que les deux animaux décrits par Grandidier (134), *Cryptogale australis* et *Paramicrogale decaryi*, avaient déjà été nommés par de précédents **taxonomistes**, et ils sont

Planche 2. Une scène au **crépuscule** dans la forêt au-dessus de la grotte d'Andrahomana. Un hibou *Asio madagascariensis* commence à chasser, et sa première **proie** de la soirée est *Microgale macpheei*, une espèce aujourd'hui disparue. Sous les yeux perçants du hibou se déroulent différentes activités : le rat rouge, *Nesomys rufus*, est en train de manger ses dernières graines avant de se retirer pour la nuit ; *Hypogeomys australis* aujourd'hui éteint, commence ses activités. Deux espèces de grands lémuriens également éteintes du genre *Megaladapis* s'y observent aussi : *M. madagascariensis*, le plus petit des deux, se déplace en dessous du hibou et il est sur le point de tomber accidentellement dans un trou du plafond de la grotte ; et *M. edwardsi*, qui était beaucoup plus grand, saisissait la base d'un petit arbre. La tortue géante éteinte, *Aldabrachelys abrupta* en arrière-plan s'est « enfermée » pour la nuit. (Planche par Velizar Simeonovski.)

donc devenus synonymes de noms scientifiques déjà en usage.

Pendant près de trois semaines pendant l'hiver austral de 2003, David Burney et plusieurs de ses collègues, y compris Bill Jungers (Figure 27, à gauche), ont fouillé certaines parties de la grotte, en utilisant des techniques plus modernes que précédemment employées sur le site. Cela comprenait le tamisage des sédiments, permettant aux petits os d'être récupérés, et une attention particulière a été accordée aux aspects de la stratigraphie. Sur la base de près de 30 datations au **carbone-14**, les dépôts déterrés couvrent une période allant d'environ 7810 ans **BP** (date moyenne calibrée de 8700) à l'époque moderne (41, 51). Certaines espèces, comme *Lemur catta*, couvrent toutes les périodes représentées par les datations au ^{14}C. Ce groupe de chercheurs a récupéré une quantité considérable de matières osseuses. En s'appuyant sur leur identification et sur des matériels provenant de collections précédentes, une grande diversité de vertébrés ont été identifiées dans cette grotte (Tableau 2). Ces vertébrés comprennent 29 types d'oiseaux, dont deux genres d'oiseaux-éléphants (*Mullerornis* et *Aepyornis*) et un genre d'oiseaux **aquatiques** énormes (*Centrornis*) ; neuf espèces de la Famille des Tenrecidae, y compris

Identitification des espèces

1 : *Asio madagascariensis*, 2 : †*Microgale macpheei*, 3 : *Nesomys rufus*, 4 : †*Megaladapis madagascariensis*, 5 : †*Hypogeomys australis*, 6 : †*Megaladapis edwardsi*, 7 : †*Aldabrachelys abrupta*.

Microgale macpheei éteint ; huit espèces de chauves-souris, qui vivent encore aujourd'hui ; 11 espèces de primates, dont six sont éteintes ; cinq espèces de rongeurs, incluant *Hypogeomys australis* éteint ; ainsi qu'une variété de **Carnivora**, reptiles, amphibiens, un hippopotame nain disparu, et des animaux **introduits** (41).

Il existe plusieurs façons pour les animaux de s'introduire dans la grotte. A la base de la falaise, face à la mer, une ouverture est « accessible » à marée basse, où il est nécessaire de franchir certains coraux et ensuite de grimper sur des rochers pour entrer par une ouverture relativement haute (Figure 27, à droite). Pendant la marée moyenne ou haute, une telle ouverture est traîtresse. La seule manière d'y entrer en toute sécurité, à l'exclusion d'une personne faisant la courte échelle, serait de voler en passant au-dessus du gouffre principal, accessible depuis la partie supérieure de la falaise. Le plafond de la grotte, atteignant souvent 3 m de hauteur ou plus, présente une série de trous ouverts ou « fenêtres de toit » (voir Figure 4, à gauche) qui peuvent agir comme des pièges pour les vertébrés **terrestres** qui se déplacent à la surface du sol au-dessus de la grotte (voir Planche 2). Les animaux qui « tombaient » par ces trous ont subi des blessures importantes ou ont trouvé la mort.

La grande majorité des taxons d'oiseaux identifiés à partir de restes sont des espèces qui vivent encore dans cette partie du Sud-est de Madagascar. Il y a quelques exceptions : les deux genres d'oiseaux-éléphants, *Mullerornis* et *Aepyornis*, aujourd'hui éteints, mais ils étaient autrefois très répandus dans différentes parties de l'île (voir Planche 1). Une datation au ^{14}C de résidus de coquilles récupérés à proximité de la grotte a donné une date de 1000 ans BP (date moyenne calibrée de 895) (51). Cependant, comme la Planche 1 le montre, il existe des problèmes potentiels de précision de ces dates sur des œufs d'oiseaux-éléphants venant des zones côtières. Il est difficile de savoir si ces oiseaux géants vivaient dans les forêts ou s'ils avaient tendance à vivre dans des **habitats** plus ouverts, et peu de preuves peuvent être interprétées à partir de leur régime alimentaire. Toutefois, s'ils avaient des préférences alimentaires semblables à d'autres grands oiseaux coureurs, tel que le casoar de Bennett *Casuarius bennetti* (Famille des Casuariidae) de la Nouvelle-Zélande ; ils auraient été en grande partie **frugivores** (176), ou tel que l'émeu *Dromaius novaehollandiae* (Famille des Dromaiidae) d'Australie qui se nourrit d'une grande variété de fruits, de graines, de fleurs, d'insectes et d'herbes vertes (57).

L'un des autres oiseaux disparus identifiés dans les dépôts d'Andrahomana est *Centrornis*, qui était un oiseau d'eau énorme par rapport à un canard actuel, avec de longues pattes et des éperons sur ses ailes, un peu comme les kamichis (Famille des Anhimidae) d'Amérique du Sud (voir Planche 11). Sur la base des habitudes qu'on a déduites de cet oiseau, il serait raisonnable de supposer qu'il y avait un plan d'eau, un petit lac ou une zone inondée, à

Figure 27. La dernière équipe **paléontologique** ayant visité la grotte d'Andrahomana l'a fait en 2003 sous la direction de David Burney. Ici, on voit le groupe en train de rentrer au camp de base le long d'un sentier formé par les zébus après une longue journée dans la grotte (à gauche). Bill Jungers est au premier plan, et on peut voir l'océan Indien loin derrière. (Cliché par Laurie Godfrey.) L'entrée de la grotte en bord de mer, en particulier pendant la marée haute, peut être dangereuse. Ici, l'entrée est représentée pendant la période de marée basse (à droite). (Cliché par Thomas Wesener.)

proximité de la grotte. Cependant, la façon dont un tel oiseau est entré dans la grotte n'est pas claire, mais il y a été peut-être introduit par un grand **carnivore**, comme *Cryptoprocta spelea* (voir Planches 3 & 19). Alors que les restes d'oiseaux-éléphants sont probablement le résultat d'accidents dans des trous du plafond.

Parmi les restes de petits mammifères, qui comprennent des tenrecs de la Famille des Tenrecidae et des rongeurs de la Sous-famille des Nesomyinae, un certain nombre d'espèces mérite un commentaire. Le vraisemblablement tenrec disparu, *Microgale macpheei* a été décrit à partir des os récupérés dans la grotte d'Andrahomana (126). Cette espèce est étroitement liée à *M. brevicaudata* qui existe encore aujourd'hui et qui vit dans les **forêts sèches caducifoliées** du Centre-ouest et dans certaines parties du Nord de l'île. Par conséquent, la présence de *M. macpheei* dans les dépôts de la grotte témoigne de la présence des conditions plus humides dans la région d'Andrahomana dans un passé géologique récent.

Les os de *M. macpheei* trouvés dans la grotte fournissent également d'autres informations importantes. Les événements d'**extinction** qui ont eu lieu à Madagascar au cours des derniers milliers d'années sont souvent désignés comme étant responsables de la disparition des animaux de grande taille ou « mégafaune ». Comme la plupart des premiers paléontologues qui cherchaient des subfossiles dans les dépôts de l'**Holocène** à Madagascar n'ont collecté que les os les plus gros,

la réalité sur ce qui a vraiment disparu a été ainsi biaisée. Grâce au tamisage des sédiments faits par différents paléontologues au cours des dernières décennies, d'importants restes de petits mammifères ont été récupérés. Ceci a permis la description de nombreux petits animaux éteints mais nouveaux pour la science, comme *M. macpheei*, qui pesait environ 10 g, ainsi que plusieurs espèces de chauves-souris éteintes (voir Planche 13) et de rongeurs (voir Planche 15). Par conséquent, il est maintenant clair que les vagues d'extinctions et les causes écologiques associées ont touché un large éventail d'animaux de différentes tailles, et non pas seulement la mégafaune.

Le genre *Microgale* est le plus riche en espèces des mammifères vivant à Madagascar avec 23 espèces (247). Plus de 70 % de ces espèces habitent la forêt humide de l'Est, et les autres se trouvent dans différents habitats, tels que le bush épineux et la forêt sèche caducifoliée ; la plupart de ces espèces fréquentent principalement des habitats spécifiques. Parmi les restes identifiés de la grotte d'Andrahomana, des espèces vivantes typiques des forêts humides (*M. principula* et *M. pusilla*) et des forêts sèches caducifoliées (*M. nasoloi*) sont représentées. Ainsi, leur présence dans les dépôts de la grotte est une bonne mesure des changements entre les conditions des forêts sèches et humides dans le voisinage immédiat de la grotte au cours des derniers millénaires. Les forêts à l'ouest d'Andrahomana, en particulier celle la région du Massif d'Ambatotsirongorongo, conservent certains vertébrés typiques de la forêt humide, plutôt que ceux du bush épineux (6). Cette montagne peut être considérée comme étant un vestige des types d'habitats qui existaient autrefois dans l'extrême Sud et Sud-est de Madagascar. Les ossements du rongeur, *Nesomys rufus* dans les dépôts de la grotte sont un autre signe clair des conditions humides de l'époque. Cette espèce est typique des forêts humides et vit toujours dans les contreforts orientaux de la chaîne de montagnes Anosyenne (247).

Un autre cas intéressant parmi les petits mammifères est la présence du rongeur terrestre, *Macrotarsomys petteri* dans la forêt de Mikea dans le nord de Toliara décrit seulement en 2005 (122), plus de 400 km au Nord-ouest de la grotte d'Andrahomana. Si les subfossiles de ce grand « rat-kangourou » avaient été trouvés avant l'animal vivant, il aurait presque certainement été décrit comme une espèce éteinte (125). Les datations au ^{14}C d'un os de *M. petteri* récupéré dans la grotte date de 2480 ans BP (date moyenne calibrée de 2525) et un autre de 1760 ans BP (date moyenne calibrée de 1620) (41, 51). Une autre espèce de petit mammifère mentionné ci-dessus, *Microgale nasoloi*, a été identifiée parmi les restes osseux des grottes. Elle a une histoire assez semblable à celle de *Macrotarsomys petteri*. Elle a été récemment décrite et elle n'est aujourd'hui connue que dans quelques localités dans les forêts de transition près de Sakaraha et dans les forêts sèches caducifoliées du Menabe central, au nord de Morondava (246). Compte tenu de la quantité de restes de squelettes

de *Microgale* et de *Macrotarsomys* trouvés à Andrahomana, souvent concentrés dans une section de la grotte, nous soupçonnons que ces mammifères étaient des **proies** de rapaces, comme les hiboux, qui ont ensuite régurgité les os non digérés sous forme de pelotes, de manière à produire des dépôts abondants de restes de leurs proies en dessous des perchoirs des **prédateurs** (Figure 4, à droite).

Le dernier « petit » mammifère est *Hypogeomys australis*, un gros rongeur éteint trouvé dans la grotte d'Andrahomana et nommé par Guillaume Grandidier (131) qui pesait probablement environ 2 kg. Des os de cette espèce ont également été trouvés sur un site des Hautes Terres centrales à proximité d'Antsirabe (116 ; voir Planche 11). La seule espèce actuelle du même genre est *H. antimena*, qui est la plus petite et aujourd'hui présente dans les forêts sèches caducifoliées du Nord de Morondava ; elle a le statut de conservation de « en voie de disparition ». Dans un passé assez récent, *H. antimena* avait une aire de répartition bien plus grande dans le Sud-ouest de Madagascar. Par exemple, une analyse au ^{14}C de restes osseux de cette espèce venant d'Ampoza (voir Planche 7), à environ 250 km au Sud-est de son aire de répartition actuelle, a donné une date de 1350 ans BP (date moyenne calibrée de 1190). La rétraction spectaculaire de l'aire de répartition de cette espèce est probablement liée au changement de l'habitat naturel dû aux impacts de bouleversements climatiques et de facteurs **anthropiques** (116). Deux datations au ^{14}C de *H. australis* venant d'Andrahomana vont de 4440 (date moyenne calibrée de 5060) à 1536 ans BP (date moyenne calibrée de 1400) (41).

Plusieurs espèces de mammifères introduits à Madagascar ont été identifiées à partir de matériels trouvés dans la grotte, dont des ossements de chiens et de bétail. Parmi les rongeurs (Famille des Muridae), il s'agit notamment de *Mus musculus* et de *Rattus* sp. ; et les musaraignes (Famille des Soricidae) comprennent entre autres, une espèce minuscule de moins de 2 g, *Suncus etruscus*, auparavant considérée comme endémique à Madagascar sous le nom de *S. madagascariensis*. En se basant sur la position stratigraphique des dépôts et du nombre minimum d'individus découverts, des changements notables dans le temps ont été enregistrés pour plusieurs espèces de rongeurs. Entre les couches inférieures et supérieures, les os exhumés de *Rattus* sont passés de 14 à 67 % et pour *M. musculus* de 7 à 45 % (259). La relation inverse a été trouvée chez trois rongeurs endémiques avec des valeurs diminuant de 50 à 2 % pour *Eliurus myoxinus*, de 21 à 4 % pour *Macrotarsomys bastardi* et de 7 à 1 % pour *M. petteri* qui a aujourd'hui localement disparu. Cela pourrait indiquer une certaine **compétition** entre les espèces introduites et **indigènes**, ou expliquer l'introduction de maladies infectieuses.

La liste faunique d'Andrahomana comprend 11 espèces de lémuriens, cinq vivent encore aujourd'hui et six ont disparu. Autrement dit, plus de la moitié de la communauté locale de

primates a disparu, et il a été avancé que tous ont simultanément vécu au cours de l'Holocène. Les microcèbes (*Microcebus* sp.) et les *Lemur catta* sont relativement communs dans les dépôts ; *Propithecus verreauxi*, *Avahi laniger* et *Cheirogaleus medius* sont assez abondants. *Avahi laniger* est une espèce typique de la forêt humide et ne se trouve plus dans la région immédiate d'Andrahomana. Les plus proches localités connues sont situées dans les contreforts Est de la chaîne Anosyenne. Douze spécimens de *L. catta* trouvés dans les dépôts de la grotte ont été datés au ^{14}C, et tous sont très récents, datant pour la plupart des deux derniers siècles (51). Cette espèce de lémurien est encore abondante dans la région actuellement.

Six espèces de lémuriens disparus ont été également identifiées dans ces dépôts, et toutes sont plus grandes que les lémuriens actuels : *Archaeolemur majori* (~18 kg), *A. edwardsi* (~25$^+$ kg), *Hadropithecus stenognathus* (~30$^+$ kg), *Megaladapis madagascariensis* (~45$^+$ kg), *M. edwardsi* (~85 kg) et *Pachylemur insignis* (11$^+$ kg). La plupart des spécimens d'*Archaeolemur* se situe dans la gamme d'*A. majori*, la plus petite des espèces de « lémurien-singe », collectée dans de nombreux sites du Sud et du Sud-ouest. Toutefois, plusieurs spécimens d'Andrahomana semblent être trop grands pour appartenir à la gamme de cette espèce et sont plutôt appelés *A. edwardsi*. Contrairement à la plupart des lémuriens actuels et à la majorité des lémuriens éteints, ces deux espèces étaient bien adaptées à la vie terrestre. Elles étaient probablement plus actives pendant la journée (**diurne**). Leurs crânes et leurs dents indiquent qu'elles pouvaient donner des morsures importantes et qu'elles étaient probablement des **généralistes** en termes de nourriture, avec des protéines animales dans leur alimentation mixte (97).

Le seul spécimen daté d'*Archaeolemur* d'Andrahomana est un fragment de crâne de *A. majori* datant de 3975 ans BP (date moyenne calibrée de 4340 ; 51). Il était auparavant supposé que ce spécimen portait des traces d'une blessure mortelle provenant d'une hache ou d'un outil similaire, mais sa datation vieille de près de deux millénaires avant l'arrivée probable des humains sur l'île, exclut l'homme comme étant l'agent probable, responsable de la disparition de cet animal. *Hadropithecus stenognathus* est un autre « lémurien-singe » bien représenté dans les collections d'Andrahomana. C'était aussi un grand **quadrupède** qui était au moins semi-terrestre, et plus à l'aise au sol que tout autre lémurien vivant ou disparu. Des informations plus détaillées sur *Hadropithecus* seront présentées sur la Planche 3.

Les trois autres espèces de subfossiles d'Andrahomana sont plus étroitement liées les unes aux autres qu'aux « lémuriens-singes » (archaeolemurids). Le *Pachylemur* trouvé ici a été identifié comme étant *P. insignis* basé en grande partie sur des critères biogéographiques. *Pachylemur jullyi* a une anatomie similaire, mais il est légèrement plus grand, et est habituellement considéré comme l'espèce des Hautes Terres centrales. Les informations **génétiques** et anatomiques

concourent à indiquer que *Pachylemur* est étroitement lié au vari actuel *Varecia*, le plus grand vrai lémurien vivant. *Pachylemur* a dans le passé été considéré comme étant un synonyme junior de *Varecia*. *Pachylemur insignis* était un lémurien frugivore de grande taille, de construction robuste, qui vivait dans les arbres. Deux datations au ^{14}C sont disponibles pour ce spécimen d'Andrahomana, allant de 2300 à 1940 ans BP (dates moyennes calibrées de 2245 et de 1805, 51). D'autres aspects de la paléobiologie de ce genre peuvent être trouvés dans la discussion de la Planche 19.

Parmi les deux espèces de *Megaladapis* d'Andrahomana, la plus petite, *M. madagascariensis* est très rare, représentée par un seul os de l'avant-bras trouvé il y a longtemps par Sikora. La plus grande espèce, *M. edwardsi*, est beaucoup mieux représentée, et dont plusieurs magnifiques crânes ont été trouvés aussi par Sikora ; ils ont été décrits peu après avec de superbes illustrations par Lorenz von Libernau (172). Un fragment de *M. edwardsi* a été daté de 4566 ans BP (date moyenne calibrée de 5150 ; 41, 51). Bien que ces deux espèces de « lémurien-koala » aient des tailles corporelles très différentes, les **adaptations** locomotrices et alimentaires semblent être similaires, les deux étaient des **folivores arboricoles**. Les incisives supérieures étaient absentes chez les deux espèces ; ils avaient de longues canines supérieures allongées, un nez singulier, et un long crâne ressemblant à celui d'un koala d'Australie. Leurs pattes antérieures étaient plus longues que les pattes inférieures. Bien que courts par rapport à la taille du corps, leurs mains et leurs pieds étaient grands, puissants et en forme d'une sorte de pince. En raison de leur taille importante, ils passaient sans doute parfois au sol ne serait-ce que pour passer d'un arbre à l'autre. Lors de ces passages au sol, il semble que des individus des deux espèces soient tombés dans les trous de la grotte. Ces deux membres de *Megaladapis* se retrouvent ensemble dans de nombreuses localités du Sud et du Sud-ouest.

D'autres espèces remarquables ont été découvertes dans la grotte. La première est l'hippopotame nain *Hippopotamus lemerlei*, dont la présence signifie implicitement qu'il y avait de l'eau douce à quelques kilomètres de la grotte, vraisemblablement associée à un **écosystème** riverain ou à un marais. Un corollaire direct à ceci est la présence d'os de *Crocodylus* dans la grotte. Il est difficile de savoir s'ils représentaient ce qu'on appelle aujourd'hui *Voay robustus* qui a disparu, ou *C. niloticus* qui existe encore à Madagascar. Des restes de tortues géantes *Aldabrachelys* ont aussi été retrouvés dans la grotte. Deux dates sont disponibles pour ces tortues, qui sont de 6450 et de 1755 ans BP (dates moyennes calibrées de 7260 et de 1600, respectivement). La grotte d'Andrahomana est probablement la limite orientale des tortues géantes de Madagascar, soulignant en outre l'importante barrière écotoniale de la chaîne Anosyenne. On a découvert trois tortues différentes parmi les restes de la grotte : la tortue géante décrite ci-

dessus, une autre tortue *Astrochelys radiata* qui vit toujours dans la région, et la tortue aquatique *Pelomedusa subrufa* dont on sait depuis tout récemment qu'elle a été introduite à Madagascar.

Comme nous avons essayé de présenter dans le texte associé à la Planche 2, les ossements récupérés dans la grotte d'Andrahomana nous donnent une vision exceptionnelle sur les animaux qui ont vécu ou qui vivent encore dans cette partie du Sud-est de Madagascar. Parmi les oiseaux connus sur le site, trois sur les 27 (11 %) ont disparu ; chez les Tenrecidae, un sur huit (13 %) est éteint et trois (*Microgale nasoloi, M. pusilla* et *M. principula*) ne vivent plus dans le voisinage immédiat ; chez les rongeurs endémiques, un sur cinq (20 %) a disparu, dont un (*Macrotarsomys petteri*) qui ne vit plus dans la région ; et chez les lémuriens, six sur 11 (55 %) ont disparu. La plupart de ces changements ont eu lieu au cours des derniers millénaires, avant les intenses **perturbations** humaines sur l'environnement naturel local, qui sur la base des données actuelles, ont commencé au 9ème siècle (218). Ceci met en évidence le point critique selon lequel les événements d'extinction et leurs causes profondes, ainsi que le moment diffèrent d'une région à l'autre à travers l'île. Des informations récentes indiquent qu'un événement exceptionnel aurait pu avoir eu lieu dans la région au cours de l'Holocène, il y a environ 6000 ans : un tsunami majeur, sujet qui sera discuté dans la section suivante (voir Planche 3).

Tableau 2. Liste des **vertébrés terrestres** identifiés parmi les restes **subfossiles** d'Andrahomana (26, 41, 196). Les animaux disparus sont signalés par †. Cette liste n'inclut pas les espèces **introduites**.

Ordre Reptilia
 Famille Testudinidae
  †*Aldabrachelys abrupta*
  Astrochelys radiata
 Famille Crocodylidae
  †*Voay robustus*[1]
  Crocodylus niloticus
Classe Aves
†Ordre Aepyornithiformes
 †Famille Aepyornithidae
  †*Aepyornis* sp.
  †*Mullerornis* sp.
Ordre Procellariiformes
 Famille Procellaridae
  Puffinus sp.
Ordre Anseriformes
 Famille Anatidae
  †*Centrornis majori*
Ordre Falconiformes
 Famille Accipitridae
  Accipiter francesii
 Famille Falconidae
  Falco newtoni
Ordre Gruiformes
 Famille Turnicidae
  Turnix nigricollis
  Gallinula chloropus
  Fulica cristata
Ordre Columbiformes
 Famille Columbidae
  Streptopelia picturata
Ordre Psittaciformes
 Famille Psittacidae
  Coracopsis vasa
Ordre Cuculiformes
 Famille Cuculidae
  Coua cf. *gigas*
  Coua cristata
  Coua cursor
Ordre Strigiformes
 Famille Tytonidae
  Tyto alba
 Famille Strigidae
  Otus rutilus
Ordre Apodiformes
 Famille Apodidae
  Apus sp.

Ordre Coraciiformes
 Famille Upupidae
  Upupa marginata
Ordre Passeriformes
 Famille Alaudidae
  Mirafra hova
 Famille Sylviidae
  Nesillas cf. *lantzii*
 Famille Bernieridae
  Thamnornis chloropetoides
 Famille Monarchidae
  cf. *Terpsiphone mutata*
 Famille Zosteropidae
  Zosterops maderaspatana
 Famille Vangidae
  Vanga curvirostris
  Leptopterus viridis
  Cyanolanius madagascarinus
 Famille Corvidae
  Corvus albus
 Famille Ploceidae
  Ploceus sakalava
  Foudia madagascariensis
Classe Mammalia
Ordre Afrosoricida
 Famille Tenrecidae
  Tenrec ecaudatus
  Setifer setosus
  Echinops telfairi
  Geogale aurita
  †*Microgale macpheei*
  Microgale longicaudata
  Microgale nasoloi
  Microgale principula
  Microgale pusilla
Ordre Primates
Sous-ordre Strepsirrhini
Infra-ordre Lemuriformes
  †Famille Archaeolemuridae
   †*Archaeolemur edwardsi*
   †*Archaeolemur majori*
   †*Hadropithecus stenognathus*
 Famille Cheirogaleidae
  Microcebus cf. *griseorufus*
  Cheirogaleus medius
 Famille Lemuridae
  †*Pachylemur insignis*
  Lemur catta
 †Famille Megaladapidae
  †*Megaladapis edwardsi*
  †*Megaladapis madagascariensis*

---

[1] Les restes de crocodile trouvés dans la grotte doivent être réévalués.

Tableau 2. (suite)

Famille Indriidae
Avahi laniger
Propithecus verreauxi
Ordre Chiroptera
Famille Pteropodidae
Eidolon dupreanum
Pteropus rufus
Rousettus madagascariensis
Famille Hipposideridae
Hipposideros commersoni
Triaenops furculus
Famille Molossidae
Mormopterus jugularis
Mops leucostigma
Famille Miniopteridae
Miniopterus gleni

Ordre Carnivora
Famille Eupleridae
†*Cryptoprocta spelea*
Fossa fossana
Ordre Artiodactyla
Famille Hippopotamidae
†*Hippopotamus lemerlei*
Ordre Rodentia
Famille Nesomyidae
†*Hypogeomys australis*
Eliurus sp.
Eliurus myoxinus
Macrotarsomys bastardi
Macrotarsomys petteri
Nesomys rufus

ANDRAHOMANA II – PREUVES D'UN TSUNAMI HOLOCENIQUE DANS LE SUD DE L'OCEAN INDIEN ET RELATIONS PREDATEUR-PROIE

Il est prouvé qu'un tsunami a eu lieu dans l'océan Indien il y a plusieurs millénaires. L'origine de la vague n'était pas la même que le tremblement de terre qui a déclenché le tsunami dévastateur du 26 décembre 2004 en Asie du Sud. C'était une météorite qui se serait écrasée sur Terre, plus précisément dans l'océan Indien, et qui aurait mis en mouvement une énorme vague. En fait, la collision et la vague associées auraient été si monumentales que le phénomène est considéré comme un « méga-tsunami ». Si cette **hypothèse** est correcte, cette vague gigantesque aurait entraîné d'importants changements environnementaux dans le paysage **terrestre** (189). Les données à l'appui de la preuve matérielle de son impact potentiel dans le Sud de Madagascar sont de trois ordres et comprennent 1) des dépôts massifs de sédiments à l'intérieur des terres sous la forme de dunes, 2) la présence d'un grand cratère océanique au Sud-est de Madagascar et 3) la composition exceptionnelle de certains sédiments terrestres (139).

Le long de la côte Sud de Madagascar, de grandes dunes atteignant jusqu'à 200 m de hauteur semblent s'être formées suite à des inondations très importantes (27, 214). Ces formations, en raison de leur « forme en croissant » directionnel sont considérées comme des dunes « en chevron ». Des exemples de ce type de chevron peuvent être trouvés à Cap Sainte Marie, Fenambosy et Faux Cap, le long de la côte de l'extrême Sud. A partir de ces dunes, il existe des témoins d'un transport massif de sédiments qui peuvent atteindre près de 50 km vers l'intérieur des terres. Par exemple, la partie du chevron de

Planche 3. Les **géologues** ont récemment émis l'**hypothèse** qu'un important tsunami a eu lieu il y a environ 6000 ans suite à une météorite tombée dans l'océan Indien au Sud-est de Madagascar. Même si des vérifications montrant que cette météorite s'est bien abattue sur Terre ont été effectuées, nous attendons des preuves temporelles et nous nous demandons toujours s'il y a bel et bien eu un tsunami. Ici, nous pouvons voir un grand *Cryptoprocta spelea* attaquant sa **proie** qui est *Hadropithecus stenognathus* ; ces deux animaux ont disparu et font partie de la faune holocénique de la grotte. *Cryptoprocta* est en état de faiblesse et se trouve dans l'impossibilité de se nourrir après une chute à travers une « fenêtre de toit » de la grotte d'Andrahomana. Un jeune *Hadropithecus*, sous l'emprise du **carnivore** blessé, a également eu le malheur d'y tomber. Cette attaque est survenue au moment précis où la côte du Sud de Madagascar a été frappée par une vague énorme. (Planche par Velizar Simeonovski.)

Faux Cap qui fait face à la mer contient des coquilles marines mélangées à du sable et à de gros rochers allant jusqu'à 15 cm de diamètre. Sur la partie distale du chevron, c'est-à-dire le point le plus éloigné de la mer, la couche de sable n'est pas cohérente vis-à-vis de l'épaisseur et comprend des rochers allant jusqu'à 23 cm de diamètre mélangés avec le sable. Ces formations ont été présentées comme étant des « déversements de dépôts du tsunami ». Le chevron de Fenambosy figure parmi les plus grands et fait près de 26 km de longueur dans son axe est-ouest. La couche qui correspond à la section marine contient du sable et des fragments de roches carbonatées, et d'autres sections contiennent des coquilles d'huîtres et de mollusques. La couche du tsunami réputé au sommet de l'escarpement de 170 m de haut contient de gros rochers de 50 cm de diamètre.

L'hypothèse est que lorsque la vague énorme a frappé la partie Sud de Madagascar, elle aurait pénétré jusqu'à environ 45 km à l'intérieur des terres et aurait atteint une hauteur de plus de 200 m au-dessus du niveau de la mer. Si cette reconstruction est exacte, il est difficile d'imaginer la force d'une telle vague. A titre de comparaison, la hauteur des vagues du tsunami dévastateur de 2004 était d'environ 30 m. Par conséquent, l'hypothétique méga-tsunami qui a frappé le Sud de Madagascar aurait été d'environ sept fois plus haut et sans doute extrêmement plus puissant que la vague qui a frappé l'Asie du Sud fin 2004.

La deuxième preuve est la présence d'un énorme cratère dans l'océan Indien à environ 1500 km au Sud-est de Madagascar, appelé le cratère de Burckle (189). Le cratère a environ 30 km de diamètre, près de 4 km de profondeur et a apparemment été formé dans un temps géologique récent par l'impact d'une météorite. Le bord est plus élevé sur les trois côtés, un côté est partiellement abîmé et le point le plus profond à l'intérieur du cratère se situe vers le Sud-est. Par conséquent, le matériau expulsé de la collision aurait été envoyé vers le Nord-ouest, qui est la direction de Madagascar. Aucune date qui aurait pu nous éclairer sur la période de la formation de ce cratère n'est disponible, mais elle est estimée à environ 6000 ans **BP**. Une datation physique réelle du cratère de Burckle constituerait une donnée importante afin de placer ce méga-tsunami dans un contexte plus clair.

Le troisième aspect servant de témoin d'un méga-tsunami est la composition physique des sédiments des chevrons (190). Ces « éjections » sont apparemment composées de micro**fossiles** d'eau profonde, fusionnés à différents types de métaux et associés à l'impact physique d'une météorite. La surface supérieure des sédiments des fonds marins prélevés à proximité du cratère de Burckle contient des couches avec des propriétés magnétiques élevées. Dans le cas des sédiments des chevrons du Sud de Madagascar, les « éjections » sont composées de verres, auxquels s'adhèrent des particules de fer, de chrome et de nickel, et de fragments résiduels de la météorite et du fond de l'océan.

Dans tous les cas, la notion de méga-tsunami dans l'histoire géologique récente a été examinée de près, et un certain nombre de géologues doutent sur les idées présentées par le groupe pro-tsunami (214). Par exemple, ces scientifiques sceptiques affirment que les chevrons du Sud de Madagascar sont alignés sur la direction du vent dominant et sont le résultat de la force du vent au cours du temps. En réponse à ces critiques, le groupe pro-tsunami affirme que les dunes du Sud Madagascar ne sont pas alignées le long des vents dominants, et ils soulèvent également une question pertinente sur la façon dont des roches de la taille d'un poing pourraient faire partie des sédiments générés par le vent, car elles sont trop volumineuses pour être transportées (1, 139).

Même si nous n'avons pas l'intention d'examiner le pour et le contre de ces différents arguments, car davantage de données nous seraient évidemment bien utiles, nous considérons l'hypothèse d'un méga-tsunami aussi intrigante que plausible. Il existe des preuves des fouilles de 2003 à Andrahomana basées sur des datations au **carbone-14** selon lesquelles les dépôts ne sont pas en ordre séquentiel (41) ; il est difficile d'imaginer que le tsunami décrit ci-dessus ait pu être responsable de cette **perturbation**. Compte tenu de la puissance et de la taille de cette vague hypothétique, on suppose que la grotte aurait été nettoyée et vidée complètement de son contenu. Seuls deux échantillons datés au ^{14}C d'Andrahomana sont plus âgés que 6000 ans (un lémurien géant et une tortue ; 51), de sorte que les dates les plus récentes de cet endroit sont toutes postérieures aux 6000 ans BP hypothétiques du méga-tsunami. Il est également possible que l'impact du tsunami ait été moins grave que prévu ou peut-être qu'il s'est produit un peu plus tôt. En outre, il ne peut être exclu que d'autres vagues d'amplitude beaucoup plus faibles soient également entrées dans la grotte au fil des ans et qu'elles auraient contribué à un certain degré de remaniement et de mélange des dépôts.

Si ce méga-tsunami s'est réellement passé, imaginez l'impact que cela aurait eu sur Madagascar et dans le monde, produisant sans aucun doute un déluge global (189). La chaleur générée par une telle collision aurait également produit une énorme quantité de vapeur d'eau, ce qui aurait donné lieu à une augmentation nette de la pluviométrie et de l'activité cyclonique dans le monde entier. En même temps, les hautes températures produites par le choc auraient cuit le Sud de Madagascar. Tsunami ou pas tsunami, retournons maintenant à la grotte d'Andrahomana.

Sur la Planche 3 s'observe un *Cryptoprocta spelea*, un grand **Carnivora**, blessé, en assez mauvais état et amaigri suite à l'impossibilité de se nourrir correctement après une chute accidentelle à travers une « fenêtre de toit » de la grotte (Figure 4, à gauche). Ce **prédateur** est bien plus grand et sans doute plus puissant que n'importe quel **carnivore** vivant à Madagascar aujourd'hui. On le voit sur le point d'attraper un lémurien géant disparu, *Hadropithecus stenognathus*, également pris au piège dans la grotte après une chute à travers un trou du plafond. Cette scène s'est passée au moment où une vague énorme a frappé la côte Sud de Madagascar, correspondant au méga-tsunami mentionné ci-dessus. Le *Cryptoprocta* a essayé de sortir de la grotte par l'ouverture donnant vers la mer (Figure 27, à droite), mais à cause de sa patte blessée, il était incapable de franchir les différents niveaux de rochers et de coraux. Au même moment, il a entendu les appels du lémurien pris au piège à l'intérieur de la grotte et il s'en est retourné pour attaquer l'animal.

Les premiers **subfossiles** de ce *Cryptoprocta* disparu ont été identifiés dans la grotte d'Andrahomana par Guillaume Grandidier qui a conclu que le matériel représentait une nouvelle forme plus grande de *C. ferox*, l'espèce actuelle, et il a proposé le nom de « *C. ferox* var. *spelea* » (130, 132) (voir Planche 19 pour plus de détails). Des études ultérieures ont confirmé que cette « variété » doit être considérée comme étant une espèce à part entière (124).

La **proie** représentée dans cette scène est un animal exceptionnel connu sous le nom de *Hadropithecus stenognathus*, un autre « lémurien-singe » avec une aire de répartition restreinte et relativement énigmatique. Le spécimen de cette espèce a été trouvé par Franz Sikora lors des fouilles de 1899 de la grotte d'Andrahomana (voir Planche 2). Un des deux seuls crânes connus et quelques os postcrâniens d'*Hadropithecus* de la même grotte ont été décrits peu de temps après, et ils ont révélé une créature bizarre avec un surprenant museau aplati et des dents très inhabituelles (171). Un deuxième crâne a été trouvé par Charles Lamberton en 1931 au Sud-ouest du site de Tsirave qui, la même décennie, a résumé tout ce qu'on connaissait alors d'*Hadropithecus* (166), y comprise pour la première fois la répartition des os des membres postérieurs de l'espèce. Malheureusement, leurs os longs que Lamberton avait imaginés ne l'étaient finalement pas (93), et de nouveaux échantillons des fouilles de 2003 à Andrahomana se sont avérés inestimables pour clarifier les **adaptations** locomotrices probables de cette espèce (98).

Hadropithecus était un **quadrupède** robuste, corpulent (jusqu'à +30 kg) qui était bien adapté à la vie au sol (terrestre). Les membres antérieurs sont plus longs que les membres postérieurs, mais tous les os des membres sont robustes et relativement courts. *Hadropithecus* était sans doute fort et agile, mais il n'est pas fait pour la vitesse. Il arborait une longue queue avec de petits pieds et mains, presque semblables à des pattes, et les caractéristiques particulières de ses doigts courts ont tout simplement un fonctionnement difficile à comprendre (170). Il est fort probable qu'il grimpait moins bien que la plupart des autres lémuriens vivants et éteints.

Le crâne d'*Hadropithecus* est remarquable à bien des égards pour un lémurien. Ses petits orbites indiquent un cycle d'activité **diurne**, et son cerveau relativement grand se rapproche des « primates supérieurs ». Ses canines supérieures sont de taille réduite, et ses dents inférieures sont robustes, inclinées vers l'avant. Les prémolaires sont énormes, et les surfaces de mastication des dents post-canines sont complexes et ont tendance à être très usées. Il était dans le temps considéré comme une puissante machine casse-noisette. De récentes analyses **biomécaniques** indiquent que cette dernière image n'est pas correcte et suggèrent plutôt qu'*Hadropithecus* consommait probablement de grandes quantités de végétation possédant une valeur nutritive médiocre (68). La mastication répétitive, comme le fait une vache, était plus importante que la production de morsures puissantes. La signature isotopique du carbone de cette espèce est également unique parmi les lémuriens vivants et éteints (54), avec des valeurs C4 indiquant une consommation de bulbes et de rhizomes et peut-être de carex dans son alimentation, des feuilles succulentes des plantes CAM, communes dans le Sud de Madagascar (52).

TSIMANAMPETSOTSA – MODIFICATIONS ECOLOGIQUES RAPIDES FACE AU CHANGEMENT CLIMATIQUE NATUREL

Un des paysages naturels actuels les plus austères de Madagascar est la région du Plateau Mahafaly dans l'extrême Sud-ouest. Cette zone possède une végétation distincte, connue sous le nom de **bush épineux**, qui se compose principalement de plantes adaptées aux conditions très sèches. Sa flore est riche et peuplée de nombreuses espèces **endémiques** qui ont des distributions très restreintes (**microendémiques**).

Dans l'ensemble, cette région reçoit moins de 500 mm de précipitations, avec une saison sèche prononcée de 10 mois, et certaines années, aucune précipitation n'est enregistrée. La période qui s'étend entre décembre et février est la « saison des pluies », saison principale avec en moyenne 7 à 9 jours seulement de pluie par an ! Il s'agit d'une zone où la majorité des organismes locaux possèdent des **adaptations** aux conditions arides. Ces adaptations s'observent par exemple chez les arbres qui ont un tronc en forme de bouteille pour stocker l'eau (Figure 10, à droite), avec très peu de feuilles pour réduire la superficie et la perte d'eau associées, ou avec de grands tubercules souterrains de stockage de l'eau. ·

Du côté des animaux, certains **vertébrés** comme les tenrecs (*Tenrec ecaudatus*) et les microcèbes (*Microcebus griseorufus*) **hibernent** ou entrent dans une sorte de **torpeur** ; certains montrent des changements drastiques dans leur alimentation et se nourrissent de tout ce qui est disponible, et d'autres sont obligés de parcourir des distances considérables afin de trouver les ressources nécessaires.

Une région typique de l'**écosystème** du Plateau Mahafaly et qui a été étudiée en détail est le Parc National de Tsimanampetsotsa, au sud de la fleuve Onilahy. Ce site a été créé fin de l'année 1927 avec le statut de Réserve Naturelle Intégrale, et a été l'une des premières zones protégées nommée sur l'île. Pendant la période où Madagascar était encore une colonie française, les aires protégées étaient sous le contrôle scientifique du Muséum national d'Histoire naturelle à Paris, et par conséquent, les scientifiques associés à cette institution y ont réalisé des inventaires, incluant Tsimanampetsotsa. Cette étude a fourni la première vision sur les particularités fauniques et floristiques de cette région unique (Petit, 1935). La réserve s'étendait à l'origine sur 17 500 ha, et en 1966, elle a été agrandie à 43 200 ha. De plus, son statut a été modifié en 2001 en parc national, et plus récemment, sa surface a été étendue à près de 300 000 ha.

Bien que la zone possède beaucoup d'organismes uniques, dont plusieurs ont été récemment découverts et décrits, la diversité des vertébrés **terrestres** n'est pas particulièrement élevée. Par exemple, dans un récent inventaire biologique dans le parc, 39 espèces de reptiles, deux amphibiens, 74 oiseaux, trois lémuriens, cinq

Planche 4. Une vue vers l'est du bord de l'ancien Lac Tsimanampetsotsa et vers le Plateau Mahafaly. Aujourd'hui, cette région est caractérisée par des précipitations annuelles inférieures à 500 mm, pratiquement sans eau douce, une formation aride de **bush épineux**, et une saison sèche très marquée. Cependant, un examen de restes **subfossiles** révèle qu'il y a seulement quelques millénaires, cette zone était nettement plus humide, avec de vastes étendues d'eau douce probablement permanentes, et elle abritait un nombre considérable d'espèces animales qui ne vivent plus dans la région ou qui sont entièrement **éteintes**. (Planche par Velizar Simeonovski.)

chauves-souris, deux **Carnivora** et six petits mammifères autochtones seulement ont été trouvés (123). Cependant, même avec une diversité en vertébrés relativement faible, la beauté du site et la nature extrême de l'environnement sont impressionnants.

Un des facteurs limitant de la faune et de la flore de la région est certainement le manque d'eau douce permanent et la longue saison sèche. De l'eau souterraine s'écoule à partir de l'Est sous le Plateau Mahafaly ; celle-ci arrive à la surface dans des grottes et des puits artésiens au pied du plateau. Dans ces grottes et puits, il existe une plus grande concentration de la vie biologique que dans les zones dépourvues de telles sources d'eau.

Tsimanampetsotsa possède encore un grand lac, aujourd'hui particulièrement salin et relativement peu attirant pour les animaux sauvages, sauf pour certains organismes tels que les flamants roses se nourrissant d'une alimentation spéciale. Ce lac est situé à quelques kilomètres du canal du Mozambique. Ce qui est extraordinaire, c'est que les archives **subfossiles** de la région immédiate nous révèle que cet environnement extrême était très différent quelques milliers d'années auparavant.

Pour la description, il serait opportun de commencer avec quelques détails sur les **communautés** florales modernes observées en bordure du lac Tsimanampetsotsa, qui se trouve

Identification des espèces

1 : *Phalacrocorax* sp., disparu à Madagascar et peut être dans d'autres endroits de son aire de répartition, 2 : *Anas bernieri*, 3 : †*Hippopotamus lemerlei*, 4 : †*Aldabrachelys abrupta*, 5 : †*Megaladapis edwardsi*, 6 : †*Archaeolemur majori*, 7 : †*Mullerornis agilis*, 8 : *Haliaeetus vociferoides*, 9 : †*Aepyornis maximus*.

sur le côté Ouest du parc, en passant vers l'Est dont le pied du Plateau Mahafaly, et ensuite sur le plateau plus élevé. Le lac se localise dans une zone de basse altitude, et la quantité d'eau saumâtre est variable entre le haut niveau de la saison des pluies et le bas niveau de la saison sèche. Quelques roseaux et autres plantes **aquatiques** poussent au bord du lac. En se déplaçant vers l'est et le plateau, il existe une vaste plaine ouverte qui peut être partiellement inondée pendant la saison des pluies. Cette zone est en grande partie saline, et les plantes locales comprennent *Salicornia* (Famille des Salicorniaceae) et quelques petits bosquets de *Casuarina* (Famille des Casuarinaceae) ; ce dernier ne semble pas être originaire de l'île. Plus à l'est au bord du bush épineux, l'habitat est dominé par une bande étroite d'arbres de *Salvadora* (Famille des Salvadoraceae), et de deux communautés distinctes de plantes du bush épineux. La première pousse à la base du plateau avec des racines ancrées fermement dans le sol, tandis que la seconde se développe sur le massif **calcaire**, souvent avec des racines coincées entre des rochers ou dans des sols bien plus minces. Il existe de nombreux organismes endémiques sur le plateau qui ne se sont jamais disséminés ni dispersés avec succès vers la plaine et le lac.

Des travaux récents sur les périodes de la **phénologie** de la flore locale du bush épineux de Tsimanampetsotsa indiquent que c'est la longueur du jour plutôt que les précipitations, qui déclenche la floraison et la fructification

(226). Ce qui est important dans cette observation est que les plantes ont adapté leurs périodes de reproduction à l'ensemble général des conditions climatiques à long terme. Compte tenu des périodes erratiques des précipitations observées aujourd'hui, cet indicatif météorologique ne serait pas nécessairement utile pour favoriser la floraison, mais serait plutôt une bonne stratégie d'adaptation au cours d'une période géologique récente, lorsque la zone était plus humide et avec des précipitations plus régulières.

Henri Perrier de la Bâthie était un botaniste qui a beaucoup voyagé à Madagascar ; il a aidé à mettre en place le système d'aires protégées, et il est l'auteur de plusieurs articles de synthèse importants concernant la botanique malgache. Dans les années 1930, il a visité la grotte de Mitoho, au pied du Plateau Mahafaly à l'intérieur du parc actuel, et il a trouvé à la surface ou dans le sol à faible profondeur, des restes subfossiles de tortues géantes et de crocodiles, ainsi que des fragments de coquilles d'oiseaux-éléphants (211, 213). D'autres ossements d'animaux ont été récupérés dans ces dépôts et envoyés au Muséum de Paris. Ceux-ci comprenaient entre autres, une partie de l'os de la patte d'un grand aigle appartenant au genre *Aquila*, qui ne vit plus à Madagascar (108).

Au cours de plusieurs saisons de terrain de la première moitié du 20ème siècle, Charles Lamberton a mené des fouilles paléontologiques dans les grottes le long du Plateau Mahafaly et il a découvert des os de créatures extraordinaires. Il s'agit par exemple, dans la grotte d'Ankazoabo près d'Itampolo et à moins de 75 km au sud de la grotte de Mitoho, de subfossiles de trois grands lémuriens éteints (*Palaeopropithecus ingens*, *Mesopropithecus globiceps* et *Archaeolemur majori*), d'hippopotames nains (*Hippopotamus lemerlei*), de tortues géantes (*Aldabrachelys abrupta*), d'un grand Carnivora (*Cryptoprocta spelea*) et d'oiseaux-éléphants (*Aepyornis* et *Mullerornis*).

Il y a très longtemps, Ross MacPhee de « The American Museum of Natural History », a visité plusieurs grottes le long du Plateau Mahafaly, et en particulier celles qui se trouvent à proximité de Tsimanampetsotsa (177). Parmi les ossements qu'il a trouvés dans la grotte de Mitoho figuraient ceux du lémurien géant *Megaladapis edwardsi*, du grand rongeur endémique *Hypogeomys antimena*, vivant seulement aujourd'hui dans la zone nord de Morondava, de la tortue géante *Aldabrachelys abrupta*, et des fragments de coquilles d'œufs d'oiseaux-éléphants du genre *Mullerornis*. Compte tenu de la variété des animaux récupérés dans ces dépôts et dans ceux d'Ankazoabo, y comprises les espèces qui dépendent d'un habitat d'eau douce, il est clair que des changements importants ont eu lieu dans l'écosystème de la zone de Tsimanampetsotsa.

Une autre collection de subfossiles a été obtenue en 1981 dans une grotte du Plateau Mahafaly près de Tsimanampetsotsa, mais elle n'a pas encore été étudiée en détail (231). La tentative d'identification des restes des rongeurs *Brachytarsomys* est assez exceptionnelle, car ce genre est connu aujourd'hui dans les **forêts humides** de l'Est et du Nord. En tout cas, une grande diversité de taxons a été identifiée dans des sites subfossiles aux environs de Tsimanampetsotsa, et ceux-ci révèlent une communauté faunique élargie, écologiquement différente de celle observée aujourd'hui (Tableau 3).

Pour nous aider à placer ces changements dans un contexte temporel, certaines datations au **carbone-14** sont disponibles pour quelques animaux disparus. Parmi les fouilles de Lamberton dans la grotte d'Ankazoabo, des restes de *Cryptoprocta spelea* ont donné une date de 1865 ans **BP** (date moyenne calibrée de 1740) ; *Mesopropithecus globiceps* a été daté de 2148 (date moyenne calibrée de 2120) et de 1555 ans BP (date moyenne calibrée de 1410) et *Palaeopropithecus ingens* a donné les dates les plus récentes de 1450, 1269 et 1148 ans BP (dates moyennes calibrées respectivement de 1315, 1125 et 1010) (51, 155). Pour les débris de coquilles d'œuf d'oiseau-éléphant de la grotte de Mitoho, une date tombe beaucoup plus tôt, 4030 ans BP (date moyenne calibrée de 4480) (51). Le plus extraordinaire et instructif pour obtenir une vision sur l'existence récente ou non de ces animaux et les changements écologiques ainsi impliqués, c'est qu'il existe une date au ^{14}C venant d'Itampolo d'un hippopotame nain de 980 ans BP (date moyenne calibrée de 905) (185). Par conséquent, d'après ces dates, non seulement des changements majeurs sont survenus dans la faune régionale et les écosystèmes que ces animaux occupaient, mais un changement majeur s'est également déployé au cours de quelques millénaires ou moins seulement.

Que s'est-il donc passé ? En s'appuyant sur des témoins **archéologiques** existants, cette région de l'île n'a jamais été densément peuplée par l'homme, notamment à l'intérieur des terres à des endroits tel que Tsimanampetsotsa (40). Aujourd'hui, une étendue de forêt relativement intacte pousse à la base et sur le Plateau Mahafaly sur plus de 100 km dans le sens nord-sud, bien que certaines zones à l'intérieur sont désormais très perturbées. Par conséquent, les grandes modifications de la forêt induites par l'homme ne peuvent pas expliquer la disparition de certains habitats et animaux disparus. Selon les restes d'oiseaux aquatiques d'eau douce et de mammifères récupérés dans des dépôts subfossiles, il apparaît qu'un habitat humide a existé dans la région immédiate jusqu'à il y a

Tableau 3. Liste des **vertébrés terrestres** identifiés basé sur des restes **subfossiles** de Tsimanampetsotsa et des régions avoisinantes. Comme peu d'animaux ont été identifiés sur ce site, la liste des lémuriens subfossiles locaux est déduite, en partie à partir des lémuriens subfossiles de celle de la grotte se trouvant à proximité d'Ankazoabo. Il en est de même pour les oiseaux dont certains sont de Beavoha, Bemafandry, Tsiandroina, Ambolisatra et de Lamboharana (26, 118, 121, 124, 129, 165, 177, 178, 211, 231). Les espèces éteintes sont indiquées avec un †. La liste n'inclut pas les espèces **introduites**.

Ordre Reptilia
  Famille Testudinidae
    †*Aldabrachelys abrupta*[1]
    Astrochelys radiata
  Famille Crocodylidae
    Crocodylus sp.[2]
Classe Aves
†Ordre Aepyornithiformes
  †Famille Aepyornithidae
    †*Aepyornis maximus*
    †*Mullerornis agilis*
Ordre Pelecaniformes
  Famille Phalacrocoracidae
    †*Phalacrocorax* sp.
    Phalacrocorax africanus

Ordre Ardeiformes
  Famille Ardeidae
    Egretta spp.
    Ardea purpurea
    Ardea humbloti
  Famille Ciconiidae
    Mycteria ibis
    Anastomus lamelligerus
  Famille Threskiornithidae
    Threskiornis bernieri
    Lophotibis cristata
    Platalea alba
  Famille Phoenicopteridae
    Phoenicopterus ruber
    Phoeniconaias minor
Ordre Anseriformes
  Famille Anatidae
    †*Centrornis majori*
    †*Alopochen sirabensis*
    Dendrocygna sp.
    Anas bernieri
    Anas erythrorhyncha
    Anas molleri
    Thalassornis leuconotus

[1] Cette identification d'espèce est basée sur des matériels provenant des environs d'Itampolove. Des rapports d'*Aldabrachelys grandidieri* de la région de Tsimanampetsotsa méritent une vérification supplémentaire.
[2] Il est possible que ces restes soient mieux affectés au *Voay robustus* éteint.

Tableau 3. (suite)

Ordre Falconiformes
 Famille Accipitridae
  †*Stephanoaetus mahery*
  †?*Aquila* sp.
  Milvus aegyptius
  Haliaeetus vociferoides
  Polyboroides radiatus
  Buteo brachypterus
Ordre Gruiformes
 Famille Rallidae
  †*Hovacrex roberti* ?
  Rallus madagascariensis
  Dryolimnas cuvieri
  Gallinula chloropus
  Fulica cristata
  Porphyrio porphyrio
Ordre Charadriiformes
 Famille Recurvirostridae
  Himantopus himantopus
 Famille Scolapaciidae
  Numenius phaeopus
 Famille Charadriidae
  †*Vanellus madagascariensis*
 Famille Laridae
  Larus dominicanus
  Larus cirrocephalus
Ordre Columbiformes
 Famille Pteroclididae
  Pterocles personatus
 Famille Columbidae
  Streptopelia picturata
Ordre Psittaciformes
 Famille Psittacidae
  Coracopsis vasa
Ordre Cuculiformes
 Famille Cuculidae
  †*Coua primavea*
 Famille Coraciidae
  Eurystomus glaucurus
Classe Mammalia
†Ordre Bibymalagasia
  †*Plesiorycteropus* sp.
Ordre Afrosoricida
 Famille Tenrecidae
  Tenrec ecaudatus
  Setifer setosus
  Geogale aurita
  Microgale pusilla[3]

Ordre Primates
Sous-ordre Strepsirrhini
Infra-ordre Lemuriformes
 †Famille Archaeolemuridae
  †*Archaeolemur majori*
 †Famille Palaeopropithecidae
  †*Mesopropithecus globiceps*
  †*Palaeopropithecus ingens*
 Famille Cheirogaleidae
  Microcebus spp.
  Cheirogaleus sp.
 Famille Lemuridae
  Lemur catta
  †*Pachylemur insignis*
 †Famille Megaladapidae
  †*Megaladapis edwardsi*
  †*Megaladapis madagascariensis*
 Famille Indriidae
  Propithecus verreauxi
Ordre Chiroptera
 Famille Hipposideridae
  Hipposideros commersoni
  Triaenops furculus
 Famille Emballonuridae
  Paremballonura atrata[4]
 Famille Molossidae
  Mormopterus jugularis
Ordre Carnivora
 Famille Eupleridae
  †*Cryptoprocta spelea*[5]
  Cryptoprocta ferox[6]
Ordre Artiodactyla
 Famille Hippopotamidae
  †*Hippopotamus lemerlei*
Ordre Rodentia
 Famille Nesomyidae
  Hypogeomys antimena
  Macrotarsomys bastardi
  Macrotarsomys petteri
  Brachytarsomys sp.

[4] Les restes d'un animal ressemblant à *Emballonura atrata* ont été signalés dans la région (231). Après les modifications **taxonomiques** récentes, il serait certainement plus juste de l'attribuer à *Paremballonura tiavato*, qui ne vit plus dans cette partie de Madagascar.
[5] Les restes de cette espèce ont été identifiés sur un site localisé dans la région de la grotte d'Ankazoabo.
[6] Les restes de cette espèce ont été identifiés sur un site localisé dans la région de Lelia.

[3] Il a été proposé que les restes de *Microgale pusilla* récupérés de la zone de Tsimanampetsotsa pourraient être mieux affectés à une espèce récemment décrite, *M. jenkinsae* (121).

environ un millénaire. Ceci est en contraste complet avec la situation d'aujourd'hui, où dans la zone de Tsimanampetsotsa, les sources d'eau douce restantes sont souterraines et remontent à la surface dans les grottes au pied du Plateau Mahafaly, ou plus à l'ouest avec des sources salines qui traversent les marais salants du lac et qui vont vers la côte. Aujourd'hui, la plupart des grottes du plateau sont à sec ; ce qui indique une forte diminution des nappes d'eaux depuis qu'elles se sont formées.

Dans sa description de la géologie et de la topographie du lac Tsimanampetsotsa, Perrier de la Bâthie a remarqué que le système dunaire juste à l'ouest de la limite actuelle du lac montrait des signes clairs d'un écosystème aquatique plus vaste, où les restes de mollusques d'eau douce et d'œufs d'oiseaux-éléphants étaient abondants (211, 213). En utilisant cette observation et d'autres aspects de la topographie locale, il a proposé une **hypothèse** pour expliquer ce qui s'était passé dans la région dans un passé géologique récent. Dans sa reconstruction, la source de l'ancien écosystème d'eau douce aurait été un flux résurgent sortant du Plateau Mahafaly, arrivant ensuite dans une vallée qui amenait l'eau vers le canal du Mozambique. Le long de cette rivière, probablement des zones humides et des **forêts galeries** auraient existé, fournissant des **niches écologiques** appropriées pour de nombreux organismes qui ont à présent disparu ou qui ont cessé d'évoluer dans cette région de Madagascar. A cause des mouvements de déplacement des dunes côtières, la rivière était bloquée du moins à l'occasion, formant ainsi un système estuarien. L'eau aurait eu une importante charge en carbonate de calcium et en d'autres minéraux car elle s'écoule à travers le calcaire du Plateau Mahafaly. Avec la transition vers un climat plus sec, cette source d'eau douce est devenue saisonnière, et à un moment donné elle a cessé de couler. Ensuite avec de plus grands taux d'évaporation de l'eau par rapport à celle qui y arrivait, le système aquatique est devenu de plus en plus salin.

Deux espèces de tortues géantes ont été signalées parmi les subfossiles du Plateau Mahafaly, *Aldabrachelys grandidieri* et *A. abrupta* (Tableau 3) (9, 26). Les membres de ce genre sont connus pour présenter une variabilité considérable dans les aspects de leur forme extérieure, en particulier la forme de la carapace. Mais les variations observées ne reflètent pas toujours des différences **génétiques** reconnues entre les différents types morphologiques (204). L'hypothèse selon laquelle deux espèces de tortue ont bien vécu ou non à Madagascar aura besoin d'une étude approfondie, par exemple à partir de l'isolement de l'**ADN** d'*A. abrupta* et de sa comparaison avec des séquences de *A. grandidieri* dont l'ADN a déjà été obtenu avec succès (10). Sur l'île d'Aldabra, dans la partie Ouest des Seychelles et à proximité du nord de Madagascar, *A. gigantea* est une grande tortue qui y vit et qui montre une certaine différenciation génétique par rapport à *A. grandidieri*, mais avant de savoir réellement si *A.*

abrupta est génétiquement différente de ces deux autres espèces, il faudra plus d'informations.

Des recherches récentes sur la capacité de **dispersion** des tortues géantes des Galápagos a montré qu'elles peuvent transporter des graines sur une distance considérable et qu'elles sont responsables d'une prodigieuse diffusion de différents types de plantes (21). Sur Aldabra, *A. gigantea* atteint une **biomasse herbivore** comprise entre 3,5 et 58 tonnes par km² ; c'est plus que la biomasse combinée de différentes espèces de grands mammifères herbivores de n'importe quel paysage africain, comme le Serengeti (48). Par conséquent, la disparition des tortues géantes à Madagascar aurait eu des conséquences considérables sur les aspects du fonctionnement des écosystèmes. Il existe de bonnes preuves qu'*Aldabrachelys* jouait un rôle herbivore important à Madagascar. Ainsi, pour que la restauration écologique actuelle des habitats indigènes dégradés de l'île puisse se faire de manière correcte, un herbivore de substitution, dans ce cas *A. gigantea* qui lui est étroitement apparenté, devrait être **introduit** à plusieurs endroits (208).

La reconstruction des habitats et des animaux qui se trouvaient au bord du lac Tsimanampetsotsa sur le Plateau Mahafaly (voir Planche 4), en particulier la zone actuelle des marais salants, révèle que cette zone était probablement similaire aux forêts claires de Miombo d'Afrique australe. Elle est boisée avec une **canopée** discontinue, non à l'abri de

l'ombre de la voûte du milieu forestier adjacent à certains endroits et avec des plantes **herbacées** apparemment dominées par des graminées. Cette zone aurait fourni l'herbe nécessaire pour les brouteurs comme les tortues géantes et les oiseaux-éléphants, et un habitat ouvert pour les lémuriens comme l'*Archaeolemur*. Le grand *Megaladapis edwardsi* était un animal lent, principalement **arboricole** qui est descendu au sol pour se déplacer entre les arbres dans les endroits où la canopée n'était pas complète, ainsi que pour aller boire de l'eau au lac.

Dans les zones d'eau douce du lac, les oiseaux auraient été nombreux, comme le cormoran du genre *Phalacrocorax* connu des subfossiles du Sud-ouest de Madagascar et représentant une espèce qui ne vit plus sur l'île. Nous ne savons pas si elle est éteinte ou si des populations persistent encore aujourd'hui en Afrique (118). D'autres oiseaux aquatiques auraient inclus *Anas bernieri* ; cette espèce est aujourd'hui très rare et elle est surtout connue à l'Ouest et au Nord-ouest de Madagascar. De la même façon, *Haliaeetus vociferoides* qui perche ici sur l'arbre mort à la partie supérieure droite, se serait nourri en grande partie de poissons, et qui sont aujourd'hui totalement absents des eaux salines du lac Tsimanampetsotsa. Un autre animal spécifique des habitats d'eau douce aurait été l'hippopotame nain, *Hippopotamus lemerlei*.

Des informations considérables sont maintenant disponibles ; elles démontrent que de profonds changements écologiques ont eu lieu dans la partie Sud-ouest de

Madagascar dans un passé géologique récent. S'appuyant sur une carotte de pollen pris à Ranobe, au nord de Toliara (voir Planche 6), il est clair que les changements dans le climat allant vers la **dessiccation**, peuvent au moins partiellement expliquer ces modifications rapides. Compte tenu des preuves archéologiques selon lesquelles les populations humaines ont été probablement toujours faibles dans cette partie de Madagascar et compte tenu du fait que de vastes zones de forêt ou bush épineux existent encore aujourd'hui, il existe peu de témoins pour considérer les humains comme étant les principaux responsables des changements écologiques. La population locale chassait sans doute les animaux, dont ceux qui ont aujourd'hui disparu de la région ou de la planète. Cependant, dans cette partie de l'île, les changements écologiques auraient été les facteurs déterminants ayant conduit à l'**extinction**.

Une question pertinente peut être posée, compte tenu du niveau de changement des habitats que nous avons décrit ci-dessus dans la région au cours de quelques millénaires seulement : pourquoi la région a-t-elle autant d'organismes microendémiques adaptés aux conditions locales arides actuelles ? Nous ne pouvons pas vraiment répondre à cette question de manière définitive, mais nous proposons comme explication ce qui suit. Il est prouvé que la région du Sud-ouest est devenue de plus en plus aride, avec les eaux douces et les habitats forestiers qui ont disparu dans un passé géologique très récent. Ces différents habitats fournissaient un refuge pour une variété d'organismes. L'assèchement des sources d'eau, ainsi qu'une diminution présumée des précipitations locales qui les alimentaient, ont eu des effets considérables sur le **biote** local, y compris sur les taxons vivant dans les forêts claires du type de Miombo. Plusieurs espèces ont disparu à cause de ces changements et d'autres se sont adaptées aux conditions changeantes. Par conséquent, de nombreux organismes endémiques locaux ont été maintenus, mais en nombre nettement moindre que quelques milliers d'années auparavant. Le rôle du soi-disant méga-tsunami et de l'augmentation associée des températures (voir Planche 3) sur ces changements reste à découvrir. Dans tous les cas, on peut imaginer que le bush épineux au pied et sur le Plateau Mahafaly était semblable à celui d'aujourd'hui à bien des égards, mais avec des éléments plus humides. D'une manière plus générale, peut-être que les différents habitats, la faune et la flore uniques se sont déplacés sur l'île comme sur des sortes de plaques écosystémiques, glissant, évoluant, et changeant leur position suivant les changements des conditions écologiques à travers le temps.

TAOLAMBIBY – HYPOTHESES LIEES A L'EXTINCTION DES ANIMAUX ET A LA CHASSE PAR L'HOMME : PREUVES MATERIELLES ET INTERPRETATIONS

Il existe des informations remontant à la fin du **Pléistocène** qui montrent que, peu de temps après l'arrivée de l'homme dans les différentes régions de notre Terre, les grands animaux souvent désignés comme la « **mégafaune** » ont commencé à disparaître. La cause réelle de ces **extinctions** a été source de nombreux débats et de nombreuses **hypothèses** ont été proposées (partie 1). L'une d'elles a été formulée par Paul Martin il y a près de quatre décennies, « the overkill hypothesis » (187). La suggestion de Martin était qu'après la **colonisation** humaine d'une région, l'extinction rapide de la faune des grands animaux était reliée aux pressions de transformation, de chasse et de l'**habitat**.

Au cours de l'année où Paul Martin a publié ce document clé relatif à cette hypothèse, il s'est rendu à Madagascar. Certes, peu de choses sur la disparition des grands animaux de l'île sont connues, du moins par rapport à aujourd'hui, mais les informations de cette époque ont abouti à l'amélioration de cette hypothèse (voir Planche 2). Le timing de la colonisation humaine initiale de Madagascar qui aurait pu conduire à la disparition de nombreux organismes, était bien opportun après les exemples d'Afrique continentale et nord-américains de Martin. Cette complication temporelle aurait peut-être laissée de côté s'il n'y avait pas les recherches à Madagascar et les publications de Martin. De

nombreux articles, chapitres et livres ont été écrits pesant le pour et le contre de ces différentes hypothèses pour expliquer les extinctions des animaux, synchronisées en grande partie avec l'arrivée de l'homme dans les différentes régions du monde. Il est maintenant clair qu'aucune hypothèse ne peut expliquer seule ce qui s'est passé dans les diverses régions géographiques, culturelles et écologiques qui ont connu de tels événements.

Avec cette brève introduction, nous revenons maintenant à Madagascar et posons la question : quels sont les facteurs qui sont en corrélation avec la disparition des différentes espèces animales au cours des derniers millénaires ? Ces espèces comprenaient une variété étonnante de créatures : des lémuriens plus grands que n'importe lequel des espèces actuelles (le plus gros étant *Archaeoindris* des Hautes Terres centrales ; voir Planche 12), une multitude d'oiseaux géants incapables de voler (Famille des Aepyornithidae ; voir Planche 1), trois espèces d'hippopotames (voir Planche 10), et une variété de bêtes étranges comme le *Plesiorycteropus* ressemblant à l'oryctérope (Ordre des Bibymalagasia ; voir Planche 14). Prenant appui sur des preuves **paléontologiques** et **archéologiques** actuelles, ces phénomènes d'extinction ont eu lieu ces derniers milliers d'années, bien plus tard que ceux ayant eu lieu en Australie par

Planche 5. Récemment, une équipe de chercheurs a trouvé des os de lémuriens parmi les différentes collections muséologiques déterrées à Taolambiby et qui portaient des « entailles ». Il a été proposé que Taolambiby fût un site où les êtres humains, chassaient et massacraient des lémuriens, au moins de manière occasionnelle. Les informations sur le contexte culturel de ces peuples sont encore mal connues, à l'exception du fait qu'ils avaient la technologie pour fabriquer des ustensiles en métal. Ici, nous illustrons trois espèces de lémuriens en cours de traitement dans un camp de chasse provisoire : l'espèce *Propithecus verreauxi* toujours vivante dans la région, avec un individu pendu par les pattes (en haut à gauche), et deux espèces disparues, *Palaeopropithecus ingens* (couché sur le dos au premier plan) et *Pachylemur insignis* transporté dans le camp (au premier plan à droite). (Planche par Velizar Simeonovski.)

exemple, qui datent d'environ de 46 000 ans (229). Un point important concernant le cadre temporel basé sur les informations actuellement disponibles, est qu'après la Nouvelle-Zélande, Madagascar fut la dernière grande île du monde colonisée par les hommes. Par conséquent, s'il existe réellement une relation de cause à effet entre la colonisation humaine de la région et des modèles d'extinction, une date tardive est attendue pour Madagascar.

Jusqu'à récemment à Madagascar, peu de preuves directes existaient sur la chasse par les hommes d'animaux disparus. Ross MacPhee et David Burney ont réexaminé certains anciens échantillons d'*Hippopotamus lemerlei* conservés au Muséum national d'histoire Naturelle de Paris (179). Plusieurs os de ces sites portaient des traces profondes qui pourraient être associées à des coups de couteau métallique. A partir de plusieurs sources de données, ils en ont conclu que ces modifications avaient été faites peu après la mort des hippopotames, quand l'os était encore frais, et que ces marques étaient le résultat d'un **abattage**. Alors que cette découverte en elle-même était importante, ce qui était encore plus extraordinaire est que trois des quatre dates au **carbone-14** obtenues à partir de différents os modifiés s'étendent d'environ 2020 à 1740 ans **BP** (dates moyennes calibrées respectivement de 2005 et 1565 ; 51) et qui en ce moment, représentent les dates les plus anciennes connues sur les interactions directes entre les humains et les animaux à Madagascar. Plus important encore,

ces dates repoussent de plusieurs centaines d'années la date présumée de la première colonisation humaine de l'île, comme l'attestait la preuve archéologique précédente qui donnait la date de 1500 ans BP (16).

Bien que différentes références aient été établies dans la littérature sur les restes d'animaux disparus modifiés par l'homme sur le site de Taolambiby, près de Beza Mahafaly dans le Sud-ouest, aucune précision n'était disponible jusqu'à il y a quelques années. Par la suite, une équipe de recherche a examiné des collections **subfossiles** conservées dans différents musées et déterrées à Taolambiby par Paul Ayshford Methuen, Charles Lamberton et Alan Walker, ainsi que du matériel de Tsirave près de Beroroha par Charles Lamberton (209). Il est important de souligner qu'à Taolambiby, ni Methuen ni Lamberton n'ont enregistré des informations sur la position relative des restes osseux récoltés et dont la plupart étaient des lémuriens disparus. Dans le cas des échantillons de Walker, quelques informations sur la position **stratigraphique** des os ont été notées ; de plus, ses collections contiennent essentiellement des espèces actuelles, indiquant que ces échantillons sont plus récents. Les extrapolations diverses sur les interactions entre l'homme et les animaux ont été critiquées en raison du manque d'une précision stratigraphique plaçant différents événements sur une ligne temporelle, et du fait qu'aucun objet culturel, tel qu'un couteau, n'ait été retrouvé (62). Nous reviendrons sur ces aspects ci-dessous.

Le gisement subfossile de Taolambiby se situe le long d'une terrasse alluviale exposée présentant des signes d'érosion hydrique (Figure 5 ; 217). Des infiltrations d'eau dans le gisement sont encore présentes et pendant les périodes de précipitations plus importantes, elles ont pu avoir été une source d'eau importante. Par conséquent, cet endroit était sans doute une localité attractive pour les animaux qui y venaient pour boire et donc, constituait un site idéal pour la chasse. En outre, compte tenu de la topographie locale, il est possible que pendant les périodes de pluies plus abondantes, cette formation ait canalisé l'eau et qu'un ruisseau coulait vers la rivière Sakamena, à quelques kilomètres à l'est. Aujourd'hui, la région de Taolambiby porte le type de végétation aride connue sous le nom de **bush épineux** (partie 1). Cette zone reçoit en moyenne moins de 650 mm de précipitations par an, avec une saison sèche de 8 à 10 mois et des températures pouvant atteindre 49°C (222). Un autre point d'une importance considérable pour notre discussion sur la faune et sur la flore modernes de la région, est que l'observation d'un écoulement de l'eau est très rare et fortement saisonnière (Figure 16).

Parmi les collections subfossiles de Taolambiby, les primates éteints suivants ont été identifiés : *Palaeopropithecus ingens*, *Mesopropithecus globiceps*, *Archaeolemur majori*, *Megaladapis madagascariensis*, *M. edwardsi* et *Pachylemur insignis* (Tableau 4). Trois espèces actuelles *Propithecus verreauxi*, *Lemur catta* et *Lepilemur leucopus* font également partie de la liste faunique et vivent toujours dans les formations forestières locales. Parmi les échantillons de Methuen, *Palaeopropithecus* est le lémurien le plus fréquent, suivi par *Pachylemur*. Les matériaux de Tsirave renferment des taxa similaires, mais avec l'addition d'*Hadropithecus stenognathus* et de *Daubentonia robusta*, *Pachylemur* étant l'espèce la plus commune représentée. Au total, près de 300 os ont été examinés dans l'étude de Ventura Perez et de ses collègues afin d'examiner les modifications de surface en utilisant une procédure microscopique standardisée et de strictes définitions de ce qui constitue des « marques d'abattage et de tranchage » (Figure 28). Ce protocole d'analyse a permis de distinguer les caractéristiques associées à un débitage intentionnel des lémuriens de celles qui sont plus probablement le résultat de l'abrasion de la sédimentation et de charognards (rongeurs, **Carnivora**, etc.).

Parmi les espèces disparues examinées, 40 % des os de *Palaeopropithecus* présentaient des signes d'abattage, 33 % des *Pachylemur* et aucun de *Megaladapis*. Chez les espèces actuelles, 29 % des échantillons de *Propithecus*, mais aucun os de *Lemur*, présentaient des marques de coupes faites par des objets ressemblant à des couteaux. Il semble donc qu'au moins une partie des restes osseux de Taolambiby et Tsirave était associée à la chasse faite par les humains, probablement dans le contexte d'une organisation sociale avec des camps de chasse, et à différents moments dans le temps. Ce scénario probable pour Taolambiby est représenté sur la Planche 5, considéré comme étant le premier « site d'abattage » connu à Madagascar.

Nous ne savons pas comment les différents animaux qui ont fini en « viande de brousse » ont été chassés, mais étant donné le large éventail de leurs tailles et de leurs différentes **adaptations** locomotrices, nous pouvons supposer que plusieurs stratégies ont probablement été employées. Les grandes espèces **arboricoles** comme *Palaeopropithecus* étaient sans doute maladroites et très lentes, et donc vulnérables aux bâtons et aux pierres quand ils étaient découverts au sol. En fait, il semble probable que toutes les espèces, tels que *Pachylemur* et *Propithecus*, étaient relativement naïves lorsqu'elles rencontraient pour la première fois un primate étranger tel qu'un être humain. En tout cas, sur la base des analyses **génétiques** détaillées et malgré une histoire probable de prédation humaine, les populations modernes de *P. verreauxi* à proximité de la Réserve Spéciale de Beza Mahafaly ne montrent aucun signe de passage par un **étranglement génétique** au cours des 2000 dernières années, que ce soit le résultat de la prédation humaine ou des changements climatiques naturels comme on le verra ci-dessous (168).

Apparemment, une seule datation au ^{14}C d'un os de lémurien disparu modifié par l'homme est disponible à Taolambiby. Il s'agit d'un avant-bras de *Palaeopropithecus ingens* daté de 2325 ans BP (90) (date moyenne calibrée de 2250 [51]). Le seul autre os de lémurien présentant des marques de coupe sur ce site qui a subi des tests au ^{14}C était un tibia de *Propithecus verreauxi*, qui a donné une date de 1045 ans BP (date moyenne calibrée

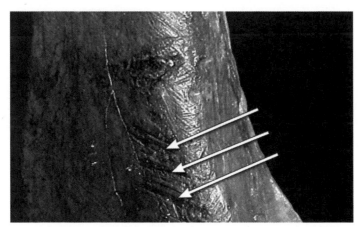

Figure 28. Une grande proportion des os récupérés de lémuriens trouvés à Taolambiby présentait des marques distinctes associées à la découpe et à l'écharnement des animaux. Par exemple, parmi des ossements de *Palaeopropithecus*, comme illustré ici, près de 40 % portaient ces marques qui sont concentrées aux extrémités (voir les flèches). (Cliché par Ventura Perez.)

de 885). Compte tenu de l'importance du site dans l'interprétation de l'histoire de la colonisation humaine de Madagascar, ainsi que les interactions entre l'homme et la faune indigène, il est dommage que si peu d'os modifiés aient été soumis à la datation au ^{14}C. Sans de nouvelles datations, il n'est pas possible d'extrapoler si ce n'est que selon les informations actuelles, les lémuriens ont été chassés pendant une longue période.

Si les marques sur l'avant-bras de *Palaeopropithecus* ont été réellement induites par un objet en forme de couteau fabriqué par l'homme, cette date unique au ^{14}C représente la première présence documentée de l'homme sur l'île (40, 51). Récemment, des dates plus anciennes associées à des os d'hippopotame modifiés par l'homme ont été proposées pour étudier d'autres endroits de Madagascar (71, 105) ; mais comme nous l'avons présenté dans la partie 1, il existe des facteurs complexes dans leur interprétation (62), et sur la base des données actuelles, nous n'acceptons pas cette date antérieure.

De nombreux restes osseux de différents animaux disparus trouvés à Taolambiby datant de plus de 3000 ans BP et d'animaux actuels ont donné généralement des dates modernes, et il est clair que le site a agi comme un piège de dépôts naturels pendant de nombreux millénaires. Il est fort probable que le site était un point d'eau important, et qu'au fil du temps, de nombreux animaux ayant vécu à proximité soient morts de causes naturelles. A un certain moment ou peut-être au cours de différentes périodes, les hommes

ont utilisé cet endroit pour la chasse et pour le démembrement des **proies**, qui parfois peuvent avoir été cuites et consommées à proximité. La présence d'une source d'eau locale aurait facilité la préparation des animaux chassés. Par conséquent, ces différents facteurs pourraient expliquer les contextes mixtes (modifiés et non modifiés par l'homme) de la façon dont les restes d'os étaient placés dans le gisement. Jusqu'à ce qu'une information stratigraphique fine et qu'un plus grand nombre de datations au ^{14}C des os avec des marques de coupe ne soient disponibles, des questions sur la chronologie des événements liés aux interactions de l'homme avec la faune locale resteront sans réponse.

Alors, quelles sont les tribus qui ont occupé Taolambiby ? Aucune information archéologique n'est disponible sur les habitants de ce site à partir de 2300 ans BP, ni sur ceux de la région avoisinante (63, 217). On pourrait présumer qu'ils ne vivaient pas dans des villages en permanence ou du moins, les vestiges de ces habitations n'ont pas encore été découverts.

En 1966, lorsque Paul Martin s'est rendu à Taolambiby, il a remarqué des morceaux de poterie dans la partie supérieure des gisements osseux et il a recueilli une partie d'une carapace de tortue qui semble avoir été artificiellement perforée. Les spécialistes n'ont pas examiné la poterie, et le style et la date n'ont pas été identifiés ; aucune autre découverte similaire n'a été signalée sur le site. Ce qui semble certain, c'est que ces gens avaient la maîtrise de la technologie des métaux et ils avaient un accès important aux protéines sous forme de viande de lémurien (209). Si le contexte d'un site transitoire d'abattage à Taolambiby est correct, quelle est la possibilité de trouver un site archéologique fournissant un premier élément de preuve sans équivoque de l'homme afin de corroborer les conclusions tirées de ces marques de coupe ? Mince, dirions-nous ! D'autre part, si la source d'eau fournissait un aimant récurrent pour les activités humaines, allant de la boisson à la chasse, sur une période de plusieurs décennies à plusieurs siècles, il est plutôt étrange qu'aucun autre objet culturel n'ait été signalé sur le site, mise à part la poterie rapportée par Martin.

La rivière Sakamena prend sa source dans le massif de l'Isalo, au nord de Taolambiby. Comme il a été discuté en détail pour le site d'Ampoza (voir Planches 7 & 8), dans les bassins versants Ouest de l'Isalo, cette région a connu une baisse considérable d'eaux permanentes disponibles au cours des derniers millénaires, ainsi qu'une augmentation présumée de la longueur de la saison sèche. Ces facteurs ont aussi des répercussions importantes sur la région de Taolambiby et le dessèchement associé au changement climatique, pourrait être la meilleure explication de la principale disparition de la mégafaune locale. Pour certains taxons, une pression de chasse locale faite par l'homme a pu être le coup de grâce, mais étant donné l'absence d'un tel contexte pour d'autres espèces qui ont disparu, les changements de l'**écologie** locale et les conditions météorologiques restent la meilleure explication pour le moment.

Jusqu'ici, nous avons implicitement traité Taolambiby dans le contexte d'un site archéologique. Toutefois, étant donné l'absence presque totale d'objets culturels récupérés dans ses gisements et avec seulement quelques datations au ^{14}C d'os modifiés par l'homme, cette implication n'est pas correcte dans un sens technique. Il serait préférable de considérer le site comme étant un site principalement paléontologique, avec une période indéterminée de gisements associés à l'homme.

Un grand nombre de **vertébrés** dans les gisements de Taolambiby (Tableau 4) ont été découverts, mais ils ne sont pas reconnus comme figurant parmi les espèces décimées par l'homme ; ils comprennent par exemple, *Megaladapis edwardsi*, *M. madagascariensis*, *Archaeolemur majori*, des hippopotames nains, des tortues géantes et des oiseaux-éléphants. Les datations au ^{14}C d'une tortue géante éteinte (*Aldabrachelys*) indiquent que ce genre vivait encore dans cette partie de Madagascar jusqu'à environ 750 ans BP (date moyenne calibrée de 635) (51). Une situation similaire existe pour l'hippopotame nain éteint (*Hippopotamus lemerlei*), mais aucun signe de marques d'abattage n'a été trouvé. Selon les données actuelles, il n'existe aucun témoin précis de changements ponctués coïncidant avec les conditions écologiques de Taolambiby et les modifications de l'environnement imposées par l'homme. L'homme a peut être été un facteur contributif mais l'hypothèse de Martin (« overkill hypothesis ») ne semble pas applicable aux changements et aux événements d'extinction qui ont eu lieu à Taolambiby.

Tableau 4. Liste des **vertébrés terrestres** identifiés dans les restes **subfossiles** de Taolambiby (15, 26, 46, 90, 217, 264). Les espèces éteintes sont signalées par †. La liste n'inclut pas les espèces **introduites**.

Ordre Reptilia
  Famille Testudinidae
    †*Aldabrachelys abrupta*
    †*Aldabrachelys grandidieri*[2]
    Astrochelys radiata
  Famille Crocodylidae
    †*Voay robustus*
    Crocodylus niloticus[3]
Classe Aves
†Ordre Aepyornithiformes
  †Famille Aepyornithidae
    †*Aepyornis* sp.
Classe Mammalia
†Ordre Bibymalagasia
  †*Plesiorycteropus madagascariensis*
Ordre Afrosoricida
  Famille Tenrecidae
    Tenrec ecaudatus

Ordre Primates
Sous-ordre Strepsirrhini
Infra-ordre Lemuriformes
  †Famille Archaeolemuridae
    †*Archaeolemur majori*
  †Famille Palaeopropithecidae
    †*Mesopropithecus globiceps*
    †*Palaeopropithecus ingens*
  Famille Indriidae
    Propithecus verreauxi
  Famille Lepilemuridae
    Lepilemur leucopus
  Famille Cheirogaleidae
    Cheirogaleus sp.
  Famille Lemuridae
    †*Pachylemur insignis*
    Lemur catta
  †Famille Megaladapidae
    †*Megaladapis edwardsi*
    †*Megaladapis madagascariensis*
Ordre Carnivora
  Famille Eupleridae
    †*Cryptoprocta spelea*
Ordre Artiodactyla
  Famille Hippopotamidae
    †*Hippopotamus lemerlei*

---

[2] Les deux espèces d'*Aldabrachelys* ont été signalées sur le site et leur cooccurrence doit être vérifiée.
[3] Les restes identifiés comme ceux du genre *Crocodylus* doivent être réévalués afin de vérifier qu'ils ne se rapportent pas à *Voay robustus* éteint.

ANKILITELO – GOUFFRE PROFOND ET INFERENCES SUR LES CHANGEMENTS ECOLOGIQUES ET FAUNIQUES RECENTS

La grande majorité des sites **subfossiles** susmentionnés contient de la matière qui a été déposée au cours d'une période antérieure ou juste après la **colonisation** humaine de Madagascar. Dans la plupart des cas, les échantillons sont assez vieux pour que les informations **archéologiques** actuelles puissent indiquer que les hommes n'avaient pas encore colonisé l'île (voir Planche 4, par exemple). Même si les gens étaient arrivés sans laisser de traces identifiables, la densité humaine était probablement encore faible, et des pressions telles que la **déforestation** et la chasse semblaient relativement mineures.

Lors de l'été 1994, Simons Elwyn et ses collègues dont plusieurs sont des

Planche 6. L'entrée de la grotte d'Ankililelo est assez dangereuse, avec un gouffre qui chute à 145 m de profondeur. N'importe quel animal **terrestre** tombé dans cette grotte aurait très certainement péri en atterissant au fond. Dans ce gouffre, une grande quantité de matières osseuses a donc été récupérée. La scène présentée ici se passe sur le bord supérieur de l'entrée verticale, pendant la nuit à la pleine lune. L'animal central est un grand aye-aye éteint *Daubentonia robusta* ; il était sur le point de piller les œufs du nid d'un oiseau. Egalement représenté, un **Carnivora** *Galidictis grandidieri* en train de chasser. Dans le fond, le « rat-kangourou » *Macrotarsomys petteri* peut être aperçu se déplaçant sur le sol. (Planche par Velizar Simeonovski.)

Identifications des espèces

1 : †*Daubentonia robusta*, 2 : *Galidictis grandidieri*, 3 : *Macrotarsomys petteri*, 4 : le cafard *Gromphadorhina* sp.

explorateurs de grotte professionnels (**spéléologistes**), ont commencé à entreprendre des fouilles dans un gouffre au Nord-est de Toliara ; ce qui a permis de récolter d'énormes quantités de subfossiles. Cette grotte, connue sous le nom d'Ankilitelo, nous offre une vision beaucoup plus récente sur les animaux qui vivaient dans cette région et nous démontre à quel point les choses peuvent changer.

La grotte d'Ankilitelo se trouve sur le plateau **calcaire** de Mikoboka à proximité du village de Manamby (244). Le nom du site vient du malgache et signifie « l'endroit des trois tamariniers » (*Tamarindus indica*, Famille des Fabaceae). L'entrée de la grotte est un puits vertical et relativement étroit, 10 m de diamètre sur 145 m de profondeur (200) ! Juste au fond, un tas d'os d'animaux **terrestres** d'environ 1 m de hauteur a été retrouvé. A l'intérieur, la grotte s'ouvre sur une grande chambre avec un sol en pente (Figure 29) qui continue jusqu'à la fin véritable de la grotte à environ 230 m, verticalement à partir du niveau du sol. A part cette partie verticale, aucune autre entrée de la grotte n'est connue.

La grande majorité des quelques 5000 os subfossiles collectés jusqu'à ce jour proviennent de la grande pile d'os trouvés au fond du puits et récupérés par des spéléologues qualifiés qui escaladaient quotidiennement la grotte grâce à de longues cordes. Une grande partie de la matière, composée d'une

Figure 29. Image « time-lapse » de la grande cavité inférieure de la grotte d'Ankilitelo. Avec la représentation des hommes comme repère, il est possible d'apprécier la taille de cette salle, qui se trouve en bas de l'ouverture verticale de 145 m de profondeur dans la grotte. Cette cavité mène vers le fond, à environ 230 m verticalement à partir du niveau du sol. (Cliché par Chris Hildreth.)

grande variété de **vertébrés**, est bien préservée, et de rares éléments du squelette de certaines espèces ont été recueillis pour la première fois, comme des os de mains et de pieds de lémuriens géants (140). Ce dernier aspect fut très important dans les efforts menés pour reconstruire l'anatomie de ces animaux disparus afin de donner un aperçu de leur **histoire naturelle** (voir Planche 18).

L'entrée de la grotte a agi comme un piège, c'est-à-dire que les animaux qui se déplaçaient sur le bord du gouffre perdaient pied de temps en temps et y chutaient. Il est facile d'imaginer qu'ils ont immédiatement péri à cause du choc après avoir touché le fond, et au fil du temps, cela a donné lieu à une forte concentration en matières osseuses. Ceci a pu se passer de plusieurs manières ; par exemple la nuit ou au **crépuscule**, lorsque les animaux **diurnes** se déplaçaient maladroitement et qu'ils ont simplement glissé, ou peut-être aussi que la chute a eu lieu suite à la poursuite d'un **prédateur**. Il se peut que les lémuriens **arboricoles** de grande taille aient été peu habiles lors de leurs mouvements au sol, et des animaux tels que le « lémurien-paresseux » *Palaeopropithecus ingens*, non adapté à la locomotion terrestre, ont pu être représentés de manière disproportionnée dans les restes osseux. C'est effectivement le cas. Les oiseaux de **proie**, tels que les hiboux **nocturnes** ou les faucons et les aigles diurnes, ont peut-être également apporté de petits animaux au bord du gouffre et ceux-ci seraient tombés dans le fond.

Un autre aspect extraordinaire de la grotte, c'est que les ossements qui y ont été datés au **carbone-14** sont remarquablement récents. Ils comprennent les dates de deux lémuriens éteints : *Megaladapis madagascariensis* de 630 ans **BP** (date moyenne calibrée de 585) et *P. ingens* de 510 ans BP (date moyenne calibrée de 475) (51, 199). Chez les animaux actuels, une seule date est disponible : *Cryptoprocta ferox* de 560 ans BP (date moyenne calibrée de 560) (51, 200). Par conséquent, toutes ces dates sont assez proches les unes des autres et font partie de la période qui a suivi la colonisation européenne de l'Ile, il y a 1500 ans selon les dernières estimations. La raison pour laquelle des vestiges plus anciens n'ont pas été identifiés dans la grotte est difficile à dire, mais il serait peut-être judicieux de l'expliquer par le petit nombre d'échantillons datés au ^{14}C jusqu'à ce jour. Les collectionneurs ne sont pas remontés jusqu'aux vestiges les plus anciens se trouvant en dessous de la pile d'os, ou plus vraisemblablement, à cause de la période relativement récente où le plafond de la grotte s'est effondré, créant ainsi un piège vertical.

Au total, 32 espèces de mammifères ont été identifiées à partir de restes d'os récupérés dans la grotte d'Ankilitelo, sans compter deux espèces **introduites** à Madagascar (200, Tableau 5). A titre de comparaison, dans la forêt située à proximité de Zombitse-Vohibasia qui a été étudiée ces dernières années, 24 espèces de mammifères autochtones ont été documentées, n'incluant pas les quatre espèces introduites. La forêt de Zombitse-Vohibasia passe par une saison sèche distincte probablement d'une durée d'environ neuf mois par an ; cela a donc une profonde influence sur l'**écologie** des plantes et sur les animaux de la région.

Les espèces identifiées à Ankilitelo comprennent trois espèces de chauves-souris qui vivent encore dans cette région et qui occupent les gîtes diurnes des grottes (113). Dans ces restes se rajoutent également sept espèces de tenrecs (Famille des Tenrecidae) ; trois d'entre elles sont relativement de grande taille et ressemblent à des hérissons, les quatre autres ressemblent davantage à des musaraignes, tel que *Microgale nasoloi*. Cette espèce a été décrite il y a seulement quelques années mais il n'y a qu'une poignée de spécimens, tous issus de la **forêt sèche caducifoliée** ou de formations de transition à feuilles caduques (247) ; deux de ces sites se trouvent à 100 km de la grotte. Si les restes subfossiles avaient été examinés avant que l'animal n'ait été capturé vivant et étudié, *M. nasoloi* aurait probablement été décrit comme éteint.

Parmi les Carnivora, quatre espèces **endémiques** appartenant à la famille unique malgache des Eupleridae ont été identifiées dans la grotte. Elles comprennent une espèce connue de la région (*C. ferox*), une qui vit dans la forêt de plaine à l'ouest d'Ankilitelo mais qui est très rare (*Mungotictis decemlineata*), et deux qui ne se trouvent plus dans cette partie de Madagascar (*Galidictis grandidieri* et *Galidia elegans*). *Galidictis grandidieri* n'est connue aujourd'hui que dans le **bush épineux** du Plateau Mahafaly, dans le voisinage de Tsimanampetsotsa (voir Planche 4). Sur la base des informations actuelles, cette espèce est bien adaptée à vivre dans une des parties les plus extrêmes et arides de Madagascar (114). Etant donné que la grotte d'Ankilitelo est située à 125 km au nord de Tsimanampetsotsa et de l'autre côté de la fleuve Onilahy, cela tend à prouver que la rivière n'était pas une barrière pour la **dispersion** de cette espèce. L'autre Carnivora, *Galidia elegans*, est très répandue dans les **forêts humides** de l'Est et un peu moins dans la forêt sèche caducifoliée. Aujourd'hui, la limite sud de cette espèce est la partie occidentale du massif de Bemaraha, à environ 440 km au nord d'Ankilitelo. Il est donc clair que pour ces deux Carnivora, des changements importants ont eu lieu dans leurs distributions, vraisemblablement à cause des changements d'**habitat** qui se sont produits en quelques centaines d'années.

Sept espèces de rongeurs ont été identifiées dans les restes osseux, dont cinq de la Sous-famille endémique des Nesomyinae et deux espèces introduites de la Famille des Muridae. Tous les rongeurs Nesomyinae endémiques fréquentent les forêts, avec *Macrotarsomys* et *Hypogeomys* évoluant généralement au sol (terrestres) et *Eliurus* spp. vivant sur les arbres (arboricole). Comme discuté dans le texte de la Planche 2, *Hypogeomys antimena* est seulement connue aujourd'hui dans la région Nord de Morondava, à environ 325 km au nord d'Ankilitelo. Compte tenu de la présence de cette espèce parmi des restes datés d'il y a environ 500 ans, la diminution rapide de son aire de répartition est remarquable. Une datation au ^{14}C des restes

d'*Hypogeomys* nous apporterait bien des indices sur la réduction de son aire de distribution.

Un autre rongeur intéressant dans ces dépôts est *Macrotarsomys petteri* qui a été décrit il y a quelques années après une investigation dans la forêt de Mikea, à environ 50 km à l'ouest de la grotte. Même après de vastes inventaires fauniques dans la forêt de Mikea ainsi que dans de nombreuses localités dans la partie Sud et Sud-ouest de l'île, un seul individu a été capturé, ce qui représente l'unique spécimen moderne de cette espèce. Par la suite, dans la grotte d'Andrahomana (voir Planche 2) à l'extrême Sud-est et à environ 380 km au sud-est de la forêt de Mikea, de nombreux ossements de ce rongeur ont été trouvés, et ils ont ensuite été identifiés comme venant de la grotte d'Ankilitelo. En conséquence, il est possible que ce rongeur ait aussi connu une diminution considérable de son aire de répartition sur une courte période. La présence de rongeurs introduits dans la grotte est un signe clair de l'intervention humaine dans la région en général, et indique certainement la présence des habitations à quelques kilomètres de la grotte.

Douze espèces de lémuriens ont été identifiées dans la grotte : sept sont toujours connues de la région avec une masse corporelle variant entre 60 g et 3,5 kg, et cinq sont éteintes avec une masse corporelle comprise au moins entre 10 et 50 kg. Par conséquent, il est clair que l'**extinction** a touché différemment les grands lémuriens, un phénomène qui se manifeste à travers l'île à plusieurs reprises. Une **communauté** locale de primates de 12 espèces est considérable, en particulier pour ce qu'on présume avoir été une forêt de transition sèche-humide. Aujourd'hui par exemple, à proximité de la forêt de Zombitse-Vohibasia à l'est de la grotte, huit espèces sont connues, et dans la forêt de Mikea à l'ouest, neuf espèces (80, 81, 82). En comparant ces chiffres avec la faune moderne, il a été constaté que la communauté de primates d'Ankilitelo était bien plus riche, et la plus grande différence est la présence de cinq espèces de grands lémuriens éteints.

Sur la base des informations disponibles, que nous dévoilent-ils les mammifères identifiés sur l'histoire du passé de la région d'Ankilitelo, associée aux modifications potentielles de la communauté écologique sur une durée relativement courte ? Sur les 32 mammifères autochtones présents dans les restes d'Ankilitelo, toutes les espèces de grande taille, et plus particulièrement les lémuriens, se sont éteintes. En outre, plusieurs Carnivora et rongeurs de taille modérée ne vivent plus dans cette partie de Madagascar. A l'exception de *Galidictis grandidieri*, les animaux actuels absents de la zone immédiate comprennent des espèces limitées aux sites forestiers plus humides de l'île. De plus, la plupart des taxons restants identifiés au niveau des espèces vivent toujours dans les forêts de la région. De toute évidence, cette représentation déséquilibrée des animaux disparus n'est pas un hasard, mais elle est due à des évènements très particuliers qui ont eu lieu.

Les raisons de ces changements très prononcés dans l'habitat de deux rongeurs, *Macrotarsomys petteri* et *Hypogeomys antimena*, au cours des 500 dernières années, doivent être examinées de manière plus détaillée. Les preuves venant de sites subfossiles indiquent clairement qu'ils avaient eu de vastes répartitions à partir du Centre-ouest jusqu'au Sud-est de Madagascar (116, 125). *Macrotarsomys petteri* est actuellement limité au dernier bloc forestier légèrement humide de Mikea, et *H. antimena* est désormais limité à une zone boisée au nord de Morondava, nettement plus humide. Pour le moment, il n'existe encore aucune preuve indiquant que la diminution massive de l'aire de répartition de ces rongeurs est liée aux pressions anthropiques.

Parallèlement, les deux Carnivora, *Galidictis grandidieri* et *Galidia elegans*, récupérés dans le dépôt sont localement disparus de la région d'Ankilitelo. Si les restes de ces animaux remontent à la même période, comme on peut le déduire grâce à quelques dates au ^{14}C actuellement disponibles venant de la grotte, les deux espèces ont connu des réductions de leur aire de répartition au cours des derniers siècles. Toutefois, leurs réponses étaient différentes, avec *Galidictis grandidieri* qui s'est retiré dans le bush épineux aride et *Galidia elegans* qui a pris la direction opposée vers ce qui reste des forêts relativement humides du Bemaraha.

Une autre preuve importante et pertinente est constituée par les changements évidents d'habitat qui ont eu lieu dans la zone d'Ampoza (voir Planches 7 & 8), se trouvant à moins de 110 km au nord-est de la grotte d'Ankilitelo. A Ampoza, un assèchement de l'environnement est très évident, avec la disparition de vastes zones humides d'eau douce, survenue au moins un millénaire avant que les animaux ne soient tombés et ensuite morts dans le gouffre d'Ankilitelo. En outre, la preuve de la répartition **biogéographique** des populations résiduelles de plantes et d'animaux qui vivent dans l'Isalo indique que dans un passé géologique récent, un large couloir de forêt humide s'étendait de l'est au sud-ouest de Madagascar. Par conséquent, il est fort probable que la structure de la forêt près d'Ankilitelo n'ait pas été écologiquement similaire avec celle des zones boisées subsistant aujourd'hui sur le Plateau Mikoboka ; mais elle était nettement plus humide, avec une saison sèche moins marquée. Les éléments de la flore locale des forêts humides ont probablement disparu en même temps que les espèces d'animaux liés à ces habitats.

Le massif d'Analavelona, se trouvant à proximité et s'élevant à près de 1350 m, à seulement quelques kilomètres de la grotte d'Ankilitelo, est un excellent point de comparaison (voir Planche 8). La partie supérieure de la montagne est une « oasis de brume ». Ce phénomène est associé à l'effet « inverse de foehn » quand l'air chaud ascendant se refroidit à mesure qu'il se déplace vers le sommet de la montagne ; il force la vapeur humide à devenir de l'eau liquide. Aussi, la végétation des portions supérieures

du massif d'Analavelona est nettement plus humide que les formations environnantes. Même avec les changements relativement subtils du climat local de ces derniers millénaires, il est facile d'imaginer d'importants changements écologiques de la structure de la forêt et de la végétation qui entourait jadis la grotte d'Ankilitelo.

Une autre explication du degré de changement qui a eu lieu dans le Sud-ouest de Madagascar est apportée par les carottes de sédiments lacustres qui fournissent souvent une histoire séquentielle détaillée du pollen des plantes poussant près d'une étendue d'eau et dispersé par le vent. Ces carottes fournissent également des données très instructives sur l'intensité et sur la fréquence relative des feux, à partir des mesures de particules de charbon dans les sédiments. Au cours des dernières décennies, les chercheurs ont échantillonné un certain nombre de sites autour de l'île, et les données accumulées nous apportent un éclaircissement important sur les changements écologiques du passé géologique récent. Le site le plus proche d'Ankilitelo avec de telles informations est Ranobe, localisé à proximité du littoral à un peu plus de 30 km au nord de Toliara et à environ 30 km au nord-ouest d'Ankilitelo (34). Grâce à l'échantillon du lac de Ranobe, des informations détaillées sur les pollens des 5000 dernières années ont été obtenues, et par extrapolation, les habitats locaux ont été révélés. Sans entrer dans les détails, quelques points importants méritent d'être soulignés :

1) Entre 3000 et 2000 ans BP, la zone a été plus aride, et plus

tard, la majorité de la forêt sèche caducifoliée et des habitats de **savane** boisées ont disparu.

2) A partir d'environ 1900 ans BP, la formation de palmiers *Medemia* (Famille des Arecaceae) avait en grande partie disparu, les graminées avaient pris le dessus de façon spectaculaire et d'autres plantes du bush épineux comme *Didierea* (Famille des Didiereaceae), qui sont aujourd'hui communes autour du lac, étaient bien plus répandues.

3) Vers 2000 ans BP, il y a eu une augmentation considérable du charbon dans les carottes, avec des niveaux 10 fois supérieurs aux situations naturels présumés, et en même temps, une augmentation de pollen de plantes de zones dégradées a été enregistrée. Ceci marque certainement le début de la **dégradation** environnementale provoquée par les humains dans cette région.

Un des premiers sites archéologiques connus dans le Sud-ouest de Madagascar se situe à Sarodrano, juste au sud de Toliara, avec une date au ^{14}C de 1460 ans BP (16). Toutefois, les aspects contextuels et culturels des habitants de ce site ne sont pas connus. Dans tous les cas, cette date fournit un témoin de la présence de l'homme dans le Sud-ouest qui pourrait être associé à la **perturbation** de l'habitat local, mesurée dans les carottes de pollen de Burney collectées à Ranobe, qui se trouve à quelques dizaines de kilomètres au nord de Sarodrano. Plus au sud, il existe des preuves de la colonisation humaine datant du 7ème au 10ème siècle.

Passons maintenant aux archives archéologiques régionales, deux zones d'occupation humaine sont connues, Rezoky et Asambalahy. Cette dernière se situe à environ 115 km au nord-est d'Ankilitelo et date du 13ème au 16ème siècle (63). Ce saut dans le temps de près de 1500 ans après les carottes de Ranobe montre des signes d'interventions humaines dans le milieu naturel, et nous l'interprétons comme étant un trou dans les données archéologiques de cette région. Il est également intéressant de considérer que cet écart peut s'expliquer en partie par le style de vie nomade des peuples locaux, et les vestiges de matériels de leur existence seraient donc difficiles à trouver. Sur ces deux sites d'occupation relativement récents a été trouvée une partie des restes du premier chien connu de l'île ; ces animaux auraient pu facilement être dressés pour chasser la faune sauvage. Par conséquent, il ne semble pas relever du hasard si dans les mêmes dépôts d'os de *Tenrec ecaudatus*, des Carnivora comme *Cryptoprocta* et une variété d'espèces de lémuriens actuels ont été récupérés (221). Elément d'information encore plus important : des restes d'hippopotames nains, une espèce disparue, ont été trouvés dans le contexte archéologique de ces deux sites. Ainsi, même si aucun os de lémurien éteint n'a été identifié dans ces gisements, il est clair que les gens chassaient de gros animaux, aujourd'hui éteints.

En conclusion, en évaluant les preuves de l'absence d'un certain nombre d'animaux localement disparus ou éteints, reconnus dans les restes de la grotte d'Ankilitelo, principalement les preuves liées à des changements d'origine naturelle contre les changements induits par l'homme, nous sommes d'accord avec Kathleen Muldoon : elle a avancé l'idée que l'intervention humaine fût probablement le coup de grâce ayant eu raison d'une partie de la faune disparue de la région. Cependant, nous suggérons que ces populations étaient déjà en baisse à cause du changement climatique global, en particulier suite à l'**aridification** qui

a donné lieu à des changements écologiques notables. Localisée à environ 540 m au-dessus du niveau de la mer, la région d'Ankilitelo pourrait avoir été légèrement épargnée par les changements écologiques immédiats identifiés à Ranobe. Cette idée est soutenue par le climat local humide du proche massif d'Analavelona discuté ci-dessus. Si tel était le cas, les changements de l'habitat auraient pu avoir lieu plusieurs centaines d'années après qu'ils se soient manifestés le long de la plaine côtière, qui à son tour aurait été plus proche de la date

Tableau 5. Liste des **vertébrés terrestres** identifiés parmi les restes **subfossiles** d'Ankilitelo (89, 94, 200). Les espèces disparues sont signalées par †. La liste n'inclut pas les espèces **introduites**.

Classe Mammalia
Ordre Afrosoricida
  Famille Tenrecidae
    Tenrec ecaudatus
    Setifer setosus
    Echinops telfairi
    Geogale aurita
    Microgale brevicaudata
    Microgale cf. *majori*
    Microgale nasoloi
Ordre Primates
Sous-ordre Strepsirrhini
Infra-ordre Lemuriformes
  †Famille Archaeolemuridae
    †*Archaeolemur majori*
  †Famille Palaeopropithecidae
    †*Palaeopropithecus ingens*
  Famille Lepilemuridae
    Lepilemur leucopus
  Famille Daubentoniidae
    †*Daubentonia robusta*
  Famille Cheirogaleidae
    Microcebus griseorufus
    Microcebus murinus
    Cheirogaleus medius
  Famille Lemuridae
    †*Pachylemur insignis*
    Eulemur fulvus
    Lemur catta

  †Famille Megaladapidae
    †*Megaladapis madagascariensis*
  Famille Indriidae
    Propithecus verreauxi
Ordre Chiroptera
  Famille Molossidae
    Mormopterus jugularis
    Otomops madagascariensis
  Famille Miniopteridae
    Miniopterus gleni
Ordre Carnivora
  Famille Eupleridae
    Cryptoprocta ferox
    Galidia elegans
    Galidictis grandidieri
    Mungotictis decemlineata
Ordre Artiodactyla
  Famille Hippopotamidae
    †*Hippopotamus* sp.
Ordre Rodentia
  Famille Nesomyidae
    Eliurus sp.
    Eliurus myoxinus
    Hypogeomys antimena
    Macrotarsomys bastardi
    Macrotarsomys petteri

au ^{14}C actuellement disponible pour la grotte d'Ankilitelo.

Passons maintenant à l'explication des différents détails représentés sur la Planche 6. La scène se déroule la nuit, pendant la pleine lune qui illumine le paysage et le bord du gouffre de la grotte d'Ankilitelo. La forêt se compose d'un mélange de végétation humide et caducifoliée, avec quelques arbres qui perdent déjà leurs feuilles marquant le début d'une saison sèche assez fraîche. Quelques exemples d'aloès (Famille des Xanthorrhoeaceae) poussent dans des zones de roche nue avec peu de terre. L'animal central est l'aye-aye disparu, *Daubentonia robusta*, qui était d'environ de trois à quatre fois plus grand que les membres actuels de ce genre, *D. madagascariensis*. Ici, on voit *D. robusta* pillant le nid d'un oiseau et utilisant son troisième doigt allongé tel un cure-pipe et sa griffe pour percer l'œuf, puis en consommer le contenu. Cette espèce avait des incisives en croissance permanente, comme les rongeurs et ses congénères actuels. A part les œufs et les larves d'insectes, il avait probablement dans son régime

alimentaire un assortiment de graines dures ou de noix, de fruits et autres. Sur la base des valeurs isotopiques du carbone des os datés au ^{14}C, cette espèce semblait consommer des plantes CAM et C4 (54). Cet animal était limité au Sud-ouest de Madagascar. Nous l'imaginons comme un **quadrupède** lent qui fréquente à la fois les arbres et le sol au cours de ses fouilles nocturnes pour trouver de quoi se nourrir.

Sur le sol à droite se trouve un Carnivora actuel, *Galidictis grandidieri,* qui ne vit plus dans cette région de Madagascar, juste après avoir retourné un rondin pourri qui grouille de cafards. A Tsimanampetsotsa, dans la zone où cette espèce est encore présente, ces insectes représentent une partie importante du régime alimentaire de ce Carnivora (7). Dans le fond, on peut apercevoir un rongeur endémique, *Macrotarsomys petteri*, qui se déplace au sol comme un « rat kangourou » à la recherche de nourriture. Ce rongeur ne vit aujourd'hui que dans la forêt de Mikea, à environ 50 km à l'ouest de la grotte.

AMPOZA I – RECONSTRUCTION DE L'ECOLOGIE ET DE LA FAUNE D'UN ANCIEN HABITAT RIVERAIN PERMANENT DU SUD-OUEST

Comme indiqué dans la partie I, Madagascar est divisée en trois **biomes** distincts, (1) de la **forêt humide** de l'Est aux formations montagneuses des Hautes Terres centrales, (2) les **forêts sèches caducifoliées** du Nord-ouest et du

Centre-ouest, et (3) le **bush épineux** de l'extrême Sud et Sud-ouest. En général, les zones de transition ou **écotones** entre ces **habitats**, en particulier entre les types de forêt humide (à l'Est) et sèche (Ouest et Sud-ouest), sont plutôt abruptes.

Planche 7. A partir des informations sur les riches gisements osseux de différentes espèces animales trouvées à Ampoza, il est possible de reconstituer les aspects de l'environnement local qui existait à cet endroit il y a quelques millénaires. Même si aujourd'hui la région immédiate du site est aride, l'environnement y était très différent dans un passé géologique récent. Des systèmes d'eau permanentes étaient présents, associés directement aux plaines fluviales. Les animaux de la région qui vivaient dans ces **écosystèmes aquatiques** étaient divers et la plupart ont tous aujourd'hui disparus. En outre, plusieurs animaux **terrestres** éteints et qui vivaient pour la plupart dans les forêts, auraient fréquenté cet **habitat** pour venir s'abreuver. (Planche par Velizar Simeonovski.)

Identification des espèces

1 : †*Archaeolemur edwardsi*, 2 : †*Voay robustus*, 3 : †*Hippopotamus lemerlei*, 4 : †*Alopochen sirabensis*, 5 : †*Vanellus madagascariensis*, 6 : †*Megaladapis edwardsi*, 7 : *Ardea humbloti*, 8 : *Anastomus lamelligerus*.

En 1997, Chris Raxworthy et Ron Nussbaum ont publié une étude fondée sur les nouvelles données d'inventaires provenant de différents sites autour de l'île (227), indiquant que les reptiles et les amphibiens des massifs de l'Isalo et d'Analavelona, deux zones de transition de forêt sèche caducifoliée, comprenaient des espèces présentes dans les forêts humides. Ce qui est frappant à propos de ces résultats est la limite orientale de la forêt humide qui est aujourd'hui à au moins 150 km à l'est de ces massifs.

Leur étude a eu plusieurs conséquences importantes. Elle a clairement démontré que les interprétations classiques des schémas géographiques des plantes (**phytogéographie**), en particulier celles d'Humbert (145) qui étaient axiomatiques pour les scientifiques depuis plusieurs décennies, ne correspondent pas nécessairement aux modèles de répartition des animaux (**zoogéographie**). Basé sur ces résultats, il en découle que les facteurs qui influencent principalement la distribution géographique des plantes et des animaux ne sont pas nécessairement les mêmes. En outre, cette étude ainsi que d'autres publiées par la suite, portant sur la flore et la faune de la région du Sud-ouest, ont démontré que les divisions **biotiques** déjà impliquées entre les habitats humides et secs de l'île n'étaient pas aussi clairement délimitées comme il a été imaginé auparavant. Au cours des temps géologiques récents, des changements considérables dans les habitats ainsi que dans les échanges biotiques, ont eu lieu entre ces zones. D'autres preuves de ce modèle d'échange est-ouest ont également été révélées dans de nombreuses études récentes sur la **génétique moléculaire** d'animaux vivants. Nous allons maintenant passer à la littérature sur la faune **subfossile** afin de documenter le degré de changement qui a eu lieu à l'intérieur des terres au Sud-ouest de Madagascar et d'interpréter ces observations dans le contexte des évènements qui se sont passés dans la région au cours de l'histoire géologique récente.

De nombreux **paléontologues** ont fouillé le site subfossile d'Ampoza, situé non loin au nord du Massif d'Analavelona, à l'ouest du massif de l'Isalo, et non loin du village d'Ankazoabo-Sud. En 1929, Errol I. White, un paléontologue associé à ce qu'on appelait le « British Museum (Natural History) », a mené des fouilles à Ampoza. Avant et après les travaux de White, un certain nombre d'autres paléontologues ont visité le site et ont extrait des matériels subfossiles (94, 149, 164).

Avec cette description comme cadre et en tenant compte les différentes animaux subfossiles identifiés sur le site, nous avons essayé de reconstruire à quoi aurait pu ressembler cet habitat riverain (Planche 7) ainsi que son habitat forestier immédiat (voir Planche 8). Dans le texte associé à la planche suivante, nous reviendrons à la question sur ce que nous révèle la faune subfossile sur le changement de l'habitat dans le Centre Sud-ouest de Madagascar et la façon dont elle est associée aux observations de Raxworthy et Nussbaum sur les connexions des forêts humides démontrées par des reptiles et des amphibiens locaux.

Environ 16 espèces d'oiseaux **aquatiques** ont été identifiées dans les gisements osseux d'Ampoza (110, Tableau 6). Elles comprennent des espèces présentes dans l'eau courante, tels que les canards, ainsi que dans l'eau lente ou stagnante, comme les hérons, les ibis, les cigognes, les flamants roses, et les râles. D'autres découvertes exceptionnelles ont été faites parmi ces restes d'oiseaux. Dans une bonne partie de l'hémisphère sud ainsi que dans certaines parties de l'Eurasie, un groupe d'oiseaux fréquentant les habitats ouverts et riverains sont les vanneaux (Sous-famille des Vanellinae) dont de nombreuses espèces peuvent s'adapter à des degrés importants de **perturbation** de leurs habitats. Les vanneaux sont absents parmi l'avifaune actuelle de Madagascar. Dans les dépôts subfossiles d'Ampoza, les os d'une espèce de vanneau jusque-là inconnue et maintenant éteinte, *Vanellus madagascariensis*, ont été découverts (109). Ici, nous avons représenté cet oiseau vivant dans un habitat riverain, souvent au repos et se nourrissant sur les bancs de sable de la rivière et le long des berges. Avec la découverte de cette espèce à Madagascar, la question du « pourquoi n'y a-t-il pas de vanneaux à Madagascar » a changé en « pourquoi les vanneaux n'existent plus sur l'île ».

Un oiseau commun des gisements d'Ampoza est un type de tadorne (Sous-famille des Tadorninae), morphologiquement similaire à l'*Alopochen aegyptiacus*, et qui ne vit aujourd'hui que dans certaines parties d'Afrique subsaharienne, comme le Nil. L'espèce malgache subfossile, *A. sirabensis* est connue sur d'autres sites de l'île, y compris les Hautes Terres centrales près d'Antsirabe (voir

Planche 11) et Ampasambazimba (voir Planche 12).

Un autre habitant important de ce milieu riverain aurait été le crocodile **endémique** et maintenant éteint, *Voay robustus* (28). Il s'agit d'un animal ayant pu atteindre jusqu'à 5 m de longueur et qui pesait environ 170 kg. Il a été précédemment placé dans le même genre que le crocodile du Nil, *Crocodylus*, mais en se reposant sur plusieurs caractères différents, Chris Brochu a créé le genre *Voay*. Compte tenu de sa taille, *V. robustus* aurait été un **prédateur** redoutable et un des plus grands de la faune holocénique de l'île. Comme c'est le cas chez les crocodiles du monde entier, il fréquentait certainement les fleuves et les rivières, prenant sans doute des bains de soleil sur les berges et se nourrissant d'animaux **terrestres**, qui descendaient près de l'eau pour boire, comme *Archaeolemur edwardsi* sur cette planche, ou d'autres animaux aquatiques.

Les restes d'hippopotames nains *Hippopotamus lemerlei* sont abondants dans les gisements d'Ampoza. Quatre datations au **carbone-14** d'hippopotames d'Ampoza sont disponibles, couvrant des dates allant de 2760 à 2370 ans **BP** (dates moyennes calibrées respectivement de 2846 et 2315) (51) ; ces dates définissent la limite antérieure lorsque des habitats aquatiques permanents existaient encore dans la région d'Ampoza. En outre, la présence de ces animaux apporterait une preuve considérable sur la présence d'un vaste système de rivières avec probablement des bayous. Il est facile d'imaginer ces hippopotames nains passer la plupart de leur temps paresseusement à se vautrer dans la boue, souvent en contact étroit avec d'autres membres de leur groupe, et à terre pendant la nuit ou bordant les marécages pour se nourrir de la végétation aquatique ou terrestre. Sur la base des valeurs **isotopiques** du carbone des os d'hippopotames datés au ^{14}C du sud de Madagascar, il semblerait qu'au moins une partie de leur régime alimentaire était composé de plantes C4 (54), comme le carex et d'herbes des marais. Il a été suggéré que les mâles adultes de cette espèce étaient nettement plus grands que les femelles adultes (251), et que les groupes étaient organisés en **harems** dominés par les mâles, un système que l'on retrouve chez les hippopotames actuels.

Dans la scène de la rivière d'Ampoza représentée ici, nous avons essayé de capturer les aspects de la faune qui occupait cet habitat et les environs il y a plusieurs milliers d'années. Des hérons et des cigognes se reposent ou se nourrissent activement, des animaux tels que *Megaladapis edwardsi* qui descendent à la rivière pour boire, ou un groupe d'*Archaeolemur edwardsi* faisant la même chose, mais un individu malchanceux s'est fait attraper par un crocodile *Voay*. On peut imaginer le moment où le crocodile est sorti de l'eau et a saisi le grand lémurien, et le chaos qui a suivi dont les cris stridents des tadornes et les cris perçants des vanneaux. Ces épisodes chaotiques ponctuels étaient sans aucun doute courants dans la vie de la **communauté** des **vertébrés** d'Ampoza.

Au-dessus des berges des rivières se trouvait une **forêt galerie**, et sur des terres légèrement plus élevées, aurait existé une formation forestière différente, composée certainement de plantes nécessitant des conditions plus humides que celles qui règnent généralement aujourd'hui dans cette partie de l'île. L'**écosystème** de la forêt adjacente, qui fait l'objet de la planche suivante, aurait probablement été la plupart du temps à **canopée** fermée, et avec au moins en partie, des organismes différents de l'habitat aquatique.

Ici, la scène de rivière pendant la saison sèche est représentée, avec des niveaux d'eau plus bas et des berges largement exposées. Au début de la saison des pluies, le niveau d'eau aurait augmenté, emportant au passage des cadavres et des ossements d'animaux morts qui ont ensuite été déposés dans les coudes de la rivière, et finalement découverts par des générations de paléontologues plusieurs siècles ou plusieurs millénaires plus tard. De plus, avec la saison sèche, certaines espèces d'arbres caducifoliés ont perdu leurs feuilles, contrairement aux autres espèces d'arbres qui ont des feuilles persistantes. Des signes révélateurs de la nature mixte de la flore, entre les forêts humides et sèches, peuvent encore être trouvés aujourd'hui dans les habitats naturels restants de la région (voir Planche 8).

Les lémuriens actuels sont obligés de boire, de sorte que même les espèces les plus résistantes à la sécheresse doivent trouver des sources d'eau douce, et nous pensons que les formes subfossiles ne sont pas différentes sur ce point. Sur la base de la taille des restes d'ossements divers, le poids moyen de *Megaladapis edwardsi* a été estimé à environ 85 kg et *Archaeolemur edwardsi* à environ 27 kg (153). Les habitudes alimentaires présumées de *M. edwardsi* sont celles d'un herbivore **diurne** ; grâce à la taille de ses orbites, il est possible que *A. edwardsi* a été également diurne, mais ses dents et ses mâchoires indiquent qu'il était probablement spécialisé dans les graines et les fruits durs (88). *Archaeolemur* est radicalement plus terrestre que *Megaladapis*.

Tableau 6. Liste des **vertébrés terrestres** identifiés dans les restes **subfossiles** d'Ampoza (26, 78, 110, 251). Les espèces disparues sont signalées par †. La liste n'inclut pas les espèces **introduites**.

Ordre Reptilia
 Famille Testudinidae
  †*Aldabrachelys abrupta*
 Famille Crocodylidae
  †*Voay robustus*
  Crocodylus niloticus[4]

Classe Aves
†**Ordre Aepyornithiformes**
 †Famille Aepyornithidae
  †*Aepyornis* sp.
  †*Mulleromis* sp.
Ordre Ardeiformes
 Famille Ardeidae
  Ardea purpurea
  Ardea cinerea
  Ardea humbloti
 Famille Ciconiidae
  Anastomus lamelligerus

---

[4] Les restes de *Crocodylus niloticus* ont été rapports de ce site, mais avec la reconnaissance du genre *Voay*, l'identification de ces restes devrait être refaite.

Tableau 6. (suite)

Famille Threskiornithidae
Threskiornis bernieri
Lophotibis cristata
Platalea alba
Famille Phoenicopteridae
Phoenicopterus ruber
Ordre Anseriformes
Famille Anatidae
†*Alopochen sirabensis*
Dendrocygna sp.
Anas bernieri
Ordre Gruiformes
Famille Rallidae
Fulica cristata
Porphyrio porphyrio
Ordre Charadriiformes
Famille Charadriidae
†*Vanellus madagascariensis*
Famille Laridae
Larus sp.
Ordre Columbiformes
Famille Pteroclididae
Pterocles personatus
Ordre Coraciiformes
Famille Brachypteraciidae
†*Brachypteracias langrandi*
Classe Mammalia
†**Ordre Bibymalagasia**
†*Plesiorycteropus madagascariensis*

Ordre Primates
Sous-ordre Strepsirrhini
Infra-ordre Lemuriformes
†Famille Archaeolemuridae
†*Archaeolemur edwardsi*
†*Archaeolemur majori*[5]
†Famille Palaeopropithecidae
†*Palaeopropithecus ingens*
Famille Lemuridae
†*Pachylemur insignis*
Lemur catta
†Famille Megaladapidae
†*Megaladapis edwardsi*
†*Megaladapis madagascariensis*
Famille Indriidae
Indri cf. *indri*
Propithecus verreauxi
Ordre Artiodactyla
Famille Hippopotamidae
†*Hippopotamus lemerlei*[6]
Ordre Rodentia
Famille Nesomyidae
Hypogeomys antimena

---

[5] Il existe des grandes variations chez *Archaeolemur* d'Ampoza et *A. majori* peut être présent dans les gisements subfossiles.
[6] Il semblerait que *Hippopotamus guldbergi* se trouvait aussi sur ce site.

AMPOZA II – CHANGEMENTS ECOLOGIQUES DANS UNE COMMUNAUTE FORESTIERE ET COULOIRS DE FORET HUMIDE SE RACCORDANT A LA PARTIE ORIENTALE DE L'ILE

Dans la planche précédente, nous avons présenté des informations sur l'ancien **écosystème** riverain du site **subfossile** d'Ampoza et souligné quelques-uns des différents organismes connus de ces restes osseux. Ici, nous continuons sur le même thème, mais en revenant sur la **communauté** forestière. Nous terminerons ce texte par un résumé des conclusions tirées de ce que les gisements subfossiles, ainsi que d'autres types d'informations auxiliaires, ont pu nous apporter sur les changements environnementaux de cette région de Madagascar depuis le début de l'**Holocène**, c'est-à-dire sur une période inférieure à 12 000 ans.

La Planche 8 est une représentation de la forêt, qui aurait poussé sur un terrain légèrement plus élevé et au-dessus de la **forêt galerie** et des **habitats aquatiques**. La

Planche 8. Basé sur des témoins **subfossiles**, il est clair que la structure de la forêt dans la région d'Ampoza était nettement différente jusqu'à quelques milliers d'années auparavant. Nous présentons ici une reconstitution de l'ancien **habitat** forestier et d'un assortiment de différents animaux. Ceux qui sont éteints comprennent *Brachypteracias langrandi* et *Palaeopropithecus ingens*. Plusieurs espèces actuelles ont également été identifiées à partir de ces restes. Le petit ruisseau au premier plan aurait été un affluent de la grande rivière qui figure sur la Planche 7. (Planche par Velizar Simeonovski.)

Identification des espèces

1 : †*Brachypteracias langrandi*, 2 : †*Palaeopropithecus ingens*, 3 : *Lemur catta*, 4 : *Indri indri*.

forêt était probablement composée principalement d'arbres à feuilles permanentes, bien que certains arbres aient pu perdre leurs feuilles pendant la saison sèche. La rivière du premier plan est un affluent de la grande rivière illustrée sur la Planche 7. La forêt aurait également renfermé un certain nombre de lianes, ainsi que des plantes **épiphytes**, comme des orchidées et des fougères, poussant sur les arbres. Structurellement, cette forêt aurait été en grande partie à canopée fermée basé sur les habitudes de locomotion, observées et déduites, de certains habitants, en particulier les lémuriens, qui sont discutées ci-dessous.

Le site d'Ampoza a fourni une multitude de restes subfossiles de divers **vertébrés** vraisemblablement vivant dans les forêts (Tableau 6). La faune en lémuriens est impressionnante notamment parmi les espèces éteintes, et celles-ci ont été identifiées (89, 100) : *Archaeolemur edwardsi*, *Palaeopropithecus ingens*, *Megaladapis edwardsi*, *M. madagascariensis* et *Pachylemur insignis*. Des variations dans la taille des os d'*Archaeolemur* et de *Palaeopropithecus* sont assez extrêmes à Ampoza, avec quelques petits éléments entrant dans les gammes les plus typiques d'*A. major*, connus sur de nombreux sites subfossiles du Sud-ouest, et de *P. kelyus* reconnu seulement chez quelques spécimens du Nord-ouest (104). Cette variation impressionnante peut être simplement « normale » pour une espèce, en particulier pour une espèce échantillonnée pendant de nombreuses générations. Cependant, il est également possible que ces autres éléments plus petits et plus rares représentent des espèces de lémuriens qui ne sont pas reconnues actuellement dans la communauté subfossiles d'Ampoza.

Plus à l'intérieur des terres à environ 75 km au nord-est d'Ampoza se situe Tsirave, un autre site **paléontologique** bien connu pour son abondance en subfossiles de lémuriens. Malgré sa proximité avec Ampoza, sa communauté de lémuriens est un peu différente : *Hadropithecus* stenognathus et *Mesopropithecus globiceps* s'y trouvaient, avec *Pachylemur insignis*, *Archaeolemur majori* et *Megaladapis madagascariensis*, mais il n'existe aucun signe de *A. edwardsi, M. edwardsi* ou *Palaeopropithecus ingens*. Il est difficile de connaître si cette disparité est due aux caprices du hasard ou à un aspect inconnu des gisements subfossiles (**taphonomie**) ou si elle reflète de réelles différences dans l'ensemble de la structure des communautés **biotiques** entre les deux sites. *Lemur catta* est encore présent aujourd'hui près de Tsirave.

L'abondance des os de *Palaeopropithecus* à Ampoza témoigne de la présence d'une structure de forêt à canopée fermée, car il est difficile d'imaginer ce lémurien se déplaçant sur le sol.

Palaeopropithecus était un des mammifères les plus spécialisés dans la suspension à évoluer sur Terre (90). Sur la Planche 8, nous avons donc représenté *Palaeopropithecus* qui pend sous une grosse branche dans une posture résolument comparable à celle des « lémuriens-paresseux ». Leurs membres supérieurs étaient beaucoup plus longs que leurs membres postérieurs, leurs mains et leurs pieds étaient longs en forme de crochet pour la préhension, et les articulations des épaules, des hanches et des chevilles étaient extrêmement mobiles. Une forêt à canopée fermée avec des connexions entre les lianes facilitent aussi les déplacements **arboricoles** des *Palaeopropithecus* et autres lémuriens éteints et actuels, y compris *Pachylemur insignis* et *Megaladapis madagascariensis*. Nous soupçonnons qu'*Archaeolemur* descendait souvent au sol et cherchait sa nourriture à pied, tout comme le fait *Lemur catta* aujourd'hui, et sans doute le « lémurien-koala » *M. madagascariensis* qui est à la fois arboricole et **terrestre**.

Lors d'une fouille récente à Ampoza, un humérus partiellement endommagé « qui appartenait probablement à un *Indri indri* » a été récupéré (94) et qui, si cela s'avère correct, apportera des indications importantes sur le degré de changement de l'habitat de cette partie du Sud-ouest de Madagascar. La répartition actuelle d'*Indri* se situe au nord de la fleuve Mangoro, c'est-à-dire à plus de 400 km au nord-est d'Ampoza, et ce lémurien n'est connu aujourd'hui que dans les formations forestières humides de l'Est. Il existe d'autres preuves sur l'aire de répartition de ce genre qui a diminué de façon spectaculaire au cours des derniers milliers d'années : des subfossiles ont été trouvés dans les grottes d'Ankarana dans l'extrême Nord (voir Planche 17) et à Ampasambazimba sur les Hautes Terres centrales (voir Planche 12) (151) ; Ankarana et Ampasambazimba sont à de grandes distances des sites actuellement connus de ce grand lémurien. Sa présence dans la communauté de lémuriens d'Ampoza est un nouveau témoignage de la présence de **forêts humides** dans le passé. Sur la Planche 8, trois individus sont représentés prenant un « bain de soleil » matinal dans les ouvertures de la canopée forestière sur leur grand perchoir. C'est souvent le moment où les groupes d'*Indri* de l'Est vocalisent, un moment qui peut durer plusieurs minutes et qui se compose d'un chant distinct et mystérieux.

Ici, un groupe de *Lemur catta* descend à la rivière pour boire. Ce lémurien vit aujourd'hui dans les forêts avoisinantes d'Ampoza. Dans la partie inférieure gauche de l'image se trouve un individu adulte montant la garde pour la sécurité du groupe contre les attaques de **rapaces** et de grands **Carnivora**, comme *Cryptoprocta spelea* (voir Planche 19). Si un *Cryptoprocta* avait été repéré par le mâle sentinelle, il est probable qu'après le signal approprié, les membres du groupe sur le sol auraient eu vite fait de se réfugier dans les arbres et la forêt aurait été tout à coup remplie de « claquements et de jappements ».

Lemur catta a été inclus sur cette planche afin de souligner que de nombreux organismes connus des restes subfossiles existent encore aujourd'hui dans les environs immédiats du site ; il sert aussi à rappeler que les facteurs qui ont conduit à l'**extinction** de certaines espèces n'ont pas eu le même impact sur les autres. Des travaux récents sur la **génétique** de *L. catta* du Sud-ouest de Madagascar ont démontré que dans un passé proche, ces animaux ont subi un goulot d'**étranglement génétique** (206). Que ceci soit associé ou non à des changements climatiques ou à des **perturbations** humaines n'est pas clair, mais cette espèce peut être évoquée indépendamment comme étant un modèle qui allait vers une réduction notable de sa population, mais qui a été en mesure de redevenir une population apparemment stable. Cette capacité à redevenir stable peut en partie être liée à sa taille, à son alimentation **généraliste**, ou à d'autres aspects de son **histoire naturelle**.

Des restes de deux genres différents d'oiseaux-éléphants éteints, *Mullerornis* et *Aeypornis*, ont été identifiés à Ampoza (Tableau 6). Peu de choses sur l'**écologie** de ces énormes oiseaux sont connues (voir Planche 1), et il est difficile de deviner s'ils ont vécu dans la forêt ou dans des habitats plus ouverts. Des données récentes provenant de valeurs **isotopiques** du carbone d'os datés au **carbone-14**, donnent un aperçu sur le régime alimentaire de ces oiseaux (53). Elles ont révélé qu'ils se nourrissaient principalement de plantes C3, et qu'ils n'étaient donc probablement pas limités aux habitats ouverts.

Les brachyptérolles, une famille **endémique** de Madagascar (Brachypteraciidae) sont des oiseaux vivant dans les forêts. Ils fréquentent différents sites de l'île, avec les genres *Geobiastes*, *Atelornis* et *Brachypteracias* qui vivent dans les forêts humides de l'Est, et *Uratelornis* qui vit dans une petite zone de **bush épineux** au nord de Toliara. Les trois premiers genres ne se trouvent seulement que dans les habitats de forêt humide non dégradés, à l'exception d'*A. pittoides* qui se rencontre dans certaines formations forestières légèrement dégradées. Parmi les restes subfossiles récupérés à Ampoza se trouvait un humérus de brachyptérolle qui, sur la base de différents caractères ostéologiques, appartenait au genre *Brachypteracias* et qui a été décrit comme une espèce éteinte mais nouvelle pour la science, *B. langrandi* (111). Basé sur l'inférence venant des habitats des membres actuels de ce genre, il est présumé que *B. langrandi* a vécu dans des forêts bien plus humides, notamment dans la région d'Ampoza aujourd'hui, suivant encore une fois les conclusions décrites ci-dessus.

D'autres animaux extraordinaires venant des restes subfossiles d'Ampoza comprennent *Plesiorycteropus madagascariensis*, qui appartient à son propre ordre de mammifères (Bibymalagasia) (voir Planche 14). Il a été supposé que ce genre, connu grâce à deux espèces disparues, était lié à l'oryctérope, mais il a été récemment suggéré que cette similitude était un cas de **convergence** (178). Des analyses plus récentes des affinités de Bibymalagasia, indiquent

qu'il faisait partie d'une lignée d'animaux africains appelés Afrotheria qui comprend les oryctéropes (266).

Un certain nombre de restes osseux de tortues géantes éteintes qui appartiennent à *Aldabrachelys abrupta* ont été récupérés (26). Une datation unique au ^{14}C de cette espèce d'Ampoza indique qu'elle a vécu il y a 2035 ans **BP** (date moyenne calibrée de 1920) (51). Il est difficile de savoir si ces tortues vivaient vraiment dans des forêts ou dans des zones boisées plus ouvertes, mais en tout cas, il est possible qu'elles composaient une **biomasse herbivore** importante dans l'écosystème local (voir Planche 4).

De nos jours, le rat sauteur géant *Hypogeomys antimena* est limité à une petite région du Menabe central au nord de Morondava, et il est considéré comme étant « en voie de disparition ». Jusqu'il y a quelques milliers d'années, cette espèce avait une distribution beaucoup plus large dans la partie Sud de Madagascar, avec des restes de squelettes identifiés à Ampoza. Une datation au ^{14}C sur le site indique qu'elle y vivait 1350 ans BP (date moyenne calibrée de 1190) (51). Son déclin est attribué à une combinaison de l'**aridification** naturelle, suivie d'une modification de l'environnement par les hommes qui continuent de pousser cette espèce au bord de l'extinction.

Revenons maintenant à la question posée au début de la partie Ampoza I concernant l'observation de Raxworthy et Nussbaum (227) selon laquelle les reptiles et les amphibiens qui vivent aujourd'hui dans les massifs de l'Isalo et d'Analavelona, deux zones de transition de **forêt sèche caducifoliée** de l'Ouest, comportent des espèces trouvées dans les forêts humides de l'Est. Bien que cette question puisse sembler obscure pour certains, elle apporte un éclaircissement intéressant sur la façon dont le changement dynamique s'effectue sur notre planète, se déroulant dans l'équivalent de quelques millisecondes dans l'histoire géologique. La faune subfossile récupérée dans les gisements d'Ampoza contient une grande variété de taxons qui ne vivent plus dans la partie Sud-ouest de Madagascar. Certains de ces organismes sont éteints et d'autres vivent ailleurs sur l'île. Basé sur l'inférence écologique des taxons disparus ou sur des observations directes dans la nature d'espèces vivantes, la plupart de ces organismes vivaient soit dans des milieux aquatiques permanents, soit dans des milieux forestiers humides. Mais dans les deux cas, ces habitats n'existent plus aujourd'hui dans le Sud-ouest de Madagascar, à l'exception de celui d'Analavelona. Par conséquent, il est clair que depuis le moment où ces restes osseux ont été déposés à Ampoza, il y a eu des changements écologiques considérables. Afin de fournir une échelle de temps de la période associée à ces changements, sept datations au ^{14}C sont disponibles venant de subfossiles récupérés sur le site, et toutes à l'exception d'une seule entrent dans la gamme des dates allant de 2950 à 1830 ans BP (40, 51). Donc, tous ces animaux étaient vivants sur une période d'un seul millénaire, et aussi récemment qu'en 120 av. J.-C., il restait un habitat humide dans le site pour abriter ces organismes. La date la plus récente est donnée pour *Hypogeomys antimena* qui vivait encore sur le site à la fin du 6ème siècle !

Basé sur des informations actuelles des données **archéologiques**, la première **colonisation** de Madagascar par les êtres-humains aurait eu lieu environ 2500 ans BP. Bien que la majorité des datations au ^{14}C d'Ampoza se situent après cette date critique, deux points sont importants. Comme la colonisation humaine a commencé à partir de la côte, il semble raisonnable et prudent de présumer qu'il a fallu des centaines d'années avant que les gens n'aient eu un impact écologique important sur les animaux et les écosystèmes à l'intérieur de l'île (63), comme dans la région d'Ampoza. Coïncidant avec ce dernier point, aucun os d'Ampoza ne montre de signe d'intervention humaine, comme des marques d'abattage qui ont été trouvées ailleurs sur l'île (voir Planche 5).

A partir de toutes ces informations, il paraît que le Sud-ouest de Madagascar était nettement plus humide au cours de l'Holocène. Les forêts environnantes telle qu'Ampoza étaient probablement denses, la plupart du temps à canopée fermée, avec quelques épiphytes, et un mélange floristique d'arbres dominants avec des affinités avec l'Est (humide) et l'Ouest (caducifoliée). Nous supposons que des forêts claires du type de celles de Miombo, avec des zones de canopée ouverte et de la végétation au sol dominée par les herbes (voir Planche 12) s'installaient dans le voisinage ou étaient entrelacées avec la forêt mixte. Un réseau de petits ruisseaux et de rivières avec de l'eau

Figure 30. Cette photo a été prise vers le sommet d'Analavelona, à environ 75 km au sud-ouest d'Ampoza. La partie supérieure du massif, grâce à sa position **orographique** et à sa hauteur, attrape l'humidité qui passe dans les systèmes météorologiques qui amènent des nuages ou du brouillard. Il est possible que l'**habitat** représenté ici ait été semblable à celui qui était présent dans l'ancienne forêt d'Ampoza, avec une **canopée** fermée, un sous-bois dense, des lianes et des **épiphytes**. (Cliché par Harald Schütz.)

permanente formait d'importants habitats aquatiques. Les différents types d'environnements locaux étaient habités par une considérable variété d'organismes qui n'existent plus dans cette zone ou qui ont disparu de notre planète.

Il est très probable qu'un couloir forestier humide continu à partir de l'Est ait existé, par exemple au niveau du massif de l'Andringitra, à travers l'Isalo, Zombitse-Vohibasia, au moins jusqu'à Analavelona, qui a permis aux animaux forestiers de se disperser. Ce qui reste de cet habitat aujourd'hui dans la région environnante d'Ampoza peut être trouvé sur le massif d'Analavelona, en particulier dans la zone sommitale (Figure 30). A cet endroit, la partie supérieure de la montagne se compose d'une sorte de forêt nuageuse, qui capte l'humidité venant de systèmes météorologiques qui passent. Nous imaginons qu'il y a plusieurs milliers d'années, la zone environnante d'Ampoza avait une structure de végétation similaire. De plus, au fond des canyons de grès de l'Isalo, de l'eau permanente persiste, et ces zones sont protégées de la rigueur du climat régional. Un site subfossile récemment découvert près du massif de l'Isalo contient de nombreux restes de mammifères datant d'il y a un peu moins de 10 millénaires, et qui attestent de la présence de forêts plus vastes et de milieux aquatiques durant cette période (201). Par conséquent, les populations actuelles de reptiles et d'amphibiens dans l'Analavelona et l'Isalo qui ont des affinités orientales représentent probablement des populations reliques de l'époque où la région était plus humide et reliée à l'Est. Ce corridor aiderait également à expliquer la présence d'*Hadropithecus* sur les Hautes Terres centrales et *Indri* et *Archaeolemur major* dans le Sud-ouest. Les observations de Raxworthy et Nussbaum mentionnées en début du texte pour les planches d'Ampoza peuvent donc s'expliquer par certaines conclusions paléoécologiques pleinement compatibles avec ce qui concerne la faune qui se trouvait jadis à Ampoza il y a seulement quelques milliers d'années.

BELO SUR MER – ECLAIRCISSEMENT SUR DIFFERENTES HYPOTHESES LIEES AUX CHANGEMENTS ENVIRONNEMENTAUX : NATURELS ET PROVOQUES PAR L'HOMME

Un certain nombre de sites **subfossiles** sont connus dans la région immédiate de Belo sur Mer, à environ 60 km au sud de Morondava, et ceux-ci comprennent Ambararata, Ankevo ou Ankaivo, Antsirasira et Ankilibehandry. Les recherches de sites riches en ossements de la région semblent avoir été commencées par Monsieur Grevé qui a recueilli des échantillons pour Alfred Grandidier. Les subfossiles recueillis par Grevé ont été envoyés à Paris et étudiés par différents chercheurs, dont Henri Filhol, Alfred Grandidier et Alphonse Milne Edwards. Plusieurs nouvelles espèces d'animaux subfossiles ont été décrites à partir de ces restes, elles comprenaient l'oiseau *Coua primaeva*, les lémuriens *Archaeolemur majori* et *Pachylemur insignis*, et ce qui allait devenir le reste toujours énigmatique de « l'oryctérope malgache » *Plesiorycteropus madagascariensis* (73, 178, 194).

La région a été par la suite visitée par plusieurs scientifiques à la recherche de subfossiles, dont Guillaume Grandidier en 1900, le lieutenant Bührer en 1910 et Charles Lamberton en 1934 (46). Plusieurs décennies plus tard, entre juillet et août 1995, David Burney et une équipe de spécialistes dont Bill Jungers, ont commencé les fouilles à Ankilibehandry, à 2 km au nord-est du village de Belo sur Mer. Burney et ses collègues ont organisé une deuxième visite du site en 2000.

Planche 9. Basé sur différents organismes identifiés dans les gisements **subfossiles** trouvés sur plusieurs sites aux alentours de Belo sur Mer. Cette figure représente ici une vue panoramique allant d'une source d'eau douce vers la forêt. Même aujourd'hui, dans les dunes côtières voisines, il existe des bassins d'eau douce formés par la percolation de l'eau souterraine. Il y a plusieurs milliers d'années, lorsque les conditions climatiques locales étaient plus humides, il y avait vraisemblablement une quantité plus importante d'eau douce qui s'infiltrait à ces endroits. Il a été proposé que la forêt eut été une formation **forêt sèche caducifoliée** mixte relativement dense avec certains éléments de **forêt humide** et qu'elle a probablement été séparée de l'estuaire par un **habitat** ouvert du type des forêts claires de Miombo. (Planche par Velizar Simeonovski.)

Identification des espèces

1 : †*Voay robustus*, 2 : †*Hippopotamus lemerlei*, 3 : †*Alopochen sirabensis*, 4 : †*Archaeolemur majori*, 5 : †*A. edwardsi*, 6 : †*Hadropithecus stenognathus*, 7 : †*Plesiorycteropus madagascariensis*, 8 : †*Aldabrachelys abrupta*, 9 : †*Mullerornis rudis*.

Le site d'Ankilibehandry avait un étang partiellement à sec situé derrière des dunes côtières et dans une zone où la nappe phréatique était peu profonde. Bien que ces conditions soient idéales pour la préservation des os, du pollen et des microbes, elles ont rendu la fouille du site difficile. La nappe phréatique était atteinte après un mètre de profondeur, et les trous d'excavation se sont rapidement transformés en bassins d'eau boueuse, et ceci pendant la saison sèche ! Une pompe à eau à essence a été ensuite utilisée pour vider les trous inondés, et les fouilles pouvaient alors continuer sur un autre périmètre. Un autre avantage de l'utilisation de la pompe était la possibilité de vider l'eau loin des excavations et de l'utiliser pour le lavage et le tamisage à l'eau des sédiments et des os subfossiles extraits de la fosse.

Au cours de ces fouilles minutieuses, Burney et ses collègues ont accordé une stricte attention à l'ordre des sédiments et des os qu'ils contenaient (**stratigraphie**) et ils ont obtenu de précieuses informations nécessaires à différents types d'analyses. Par la suite, sur la base des datations au ^{14}C, il a été déterminé que les gisements couvraient une période allant de quelques temps avant la **colonisation** humaine de cette partie de Madagascar jusqu'à une certaine période après cet événement. Comme le site a apporté de nombreuses sources d'information, comme des os d'animaux subfossiles, des détails sur le carbone microscopique dans les dépôts et une histoire des d'incendie locaux (particules de charbon), des spores de champignons présents dans les excréments des grands animaux, différentes questions peuvent être abordées dans ce qui peut être caractérisé comme étant une « approche intégrée ».

Comme il a été mentionné dans la partie 1, plusieurs **hypothèses** ont été proposées pour expliquer l'**extinction** d'une grande diversité d'animaux qui vivaient auparavant à Madagascar dans un passé géologique récent (35) :

1) Incendie à grande échelle provoqué par l'homme, qui a causé une transformation profonde du paysage naturel et a conduit par la suite aux extinctions (144) ;

2) Période d'une **aridification** considérable de la partie Sud-ouest de l'île, et donc d'un assèchement qui a conduit au changement d'**habitat** et aux extinctions (185) ;

3) L'« overkill hypothesis » associée à la disparition rapide de différents animaux naïfs après leur premier contact avec des hommes chasseurs et par la suite à leur extinction (188) ;

4) L'hypothèse de la « maladie **hypervirulente** » à cause des agents **pathogènes introduits** par les humains ou leurs animaux **domestiques**, mortels pour la faune indigène (180) ;

5) L'hypothèse d'une « synergie » entre une variété de facteurs anthropiques jouant des rôles

différents dans le temps et dans différentes zones géographiques, ainsi que le changement climatique naturel, conduisant finalement à l'extinction (35).

A part les évidences d'os d'hippopotame modifiés par l'homme de la côte Ouest de Madagascar datant de 2020 ans **BP** (date moyenne calibrée de 2005, 51 ; voir Planche 5), les témoignages **archéologiques** des habitants de cette région de l'île datent de 1500 ans BP (16). Maintenant, si cette date est utilisée comme une fenêtre temporelle sur le moment où les humains ont commencé à modifier l'environnement de différentes manières et la période où de nombreux animaux auraient pu avoir été poussés vers l'extinction, les informations découvertes à Ankilibehandry peuvent tester les différentes hypothèses mentionnées ci-dessus.

1) Incendie à grande échelle – Grâce aux particules microscopiques de charbon trouvées dans les sédiments stratifiés du site et qui semblent être associées aux incendies, il a été remarqué qu'il y a eu une augmentation significative de leur concentration environ 1800 ans BP par rapport aux taux « de fond » naturels présumés, constatation qui a été utilisée comme un signe de l'arrivée de l'homme dans la région (35). Par la suite, des concentrations considérablement plus élevées ont été maintenues entre des périodes allant d'environ 1400 à 900 ans BP, et elles sont ensuite retombées plutôt brutalement. Ces données impliquent que la fréquence des

feux a augmenté brusquement peu après l'arrivée de l'homme dans la région, ce qui conforte cette hypothèse au moins localement. Cependant, il n'existe aucune preuve d'incendie très rapide et catastrophique.

2) L'aridification – Des carottes sur les pollens venant du site d'Ankilibehandry étudiées par Toussaint Rakotondrazafy dont les données ne sont pas publiées, indiquent que peu de changements ont eu lieu dans la végétation des 2000 dernières années (35). Mais ces informations ne semblent pas appuyer l'existence d'un changement radical dans le climat local. Cependant, deux points méritent d'être mentionnés. Ces carottes font partie d'un type de pollens dispersés par le vent, ce qui ne représente qu'une partie de la flore locale. Plus au sud, près de Ranobe (voir Planche 6), un tel événement de dessèchement a eu lieu également, ce qui concorde avec l'hypothèse de départ. Par conséquent, le passage à une plus grande aridité a peut-être été plus spectaculaire au sud de Belo sur Mer.

3) L'« overkill hypothesis » – Basé sur de datations au **carbon-14** qui comprennent des dates relativement récentes, par exemple 1280 ans BP (date moyenne calibrée de 1135) pour un oiseau-éléphant attribué provisoirement au genre *Mullerornis*, et 1370 ans BP (date moyenne calibrée de 1230) pour les restes d'un lémurien *Archaeolemur majori* (35,

51), une preuve solide montre que les membres de la « **mégafaune** » ont coexisté pendant plusieurs centaines d'années avec les hommes après qu'ils aient colonisé la région. Etant donné qu'un des principes de cette hypothèse est la disparition *rapide* de la faune, cette preuve datée au ^{14}C indique que ce n'était pas le cas.

4) Une maladie hypervirulente - A ce jour, aucun examen de laboratoire n'a été effectué pour rechercher des agents pathogènes dans les restes osseux retrouvés sur le site, en particulier après l'arrivée de l'homme dans la région. Cependant, en utilisant des preuves indirectes qui vont dans le sens de l'hypothèse de la maladie hypervirulente, celle-ci est un *rapide* déclin provoquant la disparition des animaux après leur premier contact avec les humains ou leurs animaux domestiques. Comme il a été discuté dans l'« overkill hypothesis », plusieurs espèces qui ont disparu par la suite, ont cohabité avec les hommes pendant plusieurs centaines d'années, ce qui ne concorde pas avec l'hypothèse de la maladie hypervirulente. Par ailleurs, celle-ci aurait dû être une maladie très rare qui ciblait des animaux de différentes classes de **vertébrés** (oiseaux, reptiles et mammifères).

Dans une étude innovatrice sur les spores de champignons, David Burney et ses collègues ont fait une analyse sur des échantillons trouvés à Ankilibehandry (39).

Les spores en question sont du genre *Sporormiella*, et ne vivent qu'associés aux crottes des grands **herbivores**, comme les lémuriens et les bovins domestiques, les concentrations de ces spores peuvent être utilisées comme un indicateur de l'abondance de ces animaux. Les chercheurs ont constaté une baisse considérable de ces spores aux environs de 2000 ans BP, ce qui coïncide largement avec une augmentation de **perturbations** d'origine humaine (feux de brousse). Au cours des siècles derniers, il y a eu une augmentation remarquable des spores, ce qui est presque certainement liée à l'introduction des bovins domestiques. Par conséquent, ces données ont des implications importantes, mais dans le cas de l'hypothèse de la maladie hypervirulente, il n'y a pas eu de baisse simultanée chez les grands lémuriens due à l'importation de différents animaux domestiques sur l'île, ce qui aurait été prévisible si ces derniers avaient introduit un agent pathogène auprès de ces grands lémuriens.

5) **Synergie** - Sur les quatre différentes hypothèses décrites ci-dessus, toutes ont des caractéristiques qui pourraient expliquer soit les transformations **écologiques** ou la disparition de certains éléments faunistiques de la zone d'Ankilibehandry. De nombreux aspects de ces différents modèles sont difficiles à réfuter catégoriquement, et

les éléments de preuve pour les appuyer ou les réfuter peuvent être un peu flous à certains moments. Il est raisonnable d'imaginer que différents facteurs ont conduit aux modifications locales de l'environnement et aux changements associés. Les multiples causes de l'hypothèse de la synergie semblent avoir la meilleure flexibilité et résolution pour expliquer ce qu'il s'est réellement passé. En bref, des changements climatiques naturels ont eu lieu dans la région au cours des derniers milliers d'années, les hommes ont colonisé la région, modifié l'environnement avec le feu et sans doute défriché la forêt, les animaux indigènes étaient chassés, les animaux domestiques ont été introduits, et ensemble, ces aspects synergiques combinés ont abouti à l'extinction locale de nombreuses espèces animales.

Quels sont les autres indices que nous apporterait l'environnement actuel qui nous aideraient à comprendre ce qui s'est passé ? Dans la région de Belo sur Mer, il reste beaucoup de forêt dont les 77 000 ha du Parc National de Kirindy Mitea. (A ne pas confondre avec la forêt de Kirindy au nord de Morondava sur la route qui va vers Belo Tsiribihina.) En fait, le nom *mite* vient du mot malgache qui veut dire en dialecte Sakalava, ruissellement ou infiltration d'eau. Sur la zone côtière derrière la barrière de dunes, dans de nombreux endroits à proximité de Belo sur Mer, il existe quelques endroits où l'eau, grâce à la pression artésienne du sol, percole et forme des bassins d'eau douce. La densité de la population humaine dans cette partie de l'île est particulièrement faible, même si les villages sont souvent associés à ces sources artésiennes.

Les populations locales faisant partie du groupe culturel Sakalava vivant à proximité de la forêt chassent encore des animaux pour la viande de brousse (119). Cette pression de chasse a au fil du temps sérieusement réduit la densité des animaux et a provoqué un phénomène connu sous le nom de « forêt silencieuse », c'est-à-dire que de vastes étendues d'habitat forestier naturel relativement intact demeurent, mais les animaux y sont rarement présents ; ceci est dû à une conséquence directe de la pression de chasse faite par l'homme. Par conséquent, ce sont dans certaines parties de la forêt de Kirindy Mitea que l'on peut vraiment d'apprécier l'impact des pratiques « traditionnelles » de chasse sur les animaux sauvages. Même sans armes à feu, les populations animales peuvent être poussées jusqu'à de faibles densités et jusqu'à sa disparition complète. En conséquence, et c'est un message important à retenir, il ne faudrait pas simplement attribuer aux changements climatiques et omettre l'impact humain à l'absence de certaines espèces d'un grand bloc de forêt persistante.

Un autre exemple régional frappant de la rapidité avec laquelle les choses peuvent disparaître provient de la forêt d'Antserananomby, qui se trouve dans la même région mais plus à l'intérieur que le Parc National de Kirindy Mite. Quand Robert Sussman a visité ce site

dans les années 1970, une parcelle forestière importante et relativement intacte était présente et accueillait une grande variété d'espèces de lémuriens (157). Lorsqu'Elizabeth Kelley et Kathleen Muldoon sont retournées sur le site en 2004, des changements radicaux avaient eu lieu. Le village qui se trouvait à proximité de la forêt lors de la visite de Sussman était devenu une **savane** aride, la plus grande partie de la forêt avait disparu, et les densités de la plupart des espèces de lémuriens avaient considérablement diminués. Auparavant, Père Otto Appert avait remarqué que cette forêt sacrée était protégée par des tabous locaux (8). Par la suite, entre une épidémie qui a tué de nombreux habitants, la migration d'autres groupes culturels qui ne suivaient pas les mêmes tabous, et l'introduction de cultures commerciales de maïs exporté pour l'alimentation animale, les conditions locales se sont rapidement dégradées et ont abouti à la situation actuelle. Ceci est un autre triste rappel de la façon dont les choses peuvent rapidement se transformer à cause de l'impact des activités anthropiques.

Retournons maintenant aux informations provenant des sites **paléontologiques** près de Belo sur Mer. La faune subfossile y est particulièrement riche (Tableau 7), avec sept espèces de lémuriens éteints (89), dont trois espèces venant de ces gisements ont été décrites : *Archaeolemur majori*, *Palaeopropithecus ingens* et *Pachylemur insignis*. Avec les huit espèces de lémuriens actuels documentées dans la région (157,

276), la liste s'élève à 15 espèces. Aucun site dans la partie occidentale de Madagascar ne possède aujourd'hui une si grande diversité, mais ces chiffres impressionnants sont comparables à la faune de primates venant d'autres sites subfossiles du Sud-ouest comme Ankilitelo (voir Planche 6).

D'autres animaux intéressants disparus ont été identifiés sur les sites de Belo sur Mer. Un grand coua **terrestre**, *Coua primaeva*, a été nommé sur la base de subfossiles déterrés par Grevé (194). Par la suite, cette espèce a été identifiée parmi les restes de la grotte d'Anjohibe (voir Planche 14), à plus de 600 km vers le nord. Comme pour de nombreuses espèces de lémuriens éteints, la disparition de *C. primaeva* d'une si grande aire de répartition ne peut être liée qu'à des changements ou à des pressions locales, mais doit être le résultat de facteurs à grande échelle. Un autre animal exceptionnel connu des sites subfossiles régionaux de Belo sur Mer est bibymalagasia, *Plesiorycteropus madagascariensis* (178), qui ressemblait à un oryctérope et qui est placé dans son propre ordre de mammifères connu sous le nom Bibymalagasia (voir Planche 14). *Cryptoprocta spelea* a également été identifié sur les sites locaux, et c'est un **Carnivora** bien plus grand que toute autre espèce de l'île. Un membre actuel plus petit du même genre, *C. ferox*, est également connu de ces mêmes gisements, mais sans datations au ^{14}C ni contrôles stratigraphiques. Il est donc impossible de savoir si ces deux *Cryptoprocta* ont vécu dans la région en même temps (124).

Dans la reconstruction du site (voir Planche 9), nous avons essayé d'imaginer à quoi cette zone aurait pu ressembler il y a quelques millénaires. L'eau d'infiltration, débouchant sur les dunes côtières du côté terre en créant de zones d'eau douce, a probablement formé une série de lacs reliés par intermittence aux estuaires côtiers et qui auraient fourni un refuge pour certains animaux disparus. Parmi ceux-ci, il y a l'hippopotame nain *Hippopotamus lemerlei*, le crocodile *Voay robustus*, et des oiseaux **aquatiques** tel que le tadorne *Alopochen sirabensis*. Il est possible que l'habitat d'eau douce et la forêt voisine aient été séparés par une zone de forêt claire comme celle illustrée ici, semblable à la savane boisée actuelle de Miombo en Afrique australe (Figure 18). Cette zone a pu être un habitat important pour la tortue géante *Aldabrachelys abrupta* et régulièrement visitée par des oiseaux-éléphants comme *Mullerornis rudis* et par bibymalagasia *Plesiorycteropus madagascariensis* mentionnés plus tôt.

Compte tenu de la présence de certains animaux dans les gisements de Belo sur Mer, tels que le grand « lémurien-paresseux » **arboricole** *Palaeopropithecus ingens* et d'autres espèces qui dépendent des forêts dont *Pachylemur insignis*, *Megaladapis madagascariensis* et *Mesopropithecus globiceps*, il était possible que des portions de forêts locales fussent structurellement denses et eussent créé une voie continue au-dessus du sol de lianes et de branches pour ces lémuriens qui pouvaient s'y déplacer. Sur la Planche 9, nous avons représenté la zone comme étant une **forêt sèche caducifoliée** relativement dense, avec quelques éléments de **forêts humides** dont quelques arbres émergeants de bonne taille et un sous-étage relativement ouvert. Les trois espèces de « lémuriens-singes » (*Hadropithecus stenognathus, Archaeolemur majori* et *A. edwardsi*) étaient très à l'aise pour se déplacer et se nourrir sur le sol dans des habitats ouverts en dehors de la forêt. Ils peuvent avoir interagi à proximité de sites d'abreuvement comme nous l'avons illustré ici.

Dans les forêts sèches caducifoliées actuelles de la région, après le début des premières grandes pluies, la croissance des feuilles sur les arbres et la végétation et, ensuite, l'activité des animaux sont particulièrement spectaculaires. Notre interprétation de cette scène locale se déroule il y a plusieurs milliers d'années au plus fort de la saison des pluies, la forêt est d'une couleur étonnamment verdoyante et très « vivante ». A cette saison, les animaux se consacrent activement à la reproduction et à l'élevage de leurs petits, comme cette paire de tortues qui s'accouplent ou cet hippopotame femelle allaitant son petit. Les chants des oiseaux auraient commencé bien avant l'aube et seraient encore relativement intenses jusqu'à l'arrivée de la chaleur de la journée.

Un autre aspect fascinant de cette région de l'île vient d'autres sources spéciales qui éclairent sur la période où certains animaux se sont éteints ou ont disparus du pays. Parmi les populations locales de la région de Belo sur Mer, une riche histoire orale locale demeure dont des contes de quelques animaux apparemment éteints. Au cours de leur travail sur le terrain dans la région en 1995, David Burney et Ramilisonina ont pu recueillir des informations importantes d'anciens locaux sur certains animaux étranges et merveilleux considérés comme d'anciens résidents de la zone (37).

Parmi les informations qu'ils ont recueillies se trouvaient plusieurs histoires parlant d'animaux ressemblant à des hippopotames avec des noms vernaculaires locaux comme *kilopilopitsofy* ou *songomby*. Par exemple, une des personnes interrogées, un certain Monsieur Pascou, a raconté l'histoire suivante. « Il avait également vu le *kilopilopitsofy* plusieurs fois, le mieux et le plus récemment en 1976. Selon Pascou, cet animal est de la taille d'une vache, mais sans cornes. Il ne l'avait vu que pendant la nuit, en faible lumière, l'animal avait la peau très sombre, peut-être noire, sauf qu'il avait un peu de rose (*mavokely*) autour des yeux et de la bouche. Ses oreilles étaient assez grandes et tombantes. Lorsque nous lui avons montré une photo couleur d'un éléphant, sur la théorie que ces histoires étaient peut-être des traditions orales venant d'Afrique, apportées par les marins qui naviguaient sur le canal du Mozambique pour le commerce régional, il a été très amusé. ' Oh non ', rit-il en connaissance de cause, ' c'est un éléphant. ' Il a dit qu'il avait vu un éléphant des années auparavant quand un agriculteur français en apporta un à Mahajanga (Majunga), et que le *kilopilopitsofy* n'était pas aussi grand, avait une plus grande bouche, pas de trompe, et fuyait en courant dans l'eau ». Le récit continue : « il a imité pour nous l'appel du *kilopilopitsofy*. Il a poussé une série de longs grognements profonds, très similaires à *H.[ippopotamus] amphibius* et tout à fait différents de ceux du potamochère ».

Le même homme a également présenté des informations sur un autre animal étrange, cette fois surnommé le *kidoky*. « Cet animal, dit-il, ressemblait à quelque chose comme le sifaka [=*Propithecus*], mais avec un visage d'homme et de la taille d'une petite fille de sept ans, avec son arrière petite-fille qui se tenait debout à proximité quand il a raconté l'histoire. Il a raconté qu'il avait pu en observer un particulièrement bien dans les environs en 1952, et il avait un pelage sombre mais avec une tâche blanche visible sur le front et une autre en dessous de la bouche. C'est un animal timide, dit-il, et quand on le rencontre, il descend par terre et s'enfuit plutôt que de grimper aux arbres comme un sifaka. Il se déplace par bonds successifs, et peut peut-être se tenir debout sur ses deux pattes, croit-il ».

Tableau 7. Liste des **vertébrés terrestres** identifiés parmi les restes **subfossiles** mis à jour dans la région de Belo sur Mer (26, 118, 124, 178). Les espèces disparues sont signalées par †. La liste n'inclut pas les espèces **introduites**.

Ordre Reptilia
  Famille Testudinidae
    †*Aldabrachelys abrupta*
    Astrochelys cf. *radiata*
  Famille Crocodylidae
    †*Voay robustus*
    Crocodylus niloticus[1]
Classe Aves
†Ordre Aepyornithiformes
  †Famille Aepyornithidae
    †*Aepyornis maximus*
    †*Aepyornis medius* ?
    †*Mulleromis rudis*
Ordre Ardeiformes
  Famille Ardeidae
    Ardea humbloti
Ordre Anseriformes
  Famille Anatidae
    †*Alopochen sirabensis*
    Dendrocygna sp.
Ordre Cuculiformes
  Famille Cuculidae
    †*Coua primavea*

Classe Mammalia
†Ordre Bibymalagasia
    †*Plesiorycteropus madagascariensis*
Ordre Primates
Sous-ordre Strepsirrhini
Infra-ordre Lemuriformes
  †Famille Archaeolemuridae
    †*Archaeolemur edwardsi*
    †*Archaeolemur majori*
    †*Hadropithecus stenognathus*
  †Famille Palaeopropithecidae
    †*Mesopropithecus globiceps*
    †*Palaeopropithecus ingens*
  Famille Lemuridae
    †*Pachylemur insignis*
  †Famille Megaladapidae
    †*Megaladapis madagascariensis*
Ordre Carnivora
  Famille Eupleridae
    †*Cryptoprocta spelea*
    Cryptoprocta ferox
Ordre Artiodactyla
  Famille Hippopotamidae
    †*Hippopotamus guldbergi* ?
    †*Hippopotamus lemerlei*

---

[1] Les restes subfossiles de ce taxon provenant de Belo sur Mer sont encore à réévaluer pour vérifier s'il s'agit de *Voay robustus* ou non.

Dans leur analyse et leur interprétation du *kilopilopitsofy*, Burney et Ramilisonina ont remarqué que tous les caractères physiques et comportementaux décrits par leurs informateurs correspondent à ceux d'un hippopotame. La datation au ^{14}C la plus récente de restes subfossiles d'un *Hippopotamus* de Madagascar vient d'Itampolo, elle a donné une date de 980 ans BP (date moyenne calibrée de 905) (51). L'identité du *kidoky* est peu évidente. Plusieurs possibilités ont été suggérées, y compris les lémuriens disparus appartenant aux genres *Archaeolemur* et *Hadropithecus* pour lesquels les datations au ^{14}C les plus récentes sont de 1020 ans BP (date moyenne calibrée de 870) et de 1413 ans BP (date moyenne calibrée de 1260), respectivement. Il est difficile de répondre à la question cruciale si ces contes et souvenirs se basent sur de vrais animaux qui parcouraient autrefois l'Ouest de Madagascar, ou s'ils sont une formulation hybride entre des créations fictives et des animaux aujourd'hui disparus qui ont un jour réellement vécu dans le voisinage. Dans le premier cas, combien de temps peut-on entretenir la tradition orale après que la source ait disparu ? Les contes d'animaux fantastiques existent dans différentes régions de Madagascar (87) et il n'est pas possible d'exclure que de nombreux animaux aujourd'hui disparus parcouraient encore les forêts de Madagascar dans une période postérieure aux datations au ^{14}C.

MANANJARY – ANCIEN SYSTEME ESTUARIEN DES PLAINES DE L'EST DE MADAGASCAR ET CERTAINS DE SES ELEMENTS FAUNIQUES

Une carte de différents sites de Madagascar publiée récemment qui ont fourni des datations au **carbone-14** d'os d'animaux ou d'autre matière organique comprenait 27 localités **paléontologiques** (40), dont Mananjary était le seul dans les plaines de l'Est, une zone qui s'étend le long d'un axe nord-sud sur une distance de 1200 km. En revanche, 14 différents sites datés ont été seulement répertoriés dans la partie Sud-ouest de l'île. Cette tendance crée de sérieux problèmes dans l'interprétation des variations holocénique du climat, de l'**habitat** et des organismes des immenses plaines de l'Est. Il est donc nécessaire de se demander pourquoi il existe si peu de sites paléontologiques ou mixes **archéologique** / paléontologique connus sur cette partie de l'île. Comme il est présenté ci-dessous, cette constatation est causée par plusieurs facteurs, tels que le niveau local d'exploration, la géologie et le climat.

Des générations de paléontologues travaillant sur des gisements d'os de la fin du **Pléistocène-Holocène** ont concentré leurs efforts dans l'Ouest où dans la plupart des cas, la logistique pour arriver et repartir sur les sites était plus simple que

Planche 10. Très peu d'informations sont disponibles sur les sites **subfossiles** de la partie orientale de Madagascar. Le seul site connu à ce jour est proche de Mananjary où quelques os ont été retrouvés au début du 20ème siècle. Ici, nous décrivons une zone marécageuse à proximité d'un estuaire, l'animal dominant trouvé ici, *Hippopotamus laloumena*, se vautre et se nourrit d'herbes au bord de l'eau. Un certain nombre d'oiseaux d'eau sont également présentés, lesquels continuent d'évoluer dans l'Est de Madagascar aujourd'hui, notamment le canard *Anas melleri* comme cette femelle défendant sa couvée ayant éclos récemment, un ibis *Plegadis falcinellus* au premier plan central à gauche, et quelques aigrettes en arrière-plan. (Planche par Velizar Simeonovski.)

pour une grande partie des plaines de l'Est. C'est en partie à cause de la couverture végétale dense de l'Est qui augmente la difficulté d'exploration et de recherche de sites, comparée à la végétation clairsemée de l'Ouest et surtout du Sud-ouest. Avec un véhicule à quatre roues motrices en bon état ou au pire avec une charrette à bœufs, une équipe de recherche peut accéder à la plupart des endroits de l'Ouest pendant la saison sèche. En revanche, certaines parties de l'Est sont topographiquement complexes, peu de routes ou de pistes existent, et de vastes zones ne sont accessibles que par la randonnée. Ces facteurs créent des complications logistiques, et la seule option restante parfois est d'employer un grand nombre de porteurs afin d'approvisionner le site et de ramener les échantillons.

Un autre aspect essentiel est la géologie. Une grande zone de **calcaire** presque continue se situe parallèlement le long de la côte Ouest de l'île. Ces paysages **karstiques** érodés par l'eau contiennent de nombreuses grottes, crevasses et canyons. Ceux-ci sont des sites idéaux pour que des animaux aient été pris au piège, laissés largement intacts et leurs restes osseux conservés pendant des millénaires. Par exemple, le massif de l'Ankarana dans l'extrême Nord contient un grand nombre de grottes, avec plus de 110 km de galeries cartographiées (43). Ce massif a une histoire **subfossile** très riche (voir Planches 16 à 18). D'autres sites de l'Ouest ou du Sud-ouest sont représentés par de profonds gouffres, agissant comme des pièges naturels pour les animaux (voir Planches 6

& 15). En revanche, étant donné que la plupart de la roche à l'Est est granitique et qui ne s'érode donc pas de la même façon que les roches **sédimentaires**, très peu de grottes profondes y sont connues. Celles qui existent ne sont souvent que des abris relativement peu profonds, les portions les plus profondes sont généralement exposées aux éléments naturels qui dégradent sérieusement les ossements déposés.

Les petits cours d'eau et les rivières de l'Ouest fournissent des conditions idéales pour le dépôt osseux, en particulier en période d'inondation. Le site d'Ampoza (voir Planche 7) se situe dans un tel contexte. Beaucoup de ces cours d'eau de l'Ouest possèdent des marais d'eau stagnante qui sont parfaits pour les dépôts d'os et de matière organique. En revanche, de nombreuses rivières de l'Est descendent brusquement des Hautes Terres centrales et se déversent dans la mer après 50-100 km (Figure 9, à gauche). Dans cette région, il existe des marais de bas-fonds qui, au moins en théorie, devraient contenir des dépôts osseux. Le manque de prospection dans ces zones est peut-être la principale raison de l'absence d'autres exemples comme celui de la région de Mananjary, qui est l'objet de cette planche et discuté ci-dessous.

Le climat est un facteur essentiel qui influe sur la préservation de la matière organique, tels que les os des animaux. Les plaines de l'Est avec ses précipitations nettement supérieures et des niveaux élevés d'humidité produit toutes sortes de champignons, moisissures, etc. qui dégradent l'os. En revanche, l'Ouest relativement sec, en particulier le Sud-ouest, a des conditions propices à la **dégradation** relativement faible d'os, et dans certains endroits, des morceaux de chair restent attachés aux os. Dans les grottes actives avec l'eau qui coule, un nombre remarquable d'os d'animaux bien conservés ont été retrouvés incrustés dans des formations de calcite, fournissant des spécimens littéralement « figé dans le temps ». Même dans certains sites de l'Ouest, l'eau peut être l'ennemi des paléobiologistes ; l'**ADN** dans les os et les dents gorgés d'eau se dégradent rapidement. Par exemple, selon Anne Yoder, l'ADN ancien n'a pas pu être extrait des mâchoires et des dents *Archaeolemur* provenant des fouilles à Belo sur Mer en 1995.

Comme il a été mentionné plus haut, un des rares sites paléontologiques connu de l'Est se situe à quelques kilomètres au sud de Mananjary, il a été découvert pendant le dragage d'un réseau de voies navigables connu sous le nom de Canal des Pangalanes. Les Français ont construit ce canal entre 1896 et 1904, et au fil du temps en différents points, sa réhabilitation était nécessaire. Le système naturel avant la construction du canal aurait été une série d'estuaires ou de plaines côtières souvent adjacents aux marais, et composé de lacs, de rivières et de ruisseaux qui auraient fini par se jeter dans la mer. Depuis, la zone est constituée d'un vaste **écosystème** d'eau douce où l'eau y reste en permanence.

Dans un bref communiqué publié en 1922, Louis Monnier et Charles Lamberton ont annoncé à l'Académie Malgache la découverte d'un nouveau gisement subfossile à Mananjary (198). Parmi les échantillons récupérés sur le site, ils ont répertorié les restes suivants dans un excellent état de conservation, dont quelques espèces indigènes (Tableau 8) :

« 1˙ un demi-maxillaire inférieur d'un jeune ruminant indéterminé ;
2˙ les maxillaires supérieurs d'un potamochère [*Potamochoerus*, probablement **introduits**] ;
3˙ des plaques osseuses cutanées d'un animal **aquatique** encore indéterminé ;
4˙ enfin des vertèbres, des côtes, un avant-bras, le bassin presque entier et le maxillaire inférieur d'un hippopotame. »

Ces auteurs ont comparé les restes de cet hippopotame, à ceux de *Hippopotamus lemerlei* qui était probablement originaire de l'Ouest, et ils ont été frappés par la grande taille des échantillons de Mananjary. Grâce à plusieurs caractéristiques dentaires, ils ont conclu que les spécimens de Mananjary étaient plus proches du *H. amphibius* d'Afrique, mais néanmoins différents, et ils l'ont donc considéré comme une nouvelle sous-espèce, *H. amphibius standini*. Monnier et Lamberton ont aussi mentionné que près de 12 ans plus tôt, une molaire de ce qui avait probablement été un hippopotame a été retrouvée dans la partie basse de la vallée du fleuve Mangoro. Ils en ont conclu que les hippopotames ont pu à un certain moment exister le long de toute la côte Est de l'île. Un certain nombre de fouilles archéologiques ont été menées dans la région de Mananjary au cours de la dernière décennie et aucun reste d'hippopotame n'a encore été découvert (137).

Laurie Godfrey et Bill Jungers ont tenté de retrouver le site des hippopotames de Mananjary en 1998. Ils ont loué un petit bateau avec un guide et ils ont interrogé des villageois rencontrés le long des rives des Pangalanes afin d'obtenir des informations sur les collecteurs de **fossiles** et d'os inhabituels. Dans un village, ils ont été informés que de grands os inconnus avaient une fois été retrouvés pendant le dragage, mais les gens avaient peur de la sorcellerie et les ont rejetés à l'eau ! Plus poignant encore, dans un autre groupe de maisons, les vieux locaux ont clairement fait savoir qu'ils ne voulaient pas parler de tous les vieux os retrouvés lors de la construction ou de la réparation du canal. Leurs parents avaient été obligés de faire un travail éreintant, et parler de cette période évoquait chez eux de mauvais souvenirs de la période coloniale française.

Après la présentation de Monnier et Lamberton à l'Académie Malgache, les échantillons de Mananjary ont été déposés au musée de l'académie. Il a fallu attendre près de 70 ans pour que les deux paléontologues, Martine Faure et Claude Guérin, qui avaient travaillé sur des restes d'hippopotame venant de Madagascar et d'autres parties du monde, ont eu l'occasion d'examiner les échantillons de Mananjary (70). Ils ont remarqué que la mandibule de Mananjary était nettement plus grande que celles des deux espèces subfossiles d'hippopotames malgaches déjà reconnues, *H. lemerlei* et *H. madagascariensis*

(251, mais voir ci-dessous les observations supplémentaires sur leur classification), et légèrement plus petite que l'actuel *H. amphibius* africain. Ils ont également trouvé dans la même collection un certain nombre d'os des orteils, également plus grands et ostéologiquement différents des deux espèces subfossiles malgaches connues. Grâce à ces résultats, ils ont nommé une espèce nouvelle pour la science, *H. laloumena*, à partir des restes initialement décrits par Monnier et Lamberton. *Lalomena* est dérivé d'un mot malgache utilisé dans le folklore local, en particulier dans la partie orientale de l'île, pour appeler un animal qui correspond très bien à la description d'un hippopotame. La mandibule a été exposée à l'Académie Malgache à Tsimbazaza, Antananarivo, et les orteils stockés dans les collections de l'académie au Palais de la Reine, dans un bâtiment connu sous le nom de « *Tranovola* ». Début novembre 1995, un incendie s'est produit dans le complexe du Palais de la Reine et a détruit en grande partie la « *Tranovola* ».

Par la suite, d'autres changements ont été faits sur la **taxonomie** des hippopotames malgaches. Le premier point à mentionner est que lorsque *H. madagascariensis* a été décrit en 1883 (138), la langue de l'article était le norvégien Riksmål archaïque. Par conséquent, les détails spécifiques de cette publication n'avaient pas été correctement compris jusqu'à sa récente traduction en français (78). En fait, l'animal dont parle Guldberg est *H. lemerlei* décrit en 1868 par Alphonse Grandidier (128). Guldberg a voulu apporter de plus amples détails anatomiques afin d'ajouter plus d'informations à celles présentées par Grandidier, et il a décidé de changer le nom de *lemerlei* à *madagascariensis*. Mais ceci est contraire aux règles de **nomenclature**, et le premier nom choisi pour une espèce reste avec celle-ci. Par conséquent, le nom de *H. madagascariensis* tel qu'utilisé par Guldberg est un synonyme de *H. lemerlei*. Le nom *H. madagascariensis* a été utilisé quelques années plus tard par Forsyth Major (186), et les spécimens attribués à cette espèce sont en effet distincts de *H. lemerlei*. Etant donné qu'il serait inapproprié d'utiliser le nom scientifique *H. madagascariensis* pour les spécimens de Major, car c'est un synonyme de *H. lemerlei*, un nouveau nom a été proposé, *H. guldbergi* (78).

Grâce aux informations actuellement publiées, il semble que *H. laloumena* avait une large distribution à Madagascar, le long de la côte Est et un peu à l'intérieur des terres à partir de la côte Ouest. La validité de *H. laloumena* a été remise en question, et il est considéré par certaines autorités comme un synonyme de *H. amphibius* africain (23).

La Planche 10 représente la scène estuaire de marais où les restes de *H. laloumena* ont été trouvés. Il s'agissait probablement d'une étendue relativement importante d'un habitat aquatique, similaire à l'actuel Canal des Pangalanes, composé d'une série de lacs sans doute reliés les uns aux autres par un réseau aquatique ou par des étendues de terres relativement étroites séparant les différents écosystèmes aquatiques. De grandes superficies de roseaux et de graminées **terrestres** ont été trouvées sur des terres légèrement plus en hauteur, là où les hippopotames se nourrissaient. Sur les crêtes, on aurait pu trouver la **forêt humide** de l'Est avec une multitude d'organismes différents.

Tableau 8. Liste des **vertébrés terrestres** identifiés parmi les restes **subfossiles** de Mananjary (46, 70, 198). Les espèces disparues sont signalées par †. La liste n'inclut pas les espèces **introduites**.

Classe Aves
†**Ordre Aepyornithiformes**
 †Famille Aepyornithidae
  †*Aepyornis* sp.

Classe Mammalia
Ordre Artiodactyla
 Famille Hippopotamidae
  †*Hippopotamus laloumena*

REGION D'ANTSIRABE – ECOLOGIE DES MARAIS DES HAUTES TERRES CENTRALES ET DES HABITATS FORESTIERS : MESURE DU CHANGEMENT AU COURS DU TEMPS

La région des Hautes Terres centrales, entre Antsirabe et Betafo, est pourvue d'une quantité considérable d'os **subfossiles**, et le lac Tritrivakely proche de cette région a abrité des dépôts de pollen bien documentés. Pour le pollen, les noyaux ont pu être datés de près de 36 000 ans ;

Planche 11. Sur la base de différents types d'animaux identifiés dans les gisements **subfossiles** de la région d'Antsirabe, il semble qu'il y a plusieurs milliers d'années, l'**écosystème** local était composé de systèmes de marais avec la forêt de montagne avoisinante. Une variété d'oiseaux **aquatiques** disparus ont été identifiés dans ces gisements. Des restes de deux espèces d'oiseaux-éléphants et de cinq espèces de grands lémuriens éteints sont connus dans la région. Un autre membre important de l'écosystème aquatique aurait été l'hippopotame *Hippopotamus guldbergi*. (Planche par Velizar Simeonovski.)

Identification des espèces

1 : †*Centrornis majori*, 2 : †*Hovacrex roberti*, 3 : †*Alopochen sirabensis*, 4 : †*Voay robustus*, 5 : †*Hippopotamus guldbergi*, 6 : †*Megaladapis grandidieri*, 7 : †*Aepyornis hildebrandti*, 8 : †*Mullerornis agilis*, 9 : †*Palaeopropithecus maximus*.

ce qui donne une vision claire du changement **écologique** dans cette zone relativement, remontant loin au cours du temps et bien avant la **colonisation** humaine de l'île. Après l'arrivée de l'homme dans cette région, les données sur les pollens et sur les niveaux associés de particules fines de charbon dans les sédiments ont apporté un éclaircissement important sur les impacts écologiques des **perturbations** humaines (**anthropiques**). Plusieurs sites de la région d'Antsirabe ont été fouillés, dont l'altitude de la plupart est d'environ 1500 m au-dessus du niveau de la mer, et également les sites qui se trouvent à proximité immédiate d'Antsirabe (parfois appelé Sirabe ou Sirabé dans la littérature ancienne) :

Betafo, Morarano et Masinandraina (aussi appelé Masinandreina). Afin de donner une vision plus large de la faune et de l'écologie anciennes de cette zone, nous avons combiné les informations portant sur ces sites différents.

La première découverte de gisements d'os dans la région d'Antsirabe est étroitement liée à un missionnaire religieux, Torkild Guttormsen Rosaas (Figure 31). Il est arrivé à Madagascar en 1869 et il a fait partie du « Norwegian Missionary Society » ; il a pris résidence dans le petit village de Loharano, pas trop loin d'Antsirabe, puis à Masinandraina, et par la suite à Antsirabe, où il a vécu jusqu'en 1907. Au cours de 40 ans de résidence environ, il a dirigé de nombreux projets humanitaires et de développement, parmi lesquels se trouvait l'exploitation des sources thermales de la région volcanique d'Antsirabe pour les capacités thérapeutiques de l'eau (230). En tant que sous-produit de l'élargissement de ces sources, ainsi que quelques-unes des exploitations de chaux, il était responsable des fouilles de plusieurs sources thermales où des quantités importantes de subfossiles ont été trouvées.

Au cours du long séjour de Rosaas dans la région d'Antsirabe,

Figure 31. Torkild Guttormsen Rosaas était un missionnaire norvégien qui a vécu dans la région d'Antsirabe de 1869 à 1907. Tout au long des nombreuses années de résidence, il a lancé différents types de projets de développement, y comprise l'exploitation de la chaux dans les gisements de sources chaudes, et un nombre considérable de **subfossiles** y a été trouvé. La statue de Rosaas illustrée ici est située dans un petit parc au centre d'Antsirabe et témoigne de la reconnaissance pour ses activités historiques dans le développement de la région. (Cliché par Hesham T. Goodman.)

différents **paléontologues** ont traversé la région afin de monter des collections, et il leur a fourni une aide considérable ; entre autres, l'établissement de collaborations avec des paléontologues de l'Académie Malgache et avec d'autres institutions. Rosaas a également fait don de subfossiles aux naturalistes et aux scientifiques de passage tels que l'Allemand Johannes Hildebrandt et le Français Georges Muller lors de leurs visites à Antsirabe. Dans les deux cas, différents oiseaux-éléphants ont été nommés par ces messieurs, dont *Aepyornis hildebrandti*, *A. mulleri* et le genre *Mullerornis* (193).

Les collections de lémuriens éteints de la région (Tableau 9) comprennent *Mesopropithecus pithecoides*, *Megaladapis grandidieri* et *Pachylemur jullyi* d'Antsirabe même ; à proximité de Morarano-Betafo, *Palaeopropithecus maximus*, *Megaladapis grandidieri*, *Pachylemur jullyi* et *Archaeolemur edwardsi* ont été trouvés, et à quelques kilomètres à Masinandraina il existe des restes d'*A. edwardsi*, *M. grandidieri* et *P. jullyi* (69, 89, 253). Dans l'ensemble, la diversité des espèces subfossiles est légèrement faible par rapport à celle d'un autre site des Hautes Terres centrales, Ampasambazimba (voir Planche 12) ; celui-ci est situé à plusieurs centaines de mètres plus bas à environ 120 km au Nord-ouest.

Hadropithecus et *Archaeoindris* sont absents des gisements proches d'Antsirabe. La présence d'*Archaeolemur* à Antsirabe et à Ampasambazimba indique au moins la présence d'un **habitat** ouvert, qui est probablement l'environnement favori de *Hadropithecus* et d'*Archaeoindris*. Egalement connu dans la région d'Antsirabe, *Megaladapis grandidieri*, un **arboricole** mangeur de feuilles, étroitement lié à *M. madagascariensis* du Sud et du Sud-ouest. Compte tenu de sa corpulence, il était protégé de la plupart des **prédateurs** non humains, comme on le voit sur la Planche 11, en particulier quand il vient boire au bord de l'eau. Bien que le « lémurien-paresseux » *Palaeopropithecus* ne fût pas commun dans toutes les localités de la région d'Antsirabe, il est présenté ici accroché à une branche au loin.

Un grand nombre d'ossements d'oiseaux ont été retrouvés sur les sites dans les environs d'Antsirabe, oiseaux comprenant 16 espèces (Tableau 9) dont six ou 38 % éteintes, et plusieurs espèces actuelles ne vivent plus dans cette partie de Madagascar (110). Des restes de deux espèces d'oiseaux-éléphants sont trouvés dans la région d'Antsirabe, le grand *Aepyornis hildebrandti* et le plus petit *Mullerornis agilis* de la taille d'une autruche. Comme peu d'informations sont connues sur l'écologie alimentaire de ces oiseaux, il est difficile d'interpréter les aspects de leur régime alimentaire et de leur habitat (voir Planche 1). Dans tous les cas, compte tenu de leur **biomasse** relative présumée, par rapport à celle des autres organismes de l'**écosystème**, leur disparition a probablement donné lieu à des changements importants. Une datation au **carbone-14** est disponible à partir d'un os d'*Aepyornis* de Masinandraina, donnant une date de 4496 ans **BP** (date moyenne calibrée de 5075) (51). Comme ce fut le cas d'Ampasambazimba (voir Planche

12), un certain nombre d'oiseaux **aquatiques** actuels ont également été retrouvés sur les sites subfossiles de la région d'Antsirabe. Il s'agit notamment d'*Anas erythrorhyncha*, d'*A. melleri* et d'*A. bernieri* ; ces deux dernières espèces ont des aires de répartition actuelles très réduites et sont considérées comme « en danger » par l'Union Internationale pour la Conservation de la Nature. Il existe un oiseau aquatique identifié dans les dépôts de la région d'Antsirabe qui ne vit plus à Madagascar, mais qui existe peut-être encore dans d'autres régions du monde. Les os d'un grand cormoran *Phalacrocorax* sp., identifiés dans des restes subfossiles, sont plus grands que ceux du cormoran connu sur l'île aujourd'hui, *P. africanus*, également identifié dans ces gisements.

Deux espèces d'oiseaux aquatiques éteintes ont été excavées dans les dépôts de la région ; ces espèces étaient toutes deux de large répartition sur les Hautes Terres centrales et dans les plaines et les zones côtières de l'île. La première est *Alopochen sirabensis*, décrite à partir d'échantillons de la région d'Antsirabe (5). Comme Lucien Rakotozafy l'avait remarqué, les restes de cette espèce sont abondants dans ces gisements (220). Si les habitudes et les habitats de *A. sirabensis* avaient été comme ceux du genre actuel de tadorne *A. aegyptiacus*, il aurait été grégaire, se nourrissant souvent de la végétation du bord de l'habitat aquatique, en particulier de plantes **herbacées** et de graines, ainsi que d'**invertébrés** et de petits **vertébrés**. Deux datations au [14]C d'Antsirabe pour *A. sirabensis* ont donné des dates de 19 250 et 17 100 ans BP (dates moyennes calibrées respectivement de 22 860 et 20 170 ; 51).

La deuxième espèce éteinte d'oiseau aquatique de ces dépôts est *Centrornis majori*, considérée comme étant un nouveau genre et une nouvelle espèce à partir des échantillons d'Antsirabe (5). Certains aspects physiques de *Centrornis* sont un peu particuliers. Les différentes caractéristiques osseuses montrent qu'il s'agissait vraiment d'un oiseau aquatique, probablement le mieux placé dans la Sous-famille des Tadorninae. Il était bien plus grand et plus gros qu'*A. sirabensis*, avec de longues pattes et peut-être de longs orteils. Il aurait probablement été plus à l'aise à patauger plutôt qu'à nager, pour chercher sa nourriture dans l'eau peu profonde. Une des autres caractéristiques de cet oiseau est la présence d'éperons sur le bord des ailes vers les « poignets ». Ceux-ci auraient sans doute été utilisés pour des interactions agressives avec les individus de la même espèce (**intraspécifique**) ou peut-être pour un certain type de défense contre les prédateurs. Imaginons les cris rauques entendus aux bords des marais pendant les combats de la saison nuptiale, quand les mâles se jetaient sur leurs adversaires armés de leurs éperons. Une datation au ^{14}C de restes osseux de cette espèce récupérés à Antsirabe était de 17 370 ans BP (date moyenne calibrée de 20 480, 51) ; ce qui recoupe les dates d'*Alopochen* et qui indiquent que ces deux espèces vivaient dans les marais à la même époque.

S'appuyant également sur les collections rapportées à Londres par Forsyth Major, Andrews a décrit une autre espèce d'oiseau, le râle *Tribonyx roberti* (5), qui a ensuite été transféré vers le genre **endémique** éteint *Hovacrex*. Sur la Planche 11, *Hovacrex roberti* est représenté comme une sorte de poule d'eau, avec laquelle il a quelques similitudes ostéologiques. En conséquence, il est possible que cet oiseau disparu soit nourri au bord des roseaux et d'une végétation dense, en courant ou en nageant parfois.

Deux autres animaux qui habitaient autrefois dans les habitats aquatiques de la région d'Antsirabe doivent être mentionnés. Le premier était un grand crocodile endémique *Voay robustus*, qui pouvait mesurer jusqu'à environ 5 m et qui aurait été un prédateur redoutable. Il se nourrissait peut-être de différents animaux aquatiques présents dans ces marais, ainsi que d'animaux **terrestres** venus au bord de l'eau pour boire. Le second était un hippopotame aujourd'hui appelé *Hippopotamus guldbergi*, qui a été récemment décrit (78 ; voir Planche 10). Plusieurs datations au ^{14}C sont disponibles pour *H. guldbergi* d'Antsirabe ; elles sont de 1800, 1260 et 1215 ans BP (dates moyennes calibrées respectivement de 1665, 1150 et 1075) (51). Ces dates se situent un peu avant le premier signe connu de la présence humaine dans cette région.

Alors que le nombre d'os d'espèces terrestres éteintes récupérés sur ces sites est bien inférieur à ceux des espèces aquatiques, certains autres animaux exceptionnels ont été identifiés. L'un des animaux les plus fantastiques récupérés dans les gisements d'Antsirabe et de Masinandraina est *Plesiorycteropus* – un animal semblable à un oryctérope qui a été récemment placé dans son ordre propre, Bibymalagasia (178). Il n'existe qu'un seul spécimen venant de Masinandraina, un os partiel de bassin, et qui a été initialement identifié à tort comme étant celui de *Daubentonia robusta* (69). Forsyth Major et Lamberton ont tous les deux découvert d'autres spécimens de *Plesiorycteropus* dans la région d'Antsirabe (167). Une datation au ^{14}C est disponible venant d'un échantillon de Bibymalagasia obtenu à Masinandraina, qui a donné 2154 ans BP (date moyenne calibrée de 2125) (51). Par conséquent, cet animal énigmatique était encore vivant récemment. Il s'était apparemment spécialisé dans la consommation d'insectes ou d'invertébrés à corps mou, et grâce à de grosses griffes pour creuser, il extrayait sa **proie** du sol, de bois pourris ou de termitières. Des travaux plus récents sur les relations **phylogénétiques** d'un groupe de mammifères aujourd'hui connu sous le nom d'Afrotheria, assemblage diversifié d'animaux censés provenir d'un **ancêtre** commun et qui s'est diversifié sur le continent africain, suggère que *Plesiorycteropus* pourrait être en fait le « **groupe sœur** » des oryctéropes (266).

Bien qu'il existe un certain nombre de citations sur les os de tortue géante récupérés dans la région d'Antsirabe, l'identité spécifique reste incertaine (26). Etant donné que les tortues obtiennent leur chaleur corporelle à partir de sources extérieures, en particulier le soleil, et en tenant compte des températures fraîches d'une zone de haute altitude comme Antsirabe, il est probable que cette région a constitué leur limite supérieure en altitude.

Le dernier mammifère à mentionner est *Hypogeomys australis*, qui était un rongeur terrestre pesant sans doute au moins 2 kg. Son congénère actuel, *H. antimena*, est connu des dépôts subfossiles du Sud et du Sud-ouest de Madagascar, et son aire de répartition actuelle est située dans la région du Menabe central au nord de Morondava (voir Planche 2). *Hypogeomys antimena* est une espèce **nocturne** qui creuse des terriers profonds dans le sol et se nourrit principalement de graines et de tubercules. Il serait raisonnable d'imaginer que *H. australis* ait eu des **adaptations** semblables à cause de son mode de vie.

A partir de toutes ces informations, comparables à une fenêtre nous éclairant sur la faune terrestre et **aquatique** qui vivait sur les Hautes Terres centrales près d'Antsirabe, dont de nombreuses espèces sont aujourd'hui disparues, il est important d'essayer d'expliquer ce qui est arrivé à ces organismes ainsi que sur les changements qui ont eu lieu dans les écosystèmes locaux. Les recherches entreprises par deux équipes différentes qui ont extrait des carottes de sédiment du lac de haute montagne connu sous le nom de Tritrivakely ou Andraikiba, non loin d'Antsirabe nous ont fourni des informations importantes.

Les 13 m supérieurs d'un échantillon de 40 m de sédiments continus de la première carotte, ont donné un compte rendu des 36 000 dernières années, offrant une vision extraordinaire sur la végétation présente autour de ce lac ainsi que les aspects de cet écosystème aquatique (83, 84, 85, 228). Les matières organiques des différentes parties des sédiments ont été datées au ^{14}C, offrant une idée de la chronologie des différents changements de l'histoire de l'environnement. Environ 36 000 ans BP, le lac était similaire sur certains aspects de ses conditions anciennes à celui d'aujourd'hui, mais avec un pourcentage élevé de pollens (80 %), caractéristique des zones de haute montagne, en particulier de celles des bruyères de la Famille des Ericaceae, représentant probablement une période au climat plus froid qu'aujourd'hui. Des quantités importantes de sédiments de tourbe ont été déposées au cours de cette période jusqu'à environ 14 400 ans BP. L'étape suivante, datée entre environ 36 000 et 20 000 ans BP, montre quelques fluctuations, y compris une éruption volcanique il y a environ 35 000 ans BP (voir ci-dessous) ainsi que des changements remarquables dans l'environnement aquatique du lac. Ces changements sont le plus souvent associés à l'époque qui a précédé le **Dernier Maximum Glaciaire**. Il s'agit d'une période où une grande partie de la terre, incluant les hautes montagnes de Madagascar (261), était en **glaciation**. Le pollen de cette partie du gisement est encore dominé par la Famille des Ericaceae.

Le prochain intervalle notable enregistré entre 19 000 et 4000 ans BP coïncide avec la période d'après le Dernier Maximum Glaciaire, lorsque la terre a commencé à se réchauffer et quand la productivité biologique s'est accrue. Pendant cette période, le lac était un marécage dominé par les papyrus. La quantité de pollen d'Ericaceae, ainsi que celles d'autres plantes représentant la flore de haute montagne dans les dépôts, a baissé considérablement, reflétant des forêts adjacentes, avec des conditions plus humides et tempérées pour la végétation. Plusieurs genres d'arbres typiques des formations de basse altitude de l'île étaient courants. La carotte de pollen se termine avec la période de l'**Holocène** supérieur, et les conditions écologiques correspondent à celles d'un marais de tourbe similaire à ceux d'il y a environ 36 000 ans BP. Les données obtenues à partir de cette carotte semblent représenter un cycle climatique complet, de relativement chaud à froid et puis qui se réchauffe à nouveau, au cours des 40 derniers millénaires ; et ces données montrent clairement comment le climat *naturel* et les conditions écologiques ont varié.

Une étude récemment publiée présente une chronologie différente pour certains de ces événements décisifs (228). Une nouvelle série **stratigraphique** analysée à partir de sédiments terrestres révèle qu'entre environ 35 000 et 14 400 ans BP, il y a eu une alternance de dépôts de différents types de sable, de limons, de graviers et de tourbe, indiquant de grandes fluctuations des conditions météorologiques en relation avec les changements des conditions du **Pléistocène**. Puis autour de 14 400 ans BP, une activité volcanique a été enregistrée ; elle a duré 6000 ans et elle a déposé jusqu'à 20 m d'épaisseur de matériaux volcaniques fragmentés. L'impact de ces éruptions aurait certainement joué un rôle important à l'échelle locale et sans doute il aurait radicalement modifié les conditions météorologiques au moins dans cette partie des Hautes Terres centrales.

Une autre carotte venant du même lac : celle-ci allant jusqu'à une profondeur de 5 m, nous donne un aperçu sur les 11 000 dernières années de l'histoire géologique (32). Les types d'analyses effectuées avec cette seconde carotte fournissent une fenêtre plus ciblée sur la période précédant la colonisation humaine des Hautes Terres centrales ainsi que les événements qui vont s'ensuivre. Comme pour la carotte précédente, les échantillons biologiques prélevés sur les différentes sections ont été soumis à la datation au ^{14}C et ils apportent ainsi un cadre temporel pour les différentes phases.

Un des premiers aspects importants de cette étude provient de particules de charbon de la section pré-humaine de la carotte, et il est clair que le feu était un aspect naturel de l'environnement. Comme nous l'avons mentionné précédemment, jusqu'à environ 9000 ans BP, le pollen des éricoïdes dominait, puis grâce à une phase de réchauffement climatique, les arbres ligneux sont devenus plus fréquents. Par la suite, vers environ 2000-1500 ans BP, les valeurs de charbon ont augmenté considérablement ; elles sont plus élevées que les niveaux naturels de base des millénaires précédents, coïncidant avec une diminution du pollen des arbres et une augmentation de celui de l'herbe

et d'espèces de la Famille des Asteraceae ou Compositae.

Maintenant, le point essentiel à ce stade est de définir quand les humains sont-t-ils arrivés sur les Hautes Terres centrales et ont-ils engagé différentes actions qui auraient modifié la végétation naturelle ? La première preuve de données **archéologiques** que nous connaissons pour cette partie des Hautes Terres centrales remonte au 13ème siècle (63), et qui se situe à environ 200-300 ans après les changements de végétation de la carotte du lac Tritrivakely. Certaines des premières plantes **introduites** par l'homme reconnues par leurs pollens distinctifs comprennent *Cannabis* (marijuana, Famille des Cannabaceae) et *Humulus* (utilisé pour fabriquer la bière, Famille des Cannabaceae). Cela semble indiquer que certains aspects du comportement humain ont été remarquablement constants dans le temps et dans les différentes cultures. Si ces dates sont en effet correctes, la présence de ces pollens dans la carotte suggère que la présence humaine aurait remonté à quelques siècles avant d'être confirmée par les données archéologiques. Les sols de cette région montagneuse volcanique sont très riches et il est facile d'imaginer comme aujourd'hui, que les pionniers aient exploité cette zone agricole productive de l'île.

En résumé donc, la région autour d'Antsirabe a connu des périodes de refroidissement et de réchauffement typiques de la fin du Pléistocène et du début de l'Holocène, périodes qui se sont produites dans d'autres régions du monde à la même latitude et faisant partie du cycle climatique naturel. Au cours de cette période, un écosystème montagnard était présent dans la région d'Antsirabe, avec de vastes marais, ainsi qu'une riche diversité d'animaux dont bon nombre étaient de grande taille, et aujourd'hui disparus. Des fluctuations climatiques entre les périodes fraîches et sèches, ou chaudes et humides ont pu être observées. Au 13ème siècle, et peut-être même plusieurs centaines d'années plus tôt, les êtres humains ont colonisé la région et des changements notables sont survenus, avec des habitats plus ouverts et apparemment perturbés. En d'autres termes, il y a eu une augmentation des graminées, et des incendies ont été

Tableau 9. Liste des **vertébrés terrestres** identifiés sur différents sites **subfossiles** dans la région d'Antsirabe (20, 26, 28, 78, 110, 124, 178). Les espèces disparues sont signalées par †. La liste n'inclut pas les espèces **introduites**.

Ordre Reptilia
  Famille Testudinidae
    †*Aldabrachelys* sp.[1]
  Famille Crocodylidae
    †*Voay robustus*
Classe Aves
†Ordre Aepyornithiformes
  †Famille Aepyornithidae
    †*Aepyornis hildebrandti*
    †*Mulleromis agilis*
    †*Mulleromis betsilei*
Ordre Pelecaniformes
  Famille Phalacrocoracidae
    †?*Phalacrocorax* sp.
    Phalacrocorax africanus
Ordre Ardeiformes
  Famille Ardeidae
    Ardea sp.
  Famille Threskiornithidae
    Platalea alba
Ordre Anseriformes
  Famille Anatidae
    †*Centromis majori*
    †*Alopochen sirabensis*
    Sarkidiornis melanotos
    Anas bernieri
    Anas erythrorhyncha
    Anas melleri
Ordre Falconiformes
  Famille Accipitridae
    Accipiter sp.
Ordre Galliformes
  Family Phasianidae
    Margaroperdix madagarensis

Ordre Gruiformes
  Famille Rallidae
    †*Hovacrex roberti*
    Gallinula chloropus
    Porphyrio porphyrio
Ordre Psittaciformes
  Famille Psittacidae
    Coracopsis vasa
Classe Mammalia
†Ordre Bibymalagasia
    †*Plesiorycteropus madagascariensis*
Ordre Afrosoricida
  Famille Tenrecidae
    Tenrec ecaudatus
Ordre Primates
Sous-ordre Strepsirrhini
Infra-ordre Lemuriformes
  †Famille Archaeolemuridae
    †*Archaeolemur edwardsi*
  †Famille Palaeopropithecidae
    †*Mesopropithecus pithecoides*
    †*Palaeopropithecus maximus*
  Famille Lemuridae
    †*Pachylemur jullyi*
  †Famille Megaladapidae
    †*Megaladapis grandidieri*
Ordre Carnivora
  Famille Eupleridae
    †*Cryptoprocta spelea*
    Cryptoprocta ferox
Ordre Artiodactyla
  Famille Hippopotamidae
    †*Hippopotamus guldbergi*
Ordre Rodentia
  Famille Nesomyidae
    †*Hypogeomys australis*

---

[1] L'espèce d'*Aldabrachelys* qui était dans la région d'Antsirabe est incertaine.

plus fréquents. Les dernières datations au ^{14}C de certains animaux aujourd'hui disparus, tels que les hippopotames, font remonter ces animaux aux 11ème et 12ème siècles, ou juste avant que les données archéologiques ne signalent la présence humaine dans la région. Ainsi, selon les informations recueillies autour de la région d'Antsirabe, il n'existe aucune preuve directe attestant que l'homme et les animaux disparus aient vécu au cours de la même période. Cependant, si nous anticipons du moment où les données régionales seraient mieux connues, il est possible qu'il y ait eu certains chevauchements temporels entre les humains et la faune ayant jadis vécu dans cette région. Les données sur les pollens soulignent fortement cette probabilité.

Le scénario proposé est celui selon lequel des changements climatiques naturels ont été responsables de changements biologiques notables dans la région, poussant probablement certains organismes aux habitudes ou aux régimes alimentaires spécifiques vers des populations réduites ou vers l'**extinction**. Bien que n'ayant pas été appuyées par les données archéologiques connues à ce jour, nous supposons que les pressions humaines sur l'environnement qui ont suivi, la transformation des habitats et la chasse entre autres, ont poussé plusieurs populations en déclin vers leur disparition. L'arrivée des animaux **domestiques** comme les zébus sur les Hautes Terres centrales pourrait bien avoir été le coup de grâce final. Des recherches plus poussées et de nouvelles données nous donneront un aperçu de cette **hypothèse**.

AMPASAMBAZIMBA – RECONSTRUCTION D'UN HABITAT DE FORET DE MONTAGNE ET D'UNE SAVANE BOISEE QUI N'EXISTENT PLUS SUR L'ILE

La localité **subfossile** la plus connue des Hautes Terres centrales est Ampasambazimba. Le site a été visité et fouillé par des **paléontologues** à plusieurs reprises, de 1902 jusqu'à ces dernières années (164, 183, 249, 265). La majeure partie des subfossiles les plus importants proviennent des résultats consécutifs aux efforts antérieurs d'Herbert F. Standing et de Charles Lamberton.

Dix-huit espèces de lémuriens ont été identifiées parmi les restes subfossiles, dont huit ont disparu

(94). Pour mettre cela en perspective, le site actuel de l'île avec la plus grande diversité en lémuriens est la forêt de Makira, à l'ouest de Maroantsetra, avec 13 espèces (224). Par conséquent, la richesse en espèces d'Ampasambazimba en elle-même est extraordinaire, mais l'un des lémuriens les plus inhabituels est *Archaeoindris fontoynontii*. C'est un des plus grands primates ayant évolué sur notre planète et il n'est connu que dans ce site (voir ci-dessous). En outre, étant donné que la plupart

Planche 12. Le site **paléontologique** d'Ampasambazimba est le plus connu des Hautes Terres centrales, avec une variété remarquable de **vertébrés** identifiés, avec 18 espèces de lémuriens, dont huit sont éteintes. Il apparaît clairement que l'ancien **habitat** de cette région ne ressemble à aucun **écosystème** actuel des Hautes Terres centrales. La structure de l'ancienne forêt était probablement un mélange de **forêt humide** à **canopée** fermée, de zones de forêts claires boisées nettement plus ouvertes et des aires dominées par les graminées. Un des animaux exceptionnels connus seulement à Ampasambazimba, et formant l'espèce clé de cette planche est *Archaeoindris fontoynontii*, est d'un poids estimé à près de 200 kg. (Planche par Velizar Simeonovski.)

Identification des espèces

1 : †*Coua berthae*, 2 : †*Archaeoindris fontoynontii*, 3 : †*Plesiorycteropus germainepetterae*,
4 : †*Aepyornis hildebrandti*, 5 : †*Mesopropithecus pithecoides*, 6 : †*Stephanoaetus mahery*.

des sites des Hautes Terres centrales ne présentent plus d'habitat naturel ayant existé avant les importantes **dégradations anthropiques** de la région au cours du dernier millénaire, les différentes espèces retrouvées à Ampasambazimba nous apportent un important éclaircissement sur les **écosystèmes** d'un passé récent.

La région entourant ce site subfossile fait partie d'un complexe volcanique à proximité du Massif d'Itasy. Le site d'Ampasambazimba présentait un complexe de lacs et de marais formés après la construction des barrages sur une rivière associée à une coulée de lave. Les gisements d'os se trouvent dans les sédiments lacustres. Aujourd'hui, la zone est en grande partie formée de **savanes** continues et de rizières. Dans quelques endroits sur les crêtes et sur les collines aux alentours d'Ampasambazimba, des peuplements monospécifiques d'arbres résistants au feu *Uapaca bojeri* (Famille des Euphorbiaceae) persistent. Certaines zones boisées restantes peuvent être retrouvées dans cette partie des Hautes Terres centrales, souvent dans les bas-fonds ou associées à des milieux riverains (Figure 19, à gauche). Dans une certaine mesure, ces parcelles forestières semblent partiellement protégées contre les incendies annuels provoqués par les populations locales pour stimuler la croissance de l'herbe des pâturages pour le bétail. Cependant, nous laissons de côté ce sujet, et nous reviendrons ultérieurement sur les causes majeures de la transformation de l'habitat des Hautes Terres centrales.

Il est important d'établir dès le départ que les restes osseux d'Ampasambazimba ont été déposés sur une période relativement longue. La plus ancienne datation au **carbone-14** disponible pour ce site nous vient d'un « lémurien-singe » géant, *Archaeolemur* datant d'environ 29 000 ans **BP** et d'un oiseau **aquatique** disparu, *Alopochen sirabensis* d'un peu moins de 23 000 ans BP (ces deux dates sont très anciennes pour une calibration). Parmi plus de 40 dates disponibles pour ce site, beaucoup se situent dans la période de 7000 à 2000 ans BP, les plus récentes étant celles d'un « lémurien-koala » géant, *Megaladapis* de 1035 ans BP (date moyenne calibrée de 875 ; 51). Par conséquent, d'après les informations provenant des sites plus au sud, par exemple à Ampoza (voir Planches 7 & 8), il est facile d'imaginer qu'au cours des 28 000 ans de l'histoire géologique récente (qui comprend le **Dernier Maximum Glaciaire** il y a 20 000 ans), beaucoup de changements **écologiques** naturels aient eu lieu à Ampasambazimba.

En 1983 et 1984, Ross MacPhee et ses collègues ont revisité Ampasambazimba et ont ouvert une série de tranches d'excavation pour obtenir des données **stratigraphiques** des dépôts. Un des objectifs principaux était de donner un aperçu de la couverture de l'ancienne végétation de cette zone. Les analyses au ^{14}C du bois trouvé dans ces dépôts ont donné des dates calibrées de 9080 à 5380 ans BP. Le pollen de ces dépôts présentait une prépondérance du genre *Eugenia* (Famille des Myrtaceae) (183), que les chercheurs ont interprété comme étant la preuve de la présence d'une savane boisée dans la région. Des études **taxonomiques** ultérieures de la flore malgache ont révélé un nombre considérable d'espèces d'*Eugenia* décrites comme étant nouvelles pour la science, dont un grand nombre se trouve dans les **forêts humides** à **canopée** fermée. Par conséquent, l'apparition d'*Eugenia* dans ces dépôts ne se traduit pas nécessairement par la présence d'une savane boisée continue. Le type de pollen le plus commun était ensuite celui des graminées (Famille des Poaceae). Significativement et indépendamment du débat actuel si oui ou non *Uapaca* est un membre dominant naturel de la forêt **climacique** originale des Hautes Terres centrales (160), le pollen de ce genre qui est en partie transporté par le vent, était largement absent des échantillons analysés par MacPhee et ses collègues. C'est le même cas pour une autre carotte de pollen à proximité du lac Kavitaha, couvrant les 1500 dernières années, où le pollen d'*Uapaca* n'a jamais occupé une proportion importante dans la carotte, reflétant sans doute sa relative rareté dans l'environnement local (33).

Passons maintenant aux témoins venant de la faune subfossile récupérée à Ampasambazimba (Tableau 10), qui nous aideront à formuler plus d'extrapolations sur l'habitat présent dans la région. Les 10 espèces de lémuriens identifiées dans les dépôts subfossiles qui existent encore aujourd'hui fréquentent toutes les forêts. Certaines espèces sont capables de tolérer un certain niveau de dégradation de l'habitat et elles peuvent parcourir plusieurs centaines de mètres entre les parcelles de forêt à travers les savanes ouvertes, comme les membres des genres *Eulemur* et *Propithecus*. *Propithecus diadema*, *Indri indri*, *Varecia variegata* et *Hapalemur simus* sont des espèces fréquentant nettement des forêts humides, alors que le reste est présent dans la **forêt sèche caducifoliée** ou dans la forêt de transition sèche-humide. Par conséquent, si les exigences en habitat de ces taxons sont encore préservées aujourd'hui comme elles l'étaient il y a plusieurs milliers d'années, il en découlerait qu'au moins une partie de la formation de la végétation d'Ampasambazimba était composée de forêt humide à canopée largement fermée.

Sur la base des données sur les espèces éteintes de lémuriens, il existerait certains signes mixtes concernant l'habitat local ancien. Une **communauté** très diverse de lémuriens était présente près d'Ampasambazimba pendant l'**Holocène**, et la composante subfossile comprend les espèces les plus à l'aise sur le sol, comme les Archaeolemuridae, mais aussi des espèces qu'il est difficile d'imaginer ailleurs que dans les arbres. Ces dernières comprennent le « lémurien-paresseux » *Palaeopropithecus maximus* de la Famille des Palaeopropithecidae. Cet animal très **arboricole** était de grande taille (jusqu'à environ 50 kg), il était lent et prudent, et il utilisait ses longs membres antérieurs et ses courts membres postérieurs pour se déplacer suspendu la tête en bas, dans les strates supérieures de la forêt (90, 152). Il aurait été maladroit sur le sol. Cela implique donc qu'afin que cette espèce puisse se déplacer dans la forêt, au moins une partie de l'habitat local aurait du être composée d'une couverture dense, dont un important réseau de branches et de lianes dans la canopée moyenne à supérieure. A l'opposé, trois lémuriens disparus qui étaient plus à l'aise sur le sol plutôt que dans la canopée peuvent être mentionnés : *Archaeolemur*, *Hadropithecus* et *Archaeoindris* (voir ci-dessous). Par conséquent, d'après les preuves sur les lémuriens, l'idée de MacPhee et de ses collègues sur la présence d'une mosaïque d'habitats forestiers semble correcte.

Après les nombreuses fouilles menées à Madagascar à la recherche de lémuriens subfossiles, par exemple sur les Hautes Terres centrales, les résultats généraux indiquent que la plupart des taxons étaient largement répartis, au moins au niveau du genre. La principale exception est *Archaeoindris fontoynontii* dont les restes ne sont connus qu'à Ampasambazimba. Il s'agit de l'espèce clé de la Planche 12. Les os de cet animal sont encore limités à un crâne presque complet, à quelques morceaux de crâne venant d'un deuxième individu, à un os complet de la cuisse, et à quelques autres éléments du squelette, ainsi qu'un spécimen immature, tous découverts il y a longtemps. Selon les dimensions des dents et du fémur d'*Archaeoindris*, sa taille a été estimée à près de 200 kg (153) ; ce qui rivalise avec le plus grand des gorilles mâles vivant en Afrique aujourd'hui et suggère qu'*Archaeoindris* a été l'un des plus grands primates qui ait jamais existé sur notre planète. En raison de sa taille gigantesque, nous avons reconstitué cette espèce se nourrissant au sol, mais son anatomie suggère qu'il était probablement aussi un bon grimpeur au besoin.

Archaeoindris est membre du groupe éteint des « lémurien-paresseux » (comprenant également *Palaeopropithecus*, *Babakotia* et *Mesopropithecus*), et une analogie avec les paresseux **terrestres** géants éteints du **Nouveau Monde** est parfois évoquée pour aider à visualiser cet animal gigantesque et remarquable. L'analyse de ses dents indique que son régime alimentaire préféré était à base de feuilles, et qu'il complétait avec des fruits et des graines (96). Semblable à d'autres membres de sa famille, les Palaeopropithecidae, il possédait un cerveau relativement petit. Comme son compatriote le « lémurien-paresseux » *Palaeopropithecus*, il avait des anneaux osseux inhabituellement importants autour de ses orbites et des os saillants étranges à la base de son nez et dont la signification reste obscure. Ses yeux étaient relativement petits ; ce qui indique qu'il n'était certainement actif qu'essentiellement pendant la journée (**diurne**). La raison pour laquelle il semble avoir été limité aux Hautes Terres centrales et le moment où il a disparu restent un mystère.

Nous avons déjà caractérisé l'anatomie très spécifique et la locomotion en suspension de *P. maximus* (voir Planche 11). Cette impression est renforcée par des mains et des pieds longs et recourbés, presque en forme de crochet. Ses dents rappellent celles d'*Archaeoindris*, et il se nourrissait probablement dans les arbres, principalement de feuilles et de fruits. Il avait un cerveau relativement petit et il était essentiellement diurne, sûrement.

Un autre type de « lémurien-paresseux » a été découvert à Ampasambazimba et a été nommé en 1905 par Standing (248). Basé sur quatre crânes, il a décrit un nouveau genre et une nouvelle espèce, *Mesopropithecus pithecoides*. Des similitudes avec les sifakas actuels ont été relevées, dont un peigne dentaire. Les os des membres de *M. pithecoides* nous dévoilent cependant une histoire très différente (90). Ils sont grands et robustes, les membres antérieurs et postérieurs sont presque égaux en longueur et sont fort différents des très longs membres postérieurs servant à « l'accrochage vertical et au saut » de *Propithecus*. *Mesopropithecus* est maintenant reconnu comme étant le membre ayant peu de spécialisations morphologiques. Comme il a été reconstruit sur la Planche 12, *Mesopropithecus* était un **quadrupède** arboricole, qui a sacrifié sa capacité à sauter pour développer sa capacité de suspension sous les branches. Un régime mixte de fruits, de feuilles et de graines est proposé grâce à l'anatomie de ses dents (96). Les petites orbites oculaires impliquent des yeux réduits et un cycle d'activité diurne. Nous la considérons comme étant une espèce principalement adaptée et limitée aux forêts d'Ampasambazimba.

Standing a également découvert les premiers ossements de *Megaladapis grandidieri*, qu'il a diagnostiqué et nommé à partir des subfossiles trouvés à Ampasambazimba. Trois membres du genre *Megaladapis* connus familièrement comme étant des « lémuriens-koala », sont actuellement reconnus. Le crâne et les dents de *M. grandidieri* présentent une combinaison ou une mosaïque surprenante de fonctionnalités, avec des caractères d'individus de grande taille comme *M. edwardsi*, et certains plus petits comme ceux de *M. madagascariensis*. Son crâne était long, mais les dents sont petites. Les os de ses membres sont de taille intermédiaire, mais c'était quand même un lémurien très grand (poids estimé jusqu'à 60 kg ; 153). Comme pour les autres membres de ce genre, *M. grandidieri* n'avait pas d'incisives supérieures et à la place, il portait probablement un coussinet dur sur le bout de son museau, utilisé pour cueillir les feuilles avec son peigne dentaire inférieur. Il était arboricole et **folivore** selon cette anatomie particulière et le modèle de l'usure des dents. Les membres antérieurs et postérieurs sont relativement courts pour la taille de l'animal et extrêmement robustes, mais les membres antérieurs sont beaucoup plus longs que les membres postérieurs ; ceci montre une adaptation à la vie dans les arbres. Il descendait au sol, entre les arbres ou peut-être même entre des parcelles de forêt, sur ses quatre pattes (quadrupède). D'autres aspects de la biologie du « lémurien-koala » sont abordés dans la partie narrative de la Planche 2.

L'énigmatique « lémurien-singe » de grande taille (plus de 25 kg)

Hadropithecus fait également partie de la liste faunique d'Ampasambazimba, mais il est mieux connu à Andrahomana dans l'extrême Sud-est (voir Planche 3) et à Tsirave dans le Sud-ouest. Si nous l'acceptons comme étant de la même espèce dans tous ces sites, il représenterait alors l'une des formes les plus rares mais aussi les plus répandues de lémuriens subfossiles. Nous discutons de ses adaptations en détail dans la Planche 3, mais certaines de ces informations sont en relation étroite avec les habitats mosaïques que nous avons développés ici pour Ampasambazimba. Avec *Archaeolemur*, l'autre genre de « lémurien-singe », *Hadropithecus* était l'un des lémuriens les plus terrestres ayant évolué à Madagascar. Sa présence dans les subfossiles recensés est le témoignage de l'existence d'habitats boisés ouverts dans un passé récent, et plus précisément, sa présence à Ampasambazimba témoigne aussi de l'existence de ce type de végétation, qui a été trouvé parmi celles qui servent de soutien à la communauté locale très diversifiée de primates.

Archaeolemur edwardsi est bien représenté à Ampasambazimba. La plus grande des deux espèces reconnues du genre (pesant probablement plus de 25 kg ; 153), *A. edwardsi* a été récupérée sur un autre site des Hautes Terres centrales, dans les dépôts des marais d'Antsirabe (voir Planche 11). Le genre *Archaeolemur* se trouve un peu partout sur l'île où il y a des gisements subfossiles. Il est clair qu'il s'agit d'un groupe doté d'un pouvoir d'adaptation important, mais aussi ce groupe est une preuve indéniable, comme pour *Hadropithecus*, de la présence des paysages relativement ouverts. Ce « lémurien-singe » était un animal trapu aux membres courts, présentant des adaptations pour les déplacements terrestres (152). C'était sans doute un consommateur éclectique avec une grande variété d'éléments dans son régime alimentaire, peut-être même constitué de petits animaux. Il avait de grosses molaires qui lui permettaient de se nourrir même d'éléments durs tels que des graines et des noix (97).

Pachylemur est aussi un autre cousin disparu des lémuriens actuels, et à bien des égards, c'est la plus proche des espèces actuelles parmi les formes éteintes, avec des liens particulièrement étroits avec le plus petit *Varecia*, un genre où certains scientifiques préfèrent le placer. Cependant, avec son poids de 10 kg ou plus, il était plus gros (153) et les proportions de ses membres étaient aussi différentes : des membres courts par rapport à la taille de l'animal et des membres antérieurs et postérieurs de longueurs à peu près égales (152). La première espèce de ce genre à avoir été nommé a été *P. insignis* trouvé à Belo sur Mer à l'Ouest (voir Planche 9). La découverte d'ossements de *Pachylemur* sur les Hautes Terres centrales a suivi peu de temps après celle d'Antsirabe (voir Planche 11). Ces os ont reçu une nouvelle appellation, *P. jullyi*, en raison de leur taille légèrement plus grande et d'autres petits détails. A partir de son anatomie, il est possible de le représenter comme étant un grand quadrupède arboricole, qui bondissait peu et qui se déplaçait avec plus de prudence que *Varecia*,

et il se nourrissait essentiellement de fruits (**frugivore**). Comme d'autres lémuriens dans des environnements saisonniers, son régime alimentaire était sans aucun doute varié tout au long de l'année, et sa consommation occasionnelle d'aliments plus fibreux et coriaces comme des feuilles et de l'écorce semble plausible. On peut l'imaginer se déplaçant avec précaution sur le sol à travers les habitats ouverts pour arriver aux strates supérieures des arbres, mais il était très certainement dépendant des habitats des forêts fermés.

Les restes d'oiseaux du site fournissent des indications intéressantes sur l'ancienne communauté (110). Sur les 14 espèces identifiées, sept étaient **endémiques** à Madagascar et elles sont maintenant éteintes. Parmi les quatre **rapaces** identifiés sur le site, deux aigles (*Stephanoaetus mahery* et *Aquila* sp.) étaient particulièrement grands et ils étaient capables d'attraper de lourdes **proies**. Ainsi, par extrapolation, il a dû y avoir une importante base de proies locales pour ces rapaces.

Deux genres d'oiseaux-éléphants ont été identifiés, dont *Aepyornis* et *Mullerornis*. Des restes d'*Aepyornis medius*, *A. hildebrandti* et *Mullerornis agilis* ont été recensés à Ampasambazimba (163, 164). A partir de l'analyse de l'**ADN** ancien des moas disparus de la Nouvelle-Zélande, qui ont une écologie parallèle évidente à celle des oiseaux-éléphants, on a pu trouver jusqu'à quatre espèces qui ont vécu aux même endroits (3) ; alors pourquoi pas trois espèces d'oiseaux-éléphants à Ampasambazimba ? Il y a peu d'informations connues sur l'écologie de ces énormes oiseaux éteints (voir Planche 1) ; il est présumé qu'ils représentaient une **biomasse** considérable par rapport à la plupart des autres **vertébrés** terrestres locaux et ils auraient été des brouteurs d'importance écologique et aussi des **disperseurs** de graines. Le fait qu'ils vivaient seulement dans les forêts est une question de conjecture pour le moment, mais leur disparition a certainement eu un impact important sur les écosystèmes locaux.

Un autre grand oiseau vivant au sol connu à partir des restes **subfossiles** d'Ampasambazimba, est le *Coua berthae* de la Sous-famille des Couinae (120). Un certain nombre de *Coua* spp. vivent encore sur l'île dont le plus grand actuellement est *C. gigas,* qui peut atteindre un poids d'un peu plus de 400 g. Grâce à l'extrapolation, *C. berthae* aurait pesé près de 750 g, c'est-à-dire presque deux fois la taille de *C. gigas.*

Le dernier point à étudier sur l'avifaune est le nombre considérable d'oiseaux représentés dans les gisements, incluant des espèces actuelles telles que *Gallinula chloropus, Sarkidiornis melanotos, Anas bernieri* et *A. melleri.* Elles vivent toutes dans des zones ouvertes, comme les ruisseaux d'eau ou de marais. *Anas bernieri* n'est connu aujourd'hui que dans l'Ouest de Madagascar et il est considéré comme étant « en danger » par l'Union Internationale pour la Conservation de la Nature. Cependant durant l'Holocène, il avait une distribution nettement plus large à travers l'île (110 ; voir Planches 4 & 11).

Deux oiseaux éteints assez remarquables ont été identifiés dans ces restes subfossiles : *Alopochen sirabensis* étroitement lié au tadorne *A. aegyptiacus* (Sous-famille Tadorninae) et *Centrornis majori* appartient probablement à la même sous-famille. Comme il est montré sur la Planche 11, cet oiseau est morphologiquement assez particulier avec de longues pattes et des éperons sur les ailes, démontrant une **convergence** remarquable avec les kamichis d'Amérique du Sud (Famille des Anhimidae). Des os d'*A. sirabensis* étaient courants dans les gisements subfossiles d'Ampasambazimba, tandis que ceux de *Centrornis* étaient assez rares (220).

D'autres animaux remarquables récupérés dans ces dépôts comprennent des hippopotames éteints (*Hippopotamus guldbergi*) et des crocodiles (*Voay robustus*), attestant encore de la présence d'une rivière et d'un système de marais qui traversaient la région.

Parmi les animaux terrestres se trouvaient des tortues géantes, *Aldabrachelys abrupta* (26), l'étrange *Plesiorycteropus germainepetterae* et *P. madagascariensis* (178 ; voir Planche 11 pour plus de détails sur *Plesiorycteropus*), un **Carnivora** actuel *Cryptoprocta ferox* (124) et un grand rongeur actuel *Hypogeomys antimena*, aujourd'hui limité à la région au nord de Morondava (voir Planche 2).

Grâce à cette diversité et aux différents modes de vie des vertébrés récupérés sur le site, il est supposé qu'il existait des habitats terrestres et aquatiques dans les environs immédiats. Il convient de souligner encore que les restes osseux récupérés à Ampasambazimba englobent au moins 28 000 ans d'histoire, et il est presque certain que des changements naturels dans les habitats locaux se sont produits au cours de cette période.

Basé sur l'extrapolation des habitats utilisés aujourd'hui par certains lémuriens actuels identifiés dans ces dépôts, il existe des preuves que des éléments importants de l'habitat d'Ampasambazimba étaient semblables à ceux de la forêt **humide** de l'Est actuelle. Par exemple, des restes osseux d'*Indri indri*, un habitant de cette formation végétale, ont été identifiés sur le site. Deux datations au ^{14}C sont disponibles allant de 3815 ans BP (date moyenne calibré de 4115) et 2425 ans BP (date moyenne calibrée de 2505) (51). Un autre exemple est *Hapalemur simus* qui se nourrit presque exclusivement de grands bambous qui ne poussent plus aujourd'hui que dans la forêt humide de l'Est. Trois datations au ^{14}C sont disponibles pour ce lémur à Ampasambazimba et celles-ci couvrent la période de 8160 à 2835 ans BP (dates moyennes calibrées respectivement de 9090 et 2875). La répartition de ces deux espèces de lémuriens était beaucoup plus étendue il y a quelques milliers d'années et une tendance générale de la transformation de l'habitat pourrait mieux expliquer leurs aires de répartition géographique réduites (voir Planches 14 & 16). Ainsi, il est logique d'inclure Ampasambazimba dans ce schéma général, où il y a environ 2500 ans, les conditions écologiques

avaient suffisamment changé pour pousser ces deux espèces vers leur **disparition** locale. Sur la base des données actuelles, il semble inutile d'impliquer les humains dans cette disparition locale.

Ross MacPhee et ses collègues ont reconstitué le paysage d'Ampasambazimba il y a 7000 ou 8000 ans BP comme étant « une mosaïque de forêts claires, de broussailles et de savane ». Nous avons reconstruit l'ancien habitat d'Ampasambazimba présenté sur la Planche 12 selon les différents aspects des animaux récupérés dans ces gisements subfossiles. En rassemblant toutes les pièces de puzzles de manière succincte, nous proposons que l'écosystème fût une forêt à canopée partiellement fermée, d'un aspect semblable à la forêt de montagne humide actuelle, à canopée relativement basse et à sous-bois composé de lianes assez denses et de plantes **épiphytes**. De plus, peut-être à cause de la structure du sol ou des aspects édaphiques, des sections de forêt présentaient peu d'arbres et étaient nettement plus ouvertes ; les graminées formaient une partie importante de la couverture du sol. Un parallèle peut être trouvé dans les forêts claires de Miombo en Afrique australe (Figure 18). Enfin, les marais d'eau douce et les habitats riverains passaient à travers ou à proximité de la zone forestière mixte. Ce type d'habitat varié, qui n'est connu nulle part ailleurs sur l'île aujourd'hui, pourrait aider à expliquer la grande variété d'organismes récupérés dans les gisements d'Ampasambazimba.

Que s'est-il donc passé dans le paysage naturel de la région ? Les humains ont-ils joué un rôle dans ces changements ? Plusieurs études sur des carottes de pollen obtenues sur les Hautes Terres centrales, en particulier au bord du lac Tritrivakely, non loin d'Antsirabe, ont fourni des données écologiques qui remontent à 36 000 ans (32, 83). Les résultats de ce travail ont été discutés en détail dans le texte associé à la Planche 11, mais en somme, au cours du **Pléistocène** Supérieur et de l'Holocène, d'importants changements climatiques naturels ont eu lieu. Il y a environ 4000 ans BP, une période de conditions climatiques plus chaudes et plus sèches ont dominé, ce qui aurait eu un impact important sur la structure des forêts des Hautes Terres centrales. Sur la base des datations au ^{14}C des animaux disparus d'Ampasambazimba (51), de nombreuses espèces comme *Archaeoindris fontoynontii*, *A. edwardsi*, *Megaladapis grandidieri*, *Pachylemur jullyi* et *Palaeopropithecus maximus*, ont survécu aux premières étapes de ces changements climatiques. De plus, au moins *Megaladapis*, *Pachylemur* et *Mesopropithecus* étaient encore présents dans la zone d'Ampasambazimba après que les humains eurent **colonisé** les Hautes Terres centrales il y a environ 1400 ans BP (voir ci-dessous). Par conséquent, la disparition de ces animaux ne peut pas simplement être associée aux changements climatiques du **Quaternaire**, et il n'y a pas eu non plus d'extinction quasi immédiate après le premier contact avec les êtres humains ; ce qui avait été prédit par l'« overkill hypothesis » (partie 1 ; voir Planche 2).

Un autre indice important du rôle de l'homme dans la disparition de la faune locale serait les marques de l'intervention humaine dans le gisement des os d'animaux à Ampasambazimba, comme ceux observés à Taolambiby (voir Planche 5) avec des marques d'abattage. Au cours des premières fouilles à Ampasambazimba, site mixte contenant à la fois des restes paléontologiques et **archéologiques**, ces marques se révèlent potentiellement comme étant le témoignage du rôle des êtres humains dans le dépôt de certains échantillons d'animaux disparus, incluant un os modifié de la patte d'un oiseau-éléphant, un outil en bois, et un pot en céramique (76). Basé sur les interprétations ultérieures de cette preuve et des fouilles mieux contrôlées, il a été déterminé que ces conclusions ne sont pas suffisantes pour impliquer définitivement l'homme dans la déposition de certaines matières d'origine animale (13, 183).

Sur la base des échantillons de carottes de pollen du lac Kavitaha, non loin d'Ampasambazimba, la première preuve de la transformation à grande échelle de la zone par les humains remonte à environ 1400 ans BP (33). Elle comprenait une diminution du pollen des arbres ligneux et une augmentation proportionnelle des pollens de graminées, ainsi qu'une forte augmentation des particules de charbon. Ces changements écologiques largement mesurés coïncident avec les preuves archéologiques de la même période ; ce qui démontre le développement des villages dans plusieurs zones de la région (63). Pour le 14ème

siècle, il existe de bonnes preuves archéologiques de la culture du riz et de l'élevage du bétail. Au 16ème siècle, les villages étaient nettement plus denses, certains pouvant accueillir jusqu'à 1000 personnes, et il y avait sans doute des pressions humaines de plus en plus grandes sur l'environnement et sur les ressources naturelles, comme la conversion des marais pour irriguer les rizières.

Les évènements qui se sont ensuite passés est un point de discussion important (159). En référence aux Hautes Terres centrales, il a été proposé que la destruction massive par l'homme des grands blocs restants de forêts a été associée à la croissance démographique, à la culture sur brûlis, à l'exploitation de produits en bois, au feu, au besoin grandissant des pâturages pour le bétail et aux actions militaires visant à réduire les zones « où les ennemis pourraient se cacher ». En résumé, une partie du débat indiquerait que la destruction des forêts régionales viendrait de l'homme (79).

Selon différentes sources de données, l'autre partie de ce débat suggère qu'une partie importante des savanes actuelles de l'île est une formation naturelle (25). Un point très important qui va à l'encontre de cette proposition, du moins pour les Hautes Terres centrales et selon les données actuelles, c'est que dans des conditions écologiques stables, la forêt de montagne remplace les savanes, plutôt que l'inverse (141, 205), mettant en évidence que la forêt est la végétation **climacique**. Comme ce n'est pas notre but ici d'évaluer ces différents points de vue sur la

végétation naturelle des Hautes Terres centrales ni de savoir si les humains étaient capables de défricher une zone aussi vaste, d'autres observations sont pourtant utiles.

Il existe des preuves physiques confirmant que certaines zones des Hautes Terres centrales devenues maintenant des savanes, étaient boisées au cours des siècles derniers, et que les êtres humains ont joué un rôle important dans cette dégradation (Figure 19, à gauche). Plus important encore pour le point discuté ici, le type d'habitat proposé ayant existé il y a plusieurs milliers d'années dans la région d'Ampasambazimba, aurait été la forêt par définition, avec certaines zones à canopée fermée et d'autres de forêts claires ouvertes avec des parcelles de savanes boisées. Une telle configuration pourrait expliquer la présence d'un certain nombre de graminées endémiques et d'oiseaux des zones ouvertes qui vivent dans les Hautes Terres centrales. Nous passons maintenant à la question suivante : parmi les sites subfossiles de cette partie de l'île lesquels nous renseignent-ils sur la répartition des plantes et des animaux (**biogéographie**) de cette région aujourd'hui ?

Comme il a été formalisé dans les différentes études sur la distribution géographique des plantes (**phytogéographie**) et sur leurs écosystèmes associés à Madagascar (212), deux zones principales ont été mentionnées : les forêts sèches caducifoliées de l'Ouest et les forêts humides de l'Est. Dans une plus large mesure, les affinités des Hautes Terres centrales sont restées quelque peu ambiguës, probablement parce qu'il restait peu de forêts lorsque des botanistes comme Henri Perrier de la Bâthie ont fait leur exploration sur le terrain, et à partir de laquelle ils ont formulé leurs idées.

Grâce à une meilleure exploration des espèces de plantes et d'animaux qui vivent dans les forêts reliques des Hautes Terres centrales, de nouvelles informations en sont déduites. Il est maintenant clair que la séparation de l'Est et de l'Ouest dans les classifications formalisées des écosystèmes de l'île était artificielle, et que ces deux zones représentent les extrêmes d'un continuum. Par exemple, la partie Ouest des Hautes Terres centrales a des affinités étroites avec les forêts sèches caducifoliées de l'Ouest, et en se déplaçant vers l'Est, il y a une transition vers des forêts plus humides. Avec la destruction de zones considérables d'habitats forestiers naturels sur cette vaste aire, son rôle en tant que zone de transition entre les extrêmes secs et humides est devenu vague. Etant donné qu'Ampasambazimba se situe en plein milieu des Hautes Terres centrales, les **subfossiles** identifiés sur le site pourraient fournir un bon indicateur des changements écologiques le long de ce gradient est-ouest proposé.

Deux exemples intéressants peuvent être recueillis à partir des lémuriens subfossiles identifiés à Ampasambazimba. Le premier comprend *Eulemur fulvus*, qui a une large répartition dans les forêts humides et caducifoliées de l'île, et qui vit encore sur les Hautes Terres centrales, et *E. mongoz* est aujourd'hui une espèce vivant exclusivement dans les forêts sèches caducifoliées des plaines de l'Ouest. La présence de restes d'*E. mongoz* dans les gisements d'Ampasambazimba indique que cette espèce vivait déjà plus à l'Est et à plus haute altitude. Ce qui implique que lors d'une période récente de l'histoire géologique, les Hautes Terres centrales ont été bien plus qu'une zone de transition écologique. Un autre bon exemple vient de deux lémuriens du genre *Propithecus* identifiés à Ampasambazimba. De nos jours, *P. diadema* ne fréquente plus que les forêts humides orientales et *P. verreauxi* est limité aux forêts sèches de l'Ouest. Toutefois, compte tenu de la présence d'ossements de ces deux espèces parmi les subfossiles d'Ampasambazimba, elles cohabitaient sur les Hautes Terres centrales.

En résumé, Ampasambazimba nous apporte une vision extraordinaire sur les habitats auparavant présents sur les Hautes Terres centrales. Il est largement établi que les changements climatiques associés à des modèles répandus à la fin du Pléistocène ont entraîné d'importants changements dans la végétation, qui ont affecté certains organismes. Ensuite vers 1400 ans BP selon les preuves archéologiques actuelles, les humains ont commencé à transformer cette zone, et plus récemment le niveau de **déforestation** s'est accéléré. Une destruction à grande échelle de l'habitat résulte des modifications apportées par l'homme, dont la perte et la fragmentation de grandes superficies de forêts ou de savanes boisées.

Tableau 10. Liste des **vertébrés terrestres** identifiés parmi les restes **subfossiles** d'Ampasambazimba (26, 78, 89, 94, 110, 124, 178, 183, 249). Les espèces disparues sont signalées par †.

Ordre Reptilia
  Famille Testudinidae
    †*Aldabrachelys abrupta*
  Famille Crocodylidae
    †*Voay robustus*
Classe Aves
†Ordre Aepyornithiformes
  †Famille Aepyornithidae
    †*Aepyornis hildebrandti*
    †*Aepyornis medius*
    †*Mulleromis agilis*
Ordre Anseriformes
  Famille Anatidae
    †*Centromis majori*
    †*Alopochen sirabensis*
    Sarkidiornis melanotos
    Anas bernieri
    Anas melleri
Ordre Falconiformes
  Famille Accipitridae
    †*Stephanoaetus mahery*
    †*? Aquila* sp. a
    †*? Aquila* sp. b
    Buteo brachypterus
Ordre Gruiformes
  Famille Rallidae
    Gallinula chloropus
Ordre Cuculiformes
  Famille Cuculidae
    †*Coua berthae*
Classe Mammalia
†Ordre Bibymalagasia
    †*Plesiorycteropus germainepetterae*
    †*Plesiorycteropus madagascariensis*
Ordre Afrosoricida
  Famille Tenrecidae
    Tenrec ecaudatus

Ordre Primates
Sous-ordre Strepsirrhini
Infra-ordre Lemuriformes
  †Famille Archaeolemuridae
    †*Archaeolemur edwardsi*
    †*Archaeolemur majori* ?
    †*Hadropithecus stenognathus*
  †Famille Palaeopropithecidae
    †*Archaeoindris fontoynontii*
    †*Mesopropithecus pithecoides*
    †*Palaeopropithecus maximus*
  Famille Indriidae
    Avahi laniger
    Indri indri
    Propithecus diadema
    Propithecus verreauxi ?
  Famille Lemuridae
    †*Pachylemur jullyi*
    Eulemur fulvus
    Eulemur mongoz
    Hapalemur simus
    Varecia variegata
  †Famille Megaladapidae
    †*Megaladapis grandidieri*
  Famille Daubentoniidae
    †*Daubentonia robusta* ?
  Famille Cheirogaleidae
    Microcebus sp.
    Cheirogaleus major
  Famille Lepilemuridae
    Lepilemur spp.
Ordre Carnivora
  Famille Eupleridae
    Cryptoprocta ferox
    Galidictis sp.
Ordre Artiodactyla
  Famille Hippopotamidae
    †*Hippopotamus guldbergi*
Ordre Rodentia
  Famille Nesomyidae
    Hypogeomys antimena

ANJOHIBE I – SECRETS DU PASSE REVELES PAR L'ETUDE D'UN OS ET DE POLLEN SUBFOSSILES RETROUVES DANS UNE GROTTE

Les grottes, et plus particulièrement les dépôts **subfossiles** de pollen et d'os qu'elles contiennent, ont apporté un éclaircissement extraordinaire sur les aspects des fluctuations environnementales de Madagascar dans un passé géologique récent. Ce type d'information a été particulièrement pertinent dans le rôle de l'**évolution** naturelle, liée plus fréquemment à des changements climatiques qu'à des **dégradations anthropiques** de l'**environnement**. Très souvent, les grottes ont fonctionné comme des pièges naturels pour les animaux qui y sont accidentellement entrés et perdus ou qui y sont morts. Les accumulations d'os fouillés dans les grottes de Madagascar ont apporté une énorme quantité d'informations sur les changements dans les **communautés** biotiques durant les 30 000 dernières années.

Différentes grottes ont été fouillées ces dernières décennies par des **paléontologues** qui ont accordé une attention toute particulière à la **stratigraphie** de leurs dépôts (voir Planches 2 & 3, par exemple). Grâce à ces informations détaillées, il a été possible de vérifier différentes **hypothèses** sur ce qui est arrivé aux communautés biotiques avant et après la **colonisation** humaine de Madagascar, il y a environ 2500 ans. Sur ce point, aucune autre grotte n'a été aussi importante que celle d'Anjohibe, au nord-est de Mahajanga, qui possède environ 5,3 km de passages souterrains et de multiples entrées. La roche mère d'Anjohibe est composée de **calcaire** qui a été rongé par des milliers d'années d'érosion hydrique, typique d'un paysage **karstique**. Cette grotte a été étudiée par plusieurs générations de paléontologues et d'**archéologues** (Figure 32 ; 38, 59, 105, 182).

Quand David Burney et ses collègues ont travaillé à Anjohibe en 1996, ils ont déployé plusieurs techniques différentes pour reconstituer les aspects des changements environnementaux au fil du temps et discerner le rôle potentiel de l'homme, au moins dans une partie de ce processus. Cette équipe a découvert sur le site une grande quantité d'os d'animaux. Par exemple, grâce à l'analyse minutieuse d'Helen James, plus de 35 espèces différentes d'oiseaux ont été identifiées parmi les restes récupérés dans la grotte (Tableau 11). Parmi ces oiseaux, dont plusieurs sont éteints, l'on retrouve des groupes **endémiques** de l'île -- deux espèces de coua géant (Sous-famille des Couinae) et un mésite (Famille des Mesitornithidae) qui n'a pas encore été nommé. Une grande variété de mammifères a été récupérée, dont un animal étrange semblable à un oryctérope qui a été placé dans son propre ordre (Bibymalagasia) et un lémurien, *Babakotia radofilai* qui n'était précédemment connu qu'à Ankarana dans l'extrême Nord (voir Planche 17).

Planche 13. Un moment de désespoir au fond de la grotte d'Anjohibe. Un groupe d'hippopotames nains *Hippopotamus lemerlei* sont perdus dans l'obscurité. Dans le chaos qui a suivi, ces hippopotames se sont débattus, renversant des stalagmites et imaginons la cacophonie de leurs cris ; les chauves-souris ont été dérangées dans leurs gîtes **diurnes** et ont pris la fuite. (Planche par Velizar Simeonovski.)

Identification des espèces

1 : †*Hipposideros besaoka*, 2 : †*Triaenops goodmani*, 3 : †*Hippopotamus lemerlei*, 4 :
Eidolon dupreanum.

George Brook et ses collègues ont prélevé des carottes dans plusieurs grands **spéléothèmes** à Anjohibe. Ces carottes ont ensuite été utilisées pour des datations à l'uranium et pour des analyses de pollen (30, 38). Quand les spéléothèmes se forment, leur surface comporte une fine couche de pollens transportés par l'air, recouverte ensuite par une fine couche de calcite, et qui par conséquent laissent une trace des communautés végétales locales. Ces données peuvent être utilisées comme un baromètre du changement. Dans les dépôts les plus anciens, allant de 40 000 à environ 6500 ans **BP**, les spores de plantes ligneuses et de différentes fougères dominent, donnant l'impression d'un environnement nettement plus frais et plus humide qu'aujourd'hui. Tout au long de cette période, les pollens de graminées étaient également présents, et l'**habitat** local qui a pu être évalué par cette technique, était probablement une **savane** boisée relativement dense avec une concentration importante de palmiers, apparemment comparable à la forêt claire de Miombo (voir Planche 12). La partie externe des carottes, à partir d'environ 6500 ans BP, semble montrer une évolution vers une savane ouverte de palmiers ; ce qui est apparemment typique de la configuration **écologique** actuelle. Comme les types de pollen représentés dans ces échantillons sont limités à ceux transportés par le vent et que le spéléothème a été prélevé à l'intérieur de la grotte, il est facile

Figure 32. Pendant plusieurs décennies, différents **paléontologues** et **archéologues** ont fouillé divers gisements de la grotte d'Anjohibe afin de découvrir certains de ses secrets. C'est une équipe française et malgache dirigée par Dominique Gommery qui a fait plusieurs découvertes importantes. Sur la planche s'observe Pierre Mein en train de chercher de petits animaux **subfossiles** entre certaines concrétions de calcite. (Cliché grâcieusement offerte par la Mission Archéologique et Paléontologique de la Province de Mahajanga, Centre National de la Recherche Scientifique.)

d'imaginer que les données polliniques n'étaient pas proportionnellement représentatives de la communauté de la végétation extérieure.

Ce qui est important à propos de ces données, selon les informations **archéologiques** actuelles, est que ces changements vers des conditions plus modernes ont eu lieu avant la colonisation humaine de l'île. Par conséquent, l'apparition de ces changements vient d'un processus naturel. Des restes de charbon sont présents tout au long des 40 000 ans d'histoire de ces carottes ; ce qui indique des incendies naturels peu fréquents dans cette zone. Cependant, vers la partie externe des spéléothèmes, il y a eu une augmentation notable du charbon

dérivé des herbes ; ce qui suggère fortement l'influence humaine et la modification de son environnement immédiat (38).

Une variété d'objets culturels, telle que la poterie en céramique, a été trouvée dans la grotte. En outre, des rassemblements osseux d'animaux **domestiques** ont également été recensés. Certains de ces éléments au moins ont été associés à des sépultures humaines. Selon des témoins culturels actuels, l'utilisation de la grotte par les humains ne remonte qu'à quelques siècles.

Après plusieurs décennies de recherches dans la grotte, de nombreuses facettes de la faune ancienne peuvent être reconstruites. Ici, nous allons discuter des aspects de la faune cavernicole et de certaines découvertes particulières, mais associées avec la Planche 14, nous présentons des informations sur le biote présent dans l'environnement local à l'extérieur de la grotte.

Actuellement, au moins 18 espèces de chauves-souris (113) de la grotte d'Anjohibe et de ses environs immédiats sont connues. Parmi les restes **subfossiles** étudiés par Karen Samonds venant des gisements explorés par l'équipe de recherche en 1996, deux espèces disparues de chauves-souris ont été identifiées, ainsi que plusieurs espèces qui y vivent encore de nos jours. (232). Les espèces éteintes ont été nommées *Triaenops goodmani* et *Hipposideros besaoka* et sont illustrées toutes deux sur la Planche 13. Samonds a pu établir qu'une partie de ces ossements datant de près de 80 000 ans BP, et qui représentaient les plus anciens subfossiles connus de l'île.

Les restes d'une troisième espèce, *Eidolon dupreanum*, grande chauve-souris **frugivore**, sont souvent retrouvés dans la grotte. Bien que cette espèce soit encore présente dans une grande partie de l'Ouest de Madagascar, elle a disparu d'Anjohibe. Les anciens d'un village local se souviennent de la présence d'*Eidolon* dans la grotte pendant leur enfance. A cause de sa surexploitation par l'homme comme viande de brousse, elle a disparu d'Anjohibe dans les 50 dernières années. Des échantillons osseux de cette espèce prélevés sur le sol de la grotte ont été soumis à une analyse au **carbone-14** et dateraient d'une époque moderne (40, 53) ; ce qui concorde avec la tradition orale

locale concernant le devenir de cette espèce.

Lors de fouilles dans une alcôve de la grotte connue sous le nom de « Salle R. de Joly», qui est située à quelques centaines de mètres d'une rivière souterraine connue sous le nom de Ruisseau Decary, David Burney et ses collègues ont découvert deux crânes d'un hippopotame nain éteint, *Hippopotamus lemerlei*, partiellement exposés dans les sédiments. Il a été estimé que les adultes de cet hippopotame pesaient environ 275 à 400 kg (267) et qu'ils se nourrissaient de plantes C3 (53). La présence de ces os à la surface était un bon signe pour déduire que le site immédiat pourrait contenir des gisements plus étendus. Une superficie de 2 m² a été fouillée et elle contenait les restes d'au moins huit hippopotames, dont cinq adultes, trois immatures et apparemment un nouveau-né ou fœtus. Ces squelettes ont été trouvés dans une petite zone, encore partiellement articulés, et qui se regroupent ensemble. Compte tenu de la position des os et du fait qu'ils étaient dans le même gisement, il semble raisonnable de conclure que ces hippopotames sont morts en même temps (38). Etant donné qu'aucune preuve d'intervention humaine provoquant leur disparition n'a été identifiée, comme des os cassés ou des dommages causés par des armes et des couteaux, etc., il est possible que la mort de ces animaux fût un événement catastrophique naturel. Une autre preuve que les humains n'y ont pas participé, c'est qu'une datation au ¹⁴C des restes d'os d'hippopotame a révélé une date de 3730 ans BP (date moyenne calibrée

Tableau 11. Liste des **vertébrés terrestres** identifiés parmi les restes **subfossiles** d'Anjohibe (26, 38, 71, 89, 178, 232). Les espèces disparues sont signalées par †. La liste n'inclut pas les espèces **introduites**.

Ordre Reptilia
  Famille Testudinidae
    †*Aldabrachelys abrupta*?
  Famille Crocodylidae
    †*Voay robustus*
    Crocodylus niloticus[1]
Classe Aves
†Ordre Aepyornithiformes
  †Famille Aepyornithidae
    †*Mullerornis* sp.
Ordre Ardeiformes
  Famille Ardeidae
    Bubulcus ibis
  Famille Ciconiidae
    Anastomus lamelligerus
  Famille Threskiornithidae
    Lophotibis cristata
  Famille Phoenicopteridae
    Phoeniconaias minor
Ordre Falconiformes
  Famille Accipitridae
    Milvus aegyptius
    Buteo brachypterus
  Famille Falconidae
    Falco newtoni
Ordre Galliformes
  Famille Phasianidae
    Coturnix sp.
Ordre Gruiformes
  Famille Mesitornithidae
    †?*Monias* sp.
  Famille Turnicidae
    Turnix nigricollis
  Famille Columbidae
    Streptopelia picturata
Ordre Psittaciformes
  Famille Psittacidae
    Coracopsis vasa
    Agapornis cana

Ordre Cuculiformes
  Famille Cuculidae
    †*Coua berthae*
    †*Coua primavea*
    Coua gigas
    Coua sp.
    Cuculus rochii
    Centropus toulou
Ordre Strigiformes
  Famille Tytonidae
    Tyto alba
  Famille Strigidae
    Otus rutilus
    Ninox superciliaris
    Asio madagascariensis
Ordre Apodiformes
  Famille Apodidae
    Apus barbatus
Ordre Coraciiformes
  Famille Alcedinidae
    Alcedo vintsioides
  Famille Meropidae
    Merops superciliosus
  Famille Leptosomatidae
    Leptosomus discolor
Ordre Passeriformes
  Famille Alaudidae
    Mirafra hova
  Famille Hirundinidae
    Phedina borbonica
  Famille Pycnonotidae
    Hypsipetes madagascariensis
  Famille Vangidae
    Newtonia brunneicauda
  Famille Ploceidae
    Foudia madagascariensis
Classe Mammalia
†Ordre Bibymalagasia
    †*Plesiorycteropus madagascariensis*
Ordre Afrosoricida
  Famille Tenrecidae
    Tenrec ecaudatus
    Microgale sp.
Ordre Primates
Sous-ordre Strepsirrhini
Infra-ordre Lemuriformes
  †Famille Archaeolemuridae
    †*Archaeolemur edwardsi*

---

[1] Les restes subfossiles de crocodiles venant de la grotte doivent être réévalués afin de déterminer s'ils appartiennent au genre éteint *Voay* ou au genre *Crocodylus* actuel. Les spécimens appartenant à *Crocodylus* analysés au carbone-14 ont donné une date provenant de l'ère moderne (53).

†Famille Palaeopropithecidae
  †*Babakotia radofilai*
  †*Palaeopropithecus kelyus*
Famille Lepilemuridae
  Lepilemur sp.
Famille Cheirogaleidae
  Microcebus sp.
  Cheirogaleus medius
Famille Lemuridae
  Eulemur fulvus
  Eulemur mongoz
  Hapalemur simus
†Famille Megaladapidae
  †*Megaladapis grandidieri /
  madagascariensis*[2]
Famille Indriidae
  Propithecus verreauxi
Ordre Chiroptera
Famille Pteropodidae
  Eidolon dupreanum

Rousettus madagascariensis
Famille Hipposideridae
  †*Hipposideros besaoka*
  Hipposideros commersoni
  †*Triaenops goodmani*
  Triaenops cf. *furculus*
Famille Vespertilionidae
  Myotis goudoti
Ordre Carnivora
Famille Eupleridae
  †*Cryptoprocta spelea*
  Cryptoprocta ferox
  cf. *Fossa fossana*
Ordre Artiodactyla
Famille Hippopotamidae
  †*Hippopotamus lemerlei*[3]
Ordre Rodentia
Famille Nesomyidae
  Eliurus sp.
  Eliurus myoxinus
  †*Nesomys narindaensis*

---

[2] Les os longs des animaux d'Anjohibe sont de taille intermédiaire entre ceux de *Megaladapis madagascariensis* et de *M. grandidieri*, et anatomiquement semblables aux deux. Les subfossiles de *Megaladapis* d'Anjohibe ont des dents particulièrement petites.

[3] Les restes près des grottes de Belobaka ont récemment été identifiés comme étant ceux d'*Hippopotamus laloumena*.

de 4035), au moins 1200 ans avant l'estimation actuelle de la colonisation de l'île par le premier homme. Mais que s'est-il donc passé ?

Le scénario imaginaire est représenté ici sur la Planche 13. Un groupe d'hippopotames a d'une manière ou d'une autre trouvé son chemin dans la grotte, peut-être se baignant dans l'eau au niveau d'une ouverture sur un passage souterrain du Ruisseau Decary. Le groupe était peut-être composé d'un mâle dominant avec son groupe de femelles et de jeunes qui ont été soudainement emportés par la rivière vers l'intérieur de la grotte, où ils se sont retrouvés bloqués. Une autre possibilité est que les hippopotames soient tombés par

un des trous du plafond de la grotte, mais cela semble peu probable car certains animaux auraient sans aucun doute été blessés, et aucun signe de traumatisme n'a été découvert parmi les restes osseux. Dans tous les cas, une fois dans la grotte, les animaux ont probablement essayé de rester regroupés dans la quasi-obscurité, leurs grognements de panique et leurs beuglements faisant écho dans la cavité alors qu'ils se débattaient à la recherche d'un moyen de s'échapper. Ce vacarme a provoqué la fuite des chauves-souris qui se reposaient dans la grotte.

Vers la fin, il y a eu un moment de panique complète, avec certains animaux du groupe se débattant sauvagement, entraînant la rupture des formations calcaires. En effet, au milieu des ossements d'hippopotames excavés, un certain nombre de stalagmites cassées ont été trouvées, preuve supplémentaire de cette cacophonie frénétique. Il est facilement imaginable que les immatures étaient encore allaités, et auraient tenté d'interpeller leurs mères par des bêlements. Il est possible que dans ce moment de stress intense,

une des femelles ait accouché prématurément, ce qui explique la présence de spécimen d'un nouveau-né ou de fœtus trouvé dans les restes. Peu importe la manière dont ils y sont entrés, le groupe n'a pu retrouver la sortie de la grotte et a succombé, suite à un mélange de panique, de soif et de faim. C'est seulement près de quatre millénaires plus tard, que l'histoire de leur mort a été découverte par des paléontologues.

ANJOHIBE II – DEDUCTIONS BASEES SUR DES RESTES TROUVES DANS UNE GROTTE ET ASPECTS DES ORGANISMES VIVANT DANS L'ECOSYSTEME ADJACENT

Tel qu'il a été discuté pour la Planche 13, de récentes fouilles conduites par David Burney et ses collègues dans la grotte d'Anjohibe ont apporté un éclaircissement extraordinaire sur la faune qui vivait aux alentours de la grotte dans un passé géologique récent (Tableau 11). Selon les restes de différents os et les pollens qu'ils ont pu identifier (38), et avec une perspective historique, il est possible de reconstituer partiellement les aspects de l'**écosystème** local et les nombreuses espèces animales de cette **communauté** autrefois riche.

L'**habitat** actuel autour de la grotte d'Anjohibe est une **savane** mixte avec quelques palmiers du genre *Medemia* (Famille des Arecaceae) et des parcelles reliques éparses de la **forêt sèche caducifoliée** fortement dégradée. Des signes clairs de **perturbation** humaine de grande envergure sont évidents, dont certains espaces agricoles dans les plaines

alluviales, la combustion presque annuelle de l'habitat de savane pour stimuler de nouveaux pâturages pour le bétail et la coupe des arbres pour du bois de chauffage et des matériaux de construction. Toutefois, grâce aux types d'animaux identifiés à partir de restes d'os et de quelques datations au **carbone-14** de ceux-ci, il est clair que la zone a aussi connu beaucoup de changements **écologiques** naturels au cours des 8000 dernières années, et donc avant la première **colonisation** humaine de l'île. Voir le texte associé à Planche 13 pour des précisions sur ces changements.

Selon les **subfossiles** récupérés dans la grotte, l'écosystème holocénique local était une mosaïque d'habitats. Pour commencer, il est important de noter qu'aujourd'hui, la plupart des systèmes fluviaux situés à proximité de la grotte sont à sec ou avec peu d'eau la plupart de l'année, sauf pendant et immédiatement après

Planche 14. Au cours des 8000 dernières années, l'**habitat** forestier de la région de la grotte d'Anjohibe est devenu nettement plus sec, et la plupart des organismes ayant besoin d'un milieu plus humide ont disparu. Ici, nous représentons les aires d'habitat forestier qui existaient dans cette zone, avec une des entrées de la grotte en arrière-plan central. (Planche par Velizar Simeonovski.)

Identification des espèces

1 : †*Nesomys narindaensis*, 2 : †*Coua primavea*, 3 : †*Hapalemur simus*, 4 : †*Palaeopropithecus kelyus*, 5 : †*Archaeolemur edwardsi*, 6 : †*Plesiorycteropus madagascariensis*.

la saison des pluies. Cependant, en extrapolant à partir des types d'animaux récupérés dans les gisements de grotte, il est clair qu'un habitat **aquatique** était présent dans la région immédiate, et que l'eau y était présente tout au long de l'année. Les restes d'oiseaux aquatiques comme les flamants roses et les cigognes, ainsi que les hippopotames nains *Hippopotamus lemerlei* (voir Planche 13), témoignent tous de la présence d'eau permanente. Les datations au ^{14}C de neuf spécimens d'hippopotames différents ont donné des dates allant de 6310 à 2636 ans **BP** (dates moyennes calibrées de 7150 à 2635 ; 38, 51, 233). La plus récente de ces dates peut être utilisée comme point de référence lorsque les conditions étaient encore suffisamment humides pour supporter les populations d'hippopotames. Il est à supposer que les flamants roses et les cigognes dans les restes osseux sont des oiseaux qui ont été tués par des **prédateurs** ou retrouvés morts et ensuite, dépecés et consommés dans la grotte.

Parmi la faune **terrestre**, un certain nombre de découvertes extraordinaires ont été faites. Des oiseaux-éléphants (Famille des Aepyornithidae) ont été identifiés parmi les restes des grottes locales, en particulier un membre du petit genre *Mullerornis*. Il aurait été un oiseau de la taille ou légèrement plus petite que l'autruche actuelle *Struthio camelus* d'Afrique. Madagascar possédait deux genres et plusieurs espèces d'oiseaux-éléphants (voir Planche

1), qui ont certainement joué un rôle important dans le fonctionnement des écosystèmes, par exemple, en tant qu'**herbivores / frugivores** dispersant les graines de différentes plantes consommables. Des restes de coquille d'œufs provisoirement identifiés comme étant celles de *Mulleromis* venant de la grotte voisine de Lavakasaka ont révélé une datation au ^{14}C de 2380 ans BP (date moyenne calibrée de 2425) (38).

Parmi quelques-uns des autres os d'oiseaux terrestres, une espèce de mésite du genre *Monias* a été identifiée ; cet oiseau appartient à une famille **endémique**, les Mesitornithidae, qui représente une ancienne lignée. Selon les premières comparaisons effectuées par Helen James, l'espèce représentée est probablement éteinte et reste non décrite. La seule espèce actuelle de *Monias* est *M. benschi*, est actuellement limitée à une petite zone de **bush épineux** de la partie extrême Sud-ouest de l'île.

Plusieurs espèces de couas, qui sont des oiseaux de la Sous-famille endémique des Couinae, ont été identifiées à partir des ossements. Celles-ci comprenaient trois grandes espèces, toutes présumées terrestres, dont deux ont disparu. La première de ces espèces éteintes, *Coua berthae*, faisait la taille d'une petite dinde sauvage et elle était décrite d'après les ossements trouvés à Anjohibe et Ampasambazimba (voir Planche 12) (120). L'autre coua disparu, *C. primavea*, est illustré sur la Planche 14 et a été nommé il y a longtemps à partir de dépôts situés près de Belo sur Mer (194), à environ 600 km plus

au sud (voir Planche 9). Le troisième membre identifié de ce genre, *C. gigas*, existe encore et a toujours une large répartition à travers les forêts sèches de Madagascar. En plus de ces trois formes, deux autres couas ont été identifiés dans les gisements d'Anjohibe : un animal de taille moyenne et un plus petit. Par conséquent, les forêts de la région d'Anjohibe présentaient au moins cinq espèces de couas **sympatriques** au cours de l'**Holocène**. Aujourd'hui, aucune forêt de l'île ne présente plus une telle diversité de couas, et leur **extinction** semble s'être concentrée sur les grandes formes.

Deux autres mammifères terrestres sont à relever, tous deux disparus. Le premier est d'une grande espèce forestière de rongeur du genre *Nesomys*, appartenant à la Sous-famille endémique des Nesomyinae. Dans le rapport de la grotte publié par Burney et ses collègues, ce rongeur a été noté comme probablement éteint et non décrit (Burney *et al.*, 1997). Par la suite, une espèce éteinte de ce genre, *N. narindaensis*, a été nommée à partir de restes holocéniques obtenus au nord de Mahajanga (191 ; voir Planche 15) et qui est presque certainement de la même espèce que celle qui vivait à Anjohibe. En général, les *Nesomys* sont **granivores**, et ils recherchent souvent des graines comme celles de *Canarium* (Famille des Burseraceae), tel qu'il est illustré sur la Planche 14. Dans d'autres régions de l'aire de répartition de ce genre de rongeur, ces animaux mettaient les fruits de cette plante à une certaine distance de l'arbre mère et ils ont pu jouer un rôle dans la **dispersion** des graines.

Une autre bête extraordinaire identifiée à Anjohibe, autrefois appelée l'« oryctérope de Madagascar » *Plesiorycteropus madagascariensis*, est connue parmi les restes d'os épars provenant de différents sites de l'île (178). Les matériaux récupérés à Anjohibe ont beaucoup aidé à résoudre certains aspects de la morphologie particulière du crâne de cet animal et de ses obscures relations **phylogénétiques** avec d'autres mammifères. Dans une analyse détaillée de Ross MacPhee sur les relations de niveaux supérieurs de *Plesiorycteropus*, il a conclu qu'il n'était pas lié à l'oryctérope (Ordre des Tubulidentata) auquel il avait été auparavant relié, et il n'a montré aucune parenté avec aucun groupe décrit de mammifères. Par conséquent, il a créé un nouvel ordre de mammifères, Bibymalagasia pour le genre *Plesiorycteropus*.

Des analyses phylogénétiques récentes ont relevé des affinités possibles avec les oryctéropes (266). Etant donné qu'aucune mandibule de ce genre n'a été identifiée, il est difficile de savoir si Bibymalagasia avait ou non des dents. Dans tous les cas, nous supposons que cet animal se nourrissait d'**invertébrés** à corps mou comme les termites, car les termitières restent encore nombreuses dans cette région. Sur la Planche 14, nous avons représenté cet animal perçant un trou dans une de ces termitières et se nourrissant de ces invertébrés.

Un des aspects fantastiques des os de mammifères récupérés dans la grotte d'Anjohibe est la diversité en lémuriens. Au total, 11 taxons ont été identifiés, y compris *Hapalemur simus*, qui ne vit plus dans la région, et quatre espèces disparues : *Babakotia radofilai*, *Archaeolemur edwardsi*, *Palaeopropithecus kelyus* et un membre du genre *Megaladapis*. En comparaison, le grand bloc forestier à proximité d'Ankarafantsika, qui est une zone protégée bien étudiée, ne contient que sept espèces de lémuriens (239). Le seul genre connu d'Ankarafantsika qui n'a pas été récupéré à Anjohibe est l'*Avahi* **nocturne** ; à part lui, la faune d'Ankarafantsika est un sous-ensemble de la faune holocénique d'Anjohibe. Les datations au ^{14}C des os de *Propithecus verreauxi* et *Lepilemur edwardsi* venant de la grotte sont assez récentes, seulement 195 à 360 ans BP (dates moyennes calibrées de 145 à 385 ; 51).

Hapalemur simus est une espèce de l'époque moderne qui ne vit que dans les **forêts humides** de l'Est, et qui est considérée comme rare (273). Il s'est spécialisé dans les bambous, en particulier les bambous géants (*Cathariostachys*, Famille des Poaceae), qui ont la propriété de contenir des quantités considérables de cyanure (11) que ce lémurien est capable de métaboliser sans effets nuisibles. A Ranomafana, où ce lémurien a été étudié en détail, environ 95 % de son régime alimentaire est composé de bambous géants (252). Ainsi, comme le montre la Planche 14, compte tenu de la présence d'ossements abondants de ce lémurien à Anjohibe, il est fort possible que *Cathariostachys* ou des bambous similaires poussait sur le site. Selon cette **hypothèse**, le climat à Anjohibe dans un passé géologique récent aurait été nettement plus humide qu'aujourd'hui, et l'**aridification** aurait entraîné la disparition du bambou géant et de la même manière, de ce grand Hapalémur.

Alors que nous discutons plus en détail des caractéristiques de *Babakotia radofilai* dans un autre endroit (voir Planche 17), une esquisse montre les attributs suivants : un visage long comme l'*Indri indri* actuel, beaucoup plus grand que n'importe quel autre lémurien actuel (~20 kg), des membres antérieurs plus longs que les membres postérieurs, les os de ses doigts et de ses orteils longs et courbés, un vestige de queue, et des molaires conçues pour cisailler le feuillage et pour mâcher des graines (152). Les détails des os de ses membres, de ses mains et de ses pieds indiquent qu'il était fait pour se suspendre, se déplaçant la tête en bas pour se nourrir et pour se déplacer de manière arboricole dans la **canopée** de la forêt. Ce fut sans doute un grimpeur lent accompli qui était plus à l'aise dans les arbres. Par rapport aux autres lémuriens éteints, cette espèce n'est pas bien représentée à Anjohibe, mais sa présence renforce l'existence d'un climat plus humide que celui observé aujourd'hui, avec au moins une partie de l'habitat forestier local à canopée fermée.

Les subfossiles d'*Archaeolemur* sont communs à Anjohibe, et pour l'instant il semble raisonnable d'attribuer ces restes à la plus grande espèce connue des Hautes Terres centrales, *A. edwardsi*. Les datations au ^{14}C de cette espèce à Anjohibe couvrent une belle période allant de 7790 à 1700 ans BP. Une matière fécale supposée appartenir à *Archaeolemur* venant de la grotte voisine d'Anjohikely est encore plus récente et date de 830 ans BP (dates moyennes calibrées respectivement de 8530, 1555 et 1000 ; 51, 233). Par conséquent, selon ces dates, *Archaeolemur* évoluait toujours dans la campagne d'Anjohibe des siècles après que les humains ont colonisé l'île. Avec des dents antérieures et postérieures similaires à celles des singes, épais émaillé et des molaires structurellement renforcées, et armée de muscles puissants de la mâchoire, cette espèce était certainement **omnivore** et pouvait consommer une large gamme de nourritures (68). Selon les valeurs **isotopiques** du carbone d'os de ce lémurien datés au ^{14}C, son régime alimentaire était basé sur des plantes C3 (53). Nous avons apporté des détails supplémentaires sur le profil adaptatif de ce genre à d'autres endroits (voir Planches 8, 11 & 12), mais le nom populaire de « lémurien-singe » fait allusion à d'importantes différences entre *Archaeolemur* et la plupart des autres lémuriens actuels et disparus. Il était conçu pour se déplacer au sol, et sa présence à Anjohibe confirme la présence dans le voisinage d'habitats ouverts, comme des savanes boisées.

Le « lémurien-paresseux » ressemblant le plus à un paresseux est *Palaeopropithecus*. Ce genre très spécialisé figure souvent dans d'autres parties de ce livre (voir Planches 8 & 12), et il était très répandu à travers Madagascar dans un passé récent (90). Seules deux espèces étaient reconnues jusqu'à très récemment, *P. maximus* et *P. ingens*, et leur séparation **taxonomique** est basée principalement sur les différences de leur taille et sur leur répartition géographique. Une troisième espèce, *P. kelyus* a été nommée il y a quelques années par Dominique Gommery et ses collègues (104) grâce aux ossements des sites du Nord-ouest de Belobaka et Ambongonambakoa, les deux se situant non loin de la grotte d'Anjohibe.

Ross MacPhee et ses collègues ont fait des fouilles dans la grotte d'Anjohibe dans les années 1980 et ils ont découvert un spécimen remarquablement complet qui se rapporte à cette nouvelle espèce (182). Une reconstruction à partir de moulages en plastique de ce spécimen merveilleux prenant une

pose du paresseux est exposée au « Duke Lemur Center » à Durham, Caroline du Nord (Figure 33). Comme *Babakotia*, la présence de *P. kelyus* à Anjohibe implique fortement la présence auparavant d'une forêt relativement dense à canopée fermée.

Une espèce de *Megaladapis* est également connue à Anjohibe. Cet animal n'est manifestement pas le *M. edwardsi* géant, connu dans le Sud et le Sud-ouest de Madagascar. Ses caractéristiques sont proches de celles de *M. grandidieri* (des Hautes Terres centrales) et de *M. madagascariensis*, la plus petite espèce sympatrique avec *M. edwardsi* dans une grande partie du Sud. Comme la présence de cette espèce n'est pas certaine à Anjohibe,

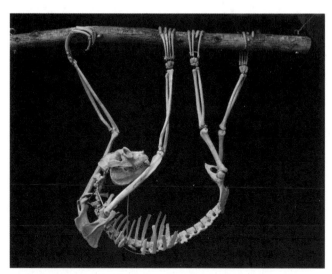

Figure 33. Dans les années 1980, Ross MacPhee et ses collègues ont découvert un spécimen remarquablement complet d'un petit *Palaeopropithecus* d'Anjohibe. Des moules de ce spécimen ont été faits et il a été reconstruit dans une position typique de paresseux. Ce modèle est maintenant exposé au « Duke Lemur Center ». Cette espèce a été nommée quelques années plus tard par Dominique Gommery et ses collègues comme étant une nouvelle pour la science, *P. kelyus*, sur la base d'échantillons venant d'autres endroits de la Province de Mahajanga (voir Planche 15). (Cliché gracieusement offerte par la « Duke Lemur Center Division of Fossil Primates » et prise par David Haring.)

nous l'attribuons à *M. grandidieri / madagascariensis*. Quelle que soit la désignation précise de l'espèce, elle semble être une arboricole-terrestre qui était dépendante de la forêt.

En utilisant différentes inférences sur les habitats utilisés par les animaux disparus récupérés dans la grotte d'Anjohibe, ainsi que des observations directes sur les espèces actuelles, certaines notions claires peuvent être apportées sur les habitats locaux présents avant leur transformation actuelle en savane de palmiers. Nous suggérons que la forêt locale ait été une sorte de mosaïque, allant de la forêt dense humide à canopée fermée, avec des parcelles de grands bambous, à une forêt plus ouverte avec des zones herbeuses poussant hors de l'ombre des arbres. Ainsi, de la même manière que pour l'habitat d'Ampasambazimba (voir Planche 12), les habitats locaux auraient été le refuge d'animaux purement arboricoles à terrestres, avec de la forêt humide à **canopée** fermée, mêlée à une savane boisée similaire à la formation végétale de Miombo d'Afrique australe.

Une étude a été menée pour évaluer les préférences alimentaires des animaux disparus et **introduits** récupérés parmi les restes d'os de la grotte d'Anjohibe (53). Grâce aux valeurs isotopiques du carbone des os datés au ^{14}C, en grande partie des os de lémuriens, dont une espèce éteinte, et venant d'autres animaux dont des hippopotames, certaines déductions peuvent être faites. Parmi les espèces éteintes, pour celles qui existaient avant la date de 1500 ans BP, peu de préférences relatives à la

consommation des plantes C4 ont été trouvées. Par la suite, en particulier pour les espèces introduites, une nette réorientation vers l'ingestion de plantes C4 est observée. Il s'agit d'un point capital qui signifie que les plantes C4, probablement des graminées pour la plupart, ne faisaient pas partie de façon importante de l'environnement naturel jusqu'aux changements d'habitats associés aux perturbations humaines.

Selon différentes sources de données, il est clair que des changements importants ont eu lieu dans les forêts de la région de Mahajanga et dans les types d'animaux qui occupaient ces zones au cours des huit derniers millénaires. Les changements poussent les habitats relativement humides et certaines zones humides en permanence, vers les habitats nettement plus secs avec une saison marquée sans pluie. La grande majorité de ces transformations ont eu lieu bien avant que les êtres humains n'aient colonisé la partie Nord-ouest de Madagascar, et une présence humaine plus intense est estimée à environ 500 ans (40). En outre, en s'appuyant sur des datations au ^{14}C d'animaux aujourd'hui disparus et des déductions à partir des données **archéologiques**, il y a eu une période de plusieurs centaines d'années pendant laquelle certains de ces animaux ont cohabité avec les humains. Ainsi, l'impact humain associé à la disparition de ces animaux a au moins été graduel.

Pour le cas spécifique de la région d'Anjohibe, les preuves actuelles penchent en faveur de changements climatiques naturels, en particulier de la **dessiccation**, qui a conduit à la modification considérable des habitats, puis d'un impact humain important associé à la **dégradation** de l'habitat forestier naturel. Il est important de souligner que ces processus persistent encore aujourd'hui. Selon les observations de la grotte d'Anjohibe, l'aridification continue apparemment par une réduction marquée des eaux souterraines. Au cours de visites sur ce site au cours des 20 dernières années, il est apparu que la plupart des **spéléothèmes** massives de calcite, qui nécessitent au moins un peu d'humidité, et même de l'eau qui coule, sont désormais à sec et « meurent ». En ce qui concerne la **déforestation**, les forêts sèches caducifoliées restantes de l'île ont été durement touchées, et entre les années 1950 et 2000 environ 40 % de la superficie de cette formation a été perdue (142). Enfin, l'exploitation de différents animaux comme viande de brousse a été remplacée par celle des animaux de plus en plus petits.

Comme il a été fait mention sur la Planche 13, la chauve-souris frugivore *Eidolon dupreanum*, ayant une masse corporelle moyenne d'environ 350 g, a disparu de la grotte d'Anjohibe dans les dernières décennies, certainement à cause de la chasse. Entre 2010 et 2012, la zone a connu une sécheresse et la production de riz a considérablement été réduite. Pendant cette période, les populations locales sont entrées dans les grottes et ont exploité différentes petites chauves-souris **insectivores** comme étant des ressources de protéines, incluant certaines pesant moins de 10 g. Ainsi, alors que certains facteurs qui ont mené à la première vague d'extinctions de l'Holocène de la région de la grotte d'Anjohibe ont changé, les transformations continues, ici en grande partie causées par l'homme, ont poussé ou poussent toujours une variété d'organismes locaux et leurs habitats vers une nouvelle vague de disparition.

ANJAJAVY – GOUFFRE-PIEGE, ECOLOGIE D'UN LEMURIEN DISPARU ET BIODIVERSITE ACTUELLE ET ETEINTE JAMAIS DEVOILEE

Non loin de la ville de Mahajanga au Nord-ouest de Madagascar se trouve une série de localités **subfossiles** donnant un aperçu unique sur les anciennes **communautés** biotiques de cette région. La plupart sont des grottes **calcaires** car cette région est riche en paysages **karstiques**. Nous avons déjà parlé de l'une de celles qui sont les plus célèbres de manière

très détaillée, celle d'Anjohibe (voir Planches 13 & 14). Bien que Walter Kaudern ait découvert des ossements de *Pachylemur* dans une grotte inconnue lors d'une expédition entre 1911-1912 (106, 156) quelque part à l'extérieur de la ville de Mahajanga dans la Région de Boeny, jusqu'à très récemment, la grotte d'Anjohibe était la seule source d'informations pour la

Planche 15. De petites grottes avec les ouvertures verticales de l'Ouest de Madagascar ont apporté des informations importantes sur la faune ancienne de la région. Ici, dans un gouffre d'Anjajavy, un *Palaeopropithecus* a chuté d'environ 10 m et a subi de graves blessures. Incapable de sortir de la grotte, il va vite succomber et rejoindre les autres membres disparus de ces espèces cimentées par la calcite dans le sol humide de la grotte. (Planche par Velizar Simeonovski.)

compréhension des animaux disparus et des **écosystèmes** anciens de cette partie de Madagascar. Cependant, les efforts novateurs de Dominique Gommery, Beby Ramanivosoa et leurs collègues franco-malgaches ont considérablement élargi l'envergure de la recherche dans cette région et ont augmenté nos connaissances sur l'**histoire naturelle** ancienne. Leurs fouilles productives étaient concentrées sur la péninsule de Mahamavo (Mahajanga) et sur la presqu'île de Narinda adjacente (qui comprend Anjajavy). Le site de Bungo Tsimanindroa a retenu leur première attention, et ils ont récupéré de nombreux spécimens d'*Archaeolemur edwardsi* dans cette grotte (101). Ils ont ensuite découvert de nouvelles localités dévoilant des lémuriens éteints associés à des rongeurs, des chauves-souris et de petits lémuriens actuels (102).

Ils ont également visité des grottes réservées aux visiteurs de l'Hôtel d'Anjajavy, dont une connue sous le nom de Raulin Zohy qui est le lieu de repos de plusieurs individus de « lémurien-paresseux » *Palaeopropithecus*. Gommery et Ramanivosoa sont retournés sur la presqu'île de Mahamavo avec des succès similaires, en trouvant de nouvelles riches localités, dont une, Belobaka, juste à quelques kilomètres de Mahajanga et où une nouvelle espèce de lémurien subfossile, *P. kelyus* (voir également la Planche 14) a été découverte et décrite seulement il y a quelques années (104). Ces spécimens se trouvent maintenant dans le musée d'« Akiba Mozea » de l'Université de Mahajanga.

Comme mentionné dans le texte associé avec la Planche 2, de récentes fouilles **paléontologiques** et **archéologiques** ont employé des techniques beaucoup plus fines qu'auparavant, dont le tamisage à sec et le triage sous l'eau des sédiments, avec des filtres fins et une flottaison dans l'eau, afin d'obtenir différents types d'os et d'échantillons botaniques. Bien que la recherche des restes de **mégafaune** soit l'objectif principal de nombreux paléontologues, des spécimens de petits animaux sont aussi récupérés dans les gisements cavernicoles qui représentent également d'importantes nouvelles découvertes. Par exemple, sur les sites des plaines centrales ouest, non loin d'Anjajavy, Pierre Mein et ses collègues (191) ont découvert plusieurs espèces de petits mammifères éteints qui apportent d'éclaircissements exceptionnels sur la **biogéographie** de deux genres de mammifères ainsi que d'importantes informations sur les climats passés et sur les formations végétales de la région.

La première nouvelle espèce de rongeur que cette équipe a décrite est *Brachytarsomys mahajambaensis* (Sous-famille **endémique** des Nesomyinae), selon une série de molaires qui sont particulièrement petites, mais avec une structure spécifique des membres actuels de ce genre. Parmi la faune actuelle de petits mammifères, deux espèces de *Brachytarsomys* sont reconnues, *B. albicauda* habitant les **forêts humides** de basse altitude et de montagne s'étendant le long de la plupart de la côte Est de l'île, et *B. villosa* connu des forêts de montagne du Centre-nord et du Nord-ouest (247). Ces deux espèces sont **nocturnes, arboricoles** et principalement **frugivores** ; les adultes pèsent entre 250 et 350 g.

La seconde espèce décrite par Mein et ses collègues fait également partie de la même sous-famille et elle a été nommée *Nesomys narindaensis*. Elle est nettement plus grande que n'importe quel autre membre actuel de ce genre, qui comprend trois taxons reconnus : *N. lambertoni* limité aux forêts des *tsingy* du plateau calcaire du Bemaraha dans le Centre-ouest et surtout au sud d'Anjajavy, *N. rufus* commun dans les forêts humides de plaine et de montagne des parties Est et Nord-ouest de l'île et *N. audeberti* ayant une aire de répartition disparate qui se chevauche largement avec celle de *N. rufus*, mais qui tend plutôt à se distribuer à basse altitude (247). Les membres de ce genre sont actifs à l'aube et au **crépuscule, terrestres** et avec un régime alimentaire composé de graines et de noix (**granivores**). Il est présumé que les échantillons récupérés d'un grand *Nesomys* à Ankarana (voir Planche 16) appartiennent à cette espèce ou à un autre taxon disparu étroitement lié.

Aucune date précise n'est disponible pour les échantillons de rongeurs décrits par Mein et ses collaborateurs, mais selon le contexte, ils ont tous été attribués au **Pléistocène** Supérieur et à l'**Holocène**. Ce qui est important à propos de ces découvertes c'est qu'elles fournissent une extension temporelle importante à *Brachytarsomys*. En outre, selon l'extrapolation de la façon dont ces deux genres vivent aujourd'hui, en particulier *Brachytarsomys*, il semble que dans un passé géologique récent, les plaines du Centre-ouest de Madagascar étaient composées d'une **canopée** fermée, avec des concentrations importantes de lianes, et certainement des conditions plus humides. Ces différentes caractéristiques auraient également été idéales pour des animaux tels que le « lémurien-paresseux » du genre *Palaeopropithecus*. A noter également, étant donné que *Brachytarsomys* est considéré comme étant un frugivore, et que les **forêts sèches caducifoliées** actuelles des plaines centrales de l'Ouest passent par une saison sèche bien marquée pendant laquelle les fruits sont particulièrement rares, il est possible que pendant la période *B. mahajambaensis* parcourait les forêts de la région, les précipitations étaient plus constantes et différents types de fruits de forêt étaient régulièrement disponibles. En plus, parmi les dents de rongeurs récupérées dans les dépôts subfossiles, les échantillons des genres *Brachyuromys* et *Voalavo* ont été identifiés, mais ils n'ont pas encore été décrits jusqu'à l'espèce. Ces deux genres dépendent des formations forestières des plaines de l'Est et de montagne (247), supportant les reconstitutions d'**habitats** présentées ci-dessus.

Des extensions de l'aire de répartition d'animaux éteints retrouvés dans des contextes paléontologiques nous apportent des informations extrêmement précieuses sur les habitats anciens et sur leurs communautés biotiques, mais la zone de basse altitude du Centre-ouest de Madagascar a également surpris les scientifiques par la présence inattendue de **vertébrés** vivants terrestres jusque-là inconnus. Ce seul fait montre clairement à quel point la zone est encore mal explorée aujourd'hui. Dans les forêts caducifoliées du Centre-ouest par exemple, de nouvelles espèces d'oiseaux et de petits mammifères terrestres ont été découvertes et décrites comme étant nouvelles pour la science au cours des dernières années, comme c'est le cas du râle terrestre **diurne** *Mentocrex beankaensis* (Famille des Rallidae) (127) et des petits mammifères nocturnes, allant de rongeurs forestiers tels que *Eliurus antsingy* (Sous-famille des Nesomyinae) à de petites tenrecs comme *Microgale grandidieri* (Famille des Tenrecidae) (45, 202).

Pour revenir à notre « lémurien-paresseux » blessé dans le gouffre de Raulin Zohy présenté sur la Planche 15, il convient de noter qu'il y a plusieurs individus de *Palaeopropithecus* enterrés sous terre dans la calcite. Les crânes spectaculaires recouverts de calcite sont les spécimens les plus évidents de la grotte (Figure 34). Mais Bill Jungers a pu inspecter la grotte et ses subfossiles il y a plusieurs années, et il a remarqué divers os des membres et d'autres parties du squelette postcrânien. Un crâne a finalement été extrait et il est actuellement exposé aux clients de l'Hôtel d'Anjajavy. Le seul spécimen à notre connaissance qui a été extrait de la grotte et préparé pour des études scientifiques est une mandibule (103). Il s'agit d'un spécimen très important

Figure 34. Le crâne et quelques os longs d'un « lémurien-paresseux » du genre *Palaeopropithecus* en partie incrustés dans la calcite du fond du gouffre, connue sous le nom de Raulin Zohy. Dans un passé récent, cet animal et plusieurs autres sont tombés par l'ouverture de ce gouffre et y sont morts. Selon les informations actuellement disponibles, il n'est pas possible d'identifier cet échantillon jusqu'à l'espèce, mais il est trop grand pour appartenir à *P. kelyus* récemment décrit. (Cliché par Olivier Langrand.)

car il révèle qu'il n'appartient pas à la nouvelle espèce de petite taille trouvée dans les environs, nommée *P. kelyus* (voir Planche 14). Les dents de cette mâchoire inférieure sont tout simplement trop grandes et elles appartiennent apparemment donc à une espèce beaucoup plus grande comme *P. maximus* (voir Planches 11 & 12) ou *P. ingens* (voir Planche 8). Comme il a été déjà mentionné, la biogéographie et la **systématique** du genre *Palaeopropithecus* sont complexes, en particulier pour les formes septentrionales, et d'importantes révisions pourront être nécessaires dans l'avenir. Les

datations au **carbone-14** pour les spécimens de Raulin Zohy, qui à ce jour font défaut, pourraient aider dans cette tâche, mais pour l'instant, il est possible que deux espèces étroitement liées furent autrefois **sympatriques** juste au nord de Mahajanga. Aussi souhaitable que cela puisse paraître d'un point de vue scientifique de fouiller entièrement la grotte touristique d'Anjajavy, il faut aussi penser que c'est une réelle nécessité de préserver la valeur de certains sites subfossiles relativement intacts pour les générations futures et pour le patrimoine malgache.

ANKARANA I – CHANGEMENTS ECOLOGIQUES D'UNE FORET COMMUNAUTAIRE, APERÇU A PARTIR DU SOL

Le Massif de l'Ankarana dans le Nord de Madagascar est un endroit très spécial, avec ses paysages extraordinaires et ses nombreux secrets bien gardés concernant ses plantes et ses animaux, passés et actuels. Au cours des dernières décennies, grâce à l'exploration de la zone par les biologistes qui étudient les organismes vivant dans les forêts et les **paléontologues** travaillant sur les **subfossiles** conservés dans des grottes, une nouvelle perspective a émergé concernant le niveau de complexité de cette zone et la vitesse à laquelle les choses peuvent évoluer en quelques millénaires. Compte tenu de la quantité d'informations disponibles sur l'Ankarana et sur sa faune subfossile et actuelle, nous avons consacré trois planches

différentes pour ce site, séparées dans le sens vertical: Planche 16 (ici) - quelques animaux vivant au sol et au niveau du sous-étage moyen, Planche 17 - aperçu de certains lémuriens vivant dans la **canopée** et Planche 18 - l'histoire complexe d'un lémurien géant perdu dans la grotte et ce que ses restes peuvent nous apprendre sur son mode de vie.

Le Massif de l'Ankarana est composé d'un bloc de **calcaire** qui s'est formé au fond de l'océan au cours de la période jurassique, il y a environ 150 à 160 millions d'années (Figure 3). C'est la période où l'Indo-Madagascar commençait à se détacher des autres masses du **Gondwana** (Figure 6), et où les dinosaures régnaient sur la terre. En examinant de près le calcaire de ce site aujourd'hui, des **fossiles**

Planche 16. Une scène dans les strates inférieure et moyenne de la forêt de l'Ankarana il y a plusieurs milliers d'années, dans une zone avec de grands bambous et une **forêt mixte humide** et **sèche caducifoliée** à **canopée** fermée. Cette scène se passe au **crépuscule** où l'activité de trois différents lémuriens est impressionnante ; ceux-ci comprennent *Hapalemur simus* se nourrissant de pousses de bambou, *H. griseus* se reposant tranquillement et digérant des feuilles de bambou qu'il vient de consommer, et un groupe d'*Eulemur coronatus* s'installant pour la soirée. (Planche par Velizar Simenovski.)

Identification des espèces

1 : *Hapalemur simus*, 2 : *H. griseus*, 3 : †*Nesomys* cf. *narindaensis*, 4 : *Eulemur coronatus*.

d'organismes marins peuvent encore être découverts, dont beaucoup ont été associés aux récifs coralliens, responsables de la création de la roche. Ensuite, les forces incroyables de l'intérieur de la terre, connues sous le nom de **tectonique**, ont poussé ce bloc vers le haut et à la surface, formant le massif que nous appelons aujourd'hui l'Ankarana.

Au cours de cette période de soulèvement, le massif a été soumis à des forces variables qui ont fait incliner le bloc, la partie ouest étant plus élevée que la partie orientale. En outre, cette action a créé plusieurs grosses fractures et jointures transversales allant de la surface supérieure jusqu'en profondeur dans le bloc du massif calcaire. Ankarana est une formation géologique **karstique** typique, trouvée également dans d'autres régions du monde, formée par dissolution de la roche calcaire sous l'action de l'eau légèrement acide qui pénètre dans les ouvertures de surface et ronge la roche. Cette eau faiblement acide est formée lorsque la pluie se combine avec le dioxyde de carbone de l'atmosphère et les produits de la décomposition de la matière organique dans le sol. Avec le temps, ces ouvertures grandissent jusqu'à ce que des systèmes de drainage souterrain se forment ; ce sont en d'autres termes, des systèmes de grottes.

Dans les zones karstiques bien développées, de nombreuses grottes peuvent être présentes. Ankarana est un bon exemple, avec plus de 114 km de galeries cartographiées dans plus de 76 grottes (42, 216). Du côté ouest, faisant face à la falaise exposée, il est impressionnant de voir que la structure est comparable à celle d'une éponge naturelle, avec des centaines de trous et d'anfractuosités. C'est l'un des systèmes de grottes les plus vastes de la région d'Afrique. La plus importante de ces réseaux est la grotte d'Andrafiabe qui compte plus de 8 km de galeries cartographiées et des cavités très profondes de la taille de terrain de football. Au fil du temps, par l'érosion continue et l'activité tectonique, des parties des plafonds des grottes peuvent s'effondrer pour former des cavités ouvertes.

Comme preuve de la nature ancienne des systèmes de drainage souterrain d'Ankarana, il existe de nombreux organismes trouvés dans ces grottes profondes, et ne se trouvant nulle part ailleurs dans le monde. Il s'agit notamment d'animaux en grande partie incolores et aveugles, comme les collemboles et les scorpions, dont les **adaptations** extrêmes témoignent de leur longue histoire de l'**évolution** dans l'isolement souterrain. En outre, ces grottes présentent une variété d'animaux **aquatiques**, comme les poissons cavernicoles **endémiques** et aveugles. Une grotte très étendue de la partie sud du massif, connue sous le nom de Grotte de Crocodile, héberge un autre habitant reptilien, le crocodile du Nil *Crocodylus niloticus*, qui tire parti des sources d'eau **pérennes** se trouvant loin à l'intérieur de ce système. L'exploration des forêts restantes poussant dans quelques-uns des profonds

canyons de l'Ankarana et dans les zones environnantes ont révélé un remarquable assortiment de plantes et d'espèces animales endémiques non identifiées antérieurement.

La Montagne d'Ambre, au nord de l'Ankarana, est d'origine volcanique. Les récentes éruptions datant de 8000 ans **BP** (14) ont provoqué de grandes coulées de lave rayonnant à une distance importante du massif. Celles-ci comprennent les écoulements qui ont atteint l'Ankarana et qui sont entrés à l'intérieur de certains canyons calcaires. Aujourd'hui, à plusieurs endroits du massif, l'alternance de couches de lave sombre souvent morcelée, et de calcaire gris clair est frappante.

Les travaux menés par Jörg Ganzhorn en 1987 sur les lémuriens de l'Ankarana ont permis de trouver 10 espèces qui vivent toutes dans la forêt relativement intacte, et quelques-unes se trouvent dans des **habitats** dégradés (143). Ganzhorn et ses collègues ont effectué des transects dans différentes sections de la forêt, ainsi que dans la **savane** avoisinante, et ils ont pu obtenir des estimations sur la densité relative des populations. Pour les trois lémuriens communs du site, dont deux sont **cathéméraux** (*Eulemur coronatus* et *E. fulvus sanfordi*) et une espèce **nocturne** (maintenant appelée *Lepilemur ankaranensis*), ils ont enregistré des densités relativement élevées allant de 1,4 à 3,3 kg par km². La plus grande espèce présente aujourd'hui dans l'Ankarana est *E. f. sanfordi*, pesant moins de 2,5 kg. Cependant, la **communauté** de primates locaux a changé de façon spectaculaire au cours des derniers milliers d'années, avec l'**extinction** des primates pesant 50 kg ou plus.

A partir de la fin des années 1980, un groupe de paléontologues malgaches, français et américains, dont Laurie Godfrey, Bill Jungers, Berthe Rakotosamimanana, Martine Vuillaume-Randriamanantena et Elwyn Simons, a commencé à déterrer des subfossiles des grottes de l'Ankarana, et leur objectif principal portait sur les lémuriens. Des découvertes tout simplement remarquables ont été faites, dont un genre et plusieurs espèces précédemment inconnues de la science (Tableau 12). S'il est en effet rare de trouver de nouveaux lémuriens disparus, l'aspect le plus extraordinaire est la forme du corps de ces nouveaux animaux. Il s'agit notamment de *Babakotia radofilai* et *Mesopropithecus dolichobrachion* (94, 243), tous deux appelés aujourd'hui « lémuriens-paresseux », dont les membres antérieurs sont plus longs que les membres postérieurs. Comme leur surnom l'indique, ces animaux se déplaçaient probablement dans la partie supérieure de la forêt suspendus la tête en bas, comme les paresseux du **Nouveau Monde**. Au total, six espèces de lémuriens aujourd'hui disparues ont été récupérées ; l'identification spécifique de deux d'entre-elles doit encore être entreprise (voir Planches 17 & 18 pour plus de détails).

Trois espèces actuelles de lémuriens ont été identifiées dans les dépôts de la grotte d'Ankarana mais qui ne vivent plus dans la région aujourd'hui : *Hapalemur simus*, *Indri indri* et *Propithecus tattersalli* (94). Les restes de *H. simus* étaient communs dans les dépôts subfossiles, avec des échantillons récupérés dans 11 des 13 grottes fouillées ; ce primate est représenté sur la Planche 16. La densité de cette espèce, pesant jusqu'à 2,5 kg dans quelques-unes de ces grottes, était exceptionnelle, si bien qu'il était difficile de se déplacer sans marcher sur des spécimens.

Elle a d'abord été décrite dans une localité probablement du Nord-est et dans la région de la baie d'Antongil. Il existe très peu de documents récents sur cette espèce jusqu'à la période des années 1970 aux années 1980, quand elle a été observée dans la région de l'Ifanadiana, en particulier près de Ranomafana et Kianjavato. Par la suite, elle a été aperçue dans plusieurs endroits de la partie Centre-est de l'île (273). Toutefois, basée sur les subfossiles, elle avait une répartition nettement plus large quelques millénaires plus tôt, avec des restes connus à Ampasambazimba (voir Planche 12), Bemaraha, Anjohibe (voir Planche 14) et Ankarana, respectivement à environ 175 km à l'ouest, 400 km à l'ouest, 400 km au nord-ouest et 600 km au nord, de l'aire de répartition actuellement connue de cette espèce (91, 95). Pour placer cela dans un meilleur contexte, des datations au **carbone-14** sont disponibles à partir d'un subfossile obtenu à Ankarana et qui ont révélé une date d'environ 4560 ans BP (date moyenne calibrée de 5155) et un autre de Bemaraha de 2410 ans BP (date moyenne calibrée de 2055) (40, 51). Ces dates nous révèlent une période qui nous aide à comprendre la réduction rapide et massive de l'aire de répartition de ce primate.

La **dégradation** de l'habitat forestier par l'homme a été considérée comme étant la cause du déclin actuel de *H. simus* (273), mais des étendues de forêt subsistent aujourd'hui dans les régions de Bemaraha et d'Ankarana ; cependant ce seul élément ne suffit pas à expliquer sa disparition locale de ces sites. Un autre aspect important pourrait être la pression de chasse, qui peut réduire localement les populations de lémuriens.

Le facteur le plus important vient peut-être du fait que cette espèce se nourrit presque exclusivement de bambous endémiques du genre *Catharlostachys* (Famille des Poaceae) et plus particulièrement de *C. madagascariensis*. Actuellement, deux espèces de ce genre sont reconnues à Madagascar, toutes deux limitées à la forêt humide des zones orientales, dont des habitats perturbés, avec plus de 2 m de précipitations annuelles ; et toutes les zones connues où poussent ces bambous n'ont pas de saisons sèches prononcées. Près de 95 % du régime alimentaire de *H. simus* à Ranomafana sont composés de pousses, de feuilles jeunes et matures et de moelle de ce bambou (252). Alors que le profil actuel des précipitations de l'Ankarana est d'environ 2 m par an, ce site et ceux de l'Ouest contenant des subfossiles de cette espèce, ont des saisons sèches prononcées. Par conséquent, la disparition de *H. simus* dans les différentes parties de son ancienne aire de répartition septentrionale et occidentale peut s'expliquer par des changements climatiques naturels,

allant vers des conditions plus sèches, et vers la disparition du bambou *Catharioustachys*.

Une autre espèce du genre *Hapalemur*, *H. griseus*, est connue à la fois des faunes actuelles et subfossiles de l'Ankarana et elle est représentée sur la Planche 16. Bien que cette espèce se nourrisse aussi de bambous, elle dispose d'une gamme nettement plus large de plantes comestibles par rapport à celle de *H. simus*, et dans l'Ankarana actuel où il n'y a pas de bambous du genre *Catharioustachys*, les populations locales de *H. griseus* ont probablement un régime alimentaire varié. Cette espèce peut peser jusqu'à 800 g, soit environ un quart de la masse corporelle de *H. simus*.

Un groupe éparpillé d'*Eulemur coronatus* est également représenté sur la Planche 16. Cette espèce a été identifiée parmi les restes subfossiles cavernicoles et il est l'un des primates les plus communs de l'Ankarana aujourd'hui.

D'autres animaux figurant sur la Planche 16 comprennent un grand rongeur **crépusculaire** appartenant au genre *Nesomys*. Ce genre est actuellement connu des sites forestiers humides de l'Est, où vivent les deux plus petites espèces (*N. rufus* et *N. audeberti*), et des forêts sèches caducifoliées de l'Ouest, où une plus grande espèce vit dans les *tsingy* du Bemaraha (*N. lambertoni*). Récemment, une espèce subfossile éteinte, *N. narindaensis*, a été décrite à partir de restes holocéniques de la région de Mahajanga (voir Planche 14) (191). Nous pensons que les échantillons de l'Ankarana pourraient être étroitement liés à *N. narindaensis*. Il a été supposé que la disparition de ce rongeur de son ancienne aire de répartition dans l'Ankarana n'est pas liée à la modification anthropique de l'environnement, mais plutôt au changement climatique naturel, et de la même manière, elle renforce nos conclusions sur la disparition de *H. simus* de la même région.

Comme on le verra dans le texte associé aux deux prochaines planches, il est clair que des changements très importants ont eu lieu dans l'environnement de l'Ankarana, qui ont conduit à l'extinction ou à la disparition locale de certains primates. En utilisant différentes caractéristiques anatomiques et l'**histoire naturelle** des animaux identifiés parmi les restes subfossiles, nous pouvons déduire qu'il y a quelques milliers d'années, des portions de forêts locales étaient un mélange de forêts humides et sèches caducifoliées à canopée fermée. Ce qui est essentiel, c'est que la disparition de ces animaux était avant tout consécutive aux pressions importantes et notables exercées par la population humaine de la région, du moins selon les données **archéologiques**.

Selon les travaux détaillés de Robert Dewar, Henry Wright et Chantal Radimilahy, la première preuve de l'arrivée de l'homme dans la partie Nord de Madagascar est nettement plus récente que les datations au ^{14}C des os d'animaux éteints (voir Planche 17). Des abris sous roche

Tableau 12. Liste des **vertébrés terrestres** identifiés parmi les restes **subfossiles** d'Ankarana (89, 94, 124). Les espèces disparues sont signalées par †. La liste n'inclut pas les espèces **introduites**.

Ordre Reptilia
　Famille Testudinidae
　　†*Aldabrachelys* sp.
Classe Aves
†Ordre Aepyornithiformes
　†Famille Aepyornithidae
　　†*Aepyornis* sp.
Classe Mammalia
Ordre Primates
Sous-ordre Strepsirrhini
Infra-ordre Lemuriformes
　†Famille Archaeolemuridae
　　†*Archaeolemur edwardsi*
　†Famille Palaeopropithecidae
　　†*Babakotia radofilai*
　　†*Mesopropithecus dolichobrachion*
　　†*Palaeopropithecus* sp.
　Famille Lepilemuridae
　　Lepilemur sp.
　Famille Daubentoniidae
　　Daubentonia madagascariensis
　Famille Cheirogaleidae
　　Microcebus sp.

　Famille Lemuridae
　　†*Pachylemur* sp.
　　Eulemur coronatus
　　Eulemur fulvus
　　Hapalemur griseus
　　Hapalemur simus
　†Famille Megaladapidae
　　†*Megaladapis grandidieri /*
　　madagascariensis
　Famille Indriidae
　　Avahi sp.
　　Indri indri
　　Propithecus perrieri
　　Propithecus tattersalli
Ordre Carnivora
　Famille Eupleridae
　　†*Cryptoprocta spelea*
　　Cryptoprocta ferox
Ordre Rodentia
　Famille Nesomyidae
　　†*Nesomys* cf. *narindaensis*

fouillés pas loin de l'Ankarana au sein de la Montagne des Français, ont été occupés pendant un court moment par des humains, et selon des informations publiées, ils n'étaient pas habités avant environ 1100 ans. Des tortues géantes et de grands lémuriens disparus ont été identifiés parmi les restes subfossiles associés au contexte culturel dans un de ces abris sous roche. Il s'agit d'une preuve solide indiquant que les êtres humains vivaient simultanément avec ces animaux et qu'ils les chassaient (61). Toutefois, à ce stade, il n'y a aucune preuve de l'existence d'une grande pression humaine locale qui aurait poussé certains de ces animaux vers l'**extinction**. Les premières colonies humaines, contrairement aux campements temporaires, sont apparues nettement plus tard

(63). Ainsi, en synthétisant toutes ces informations, l'**hypothèse** qui fonctionnerait est qu'à cause des changements climatiques naturels, en particulier la **dessiccation** et une saison plus sèche prononcée, un certain nombre d'organismes du Nord de Madagascar étaient en déclin ou déjà éteints avant la **colonisation** humaine de la région. Dans certains cas, des animaux ont été en mesure de s'accrocher, et le dernier coup de grâce a été peut-être associé à des modifications de l'environnement par l'homme ou par la chasse. Dans tous les cas, les changements climatiques ont eu un impact très rapide sur les milieux naturels locaux, il y a un peu plus de quelques milliers d'années, soit l'équivalent de millisecondes dans le temps géologique.

ANKARANA II – CHANGEMENTS ECOLOGIQUES D'UNE COMMUNAUTE FORESTIERE DE LEMURIENS, APERCU A PARTIR DE LA CANOPEE DE LA FORET

Dans les **communautés** actuelles de lémuriens, les différentes espèces ont une tendance à se répartir suivant la stratification verticale des **habitats**, en particulier dans la partie de la forêt où elles cherchent de la nourriture. Par exemple, différents lémuriens mangeurs de bambou ont tendance à évoluer dans les parties inférieures et moyennes du sous-étage, et les plus petites espèces **nocturnes**, tels que les membres de *Microcebus*, vivent relativement près du sol. Une variété de genres de grande taille, tels qu'*Indri*, *Varecia* et *Propithecus*, ont

tendance à utiliser la moitié supérieure de la forêt, où ils cueillent les feuilles jeunes et tendres, consomment des fruits ou trouvent des lieux ouverts appropriés pour leurs bains de soleil matinaux.

Souvent, selon les structures ostéologiques (os) et les proportions corporelles, par exemple, la structure de la main et du pied, la longueur des membres antérieurs par rapport aux membres postérieurs, etc., il est possible de déduire comment les différentes espèces de lémuriens se déplacent physiquement, et

Planche 17. Ici, nous avons représenté les différentes espèces de lémuriens qui ont été identifiées il y a seulement quelques milliers d'années dans la partie supérieure de la **canopée** de la forêt d'Ankarana. Parmi les formes éteintes se trouvent *Babakotia radofilai*, qui se déplaçait en suspension, et *Pachylemur*, un grand **quadrupède arboricole**, qui était aussi capable de se suspendre par ses pattes postérieures de la même manière que le vari actuel du genre *Varecia*. Il y a aussi le groupe de *Propithecus perrieri*, espèce qui semble avoir disparu de l'Ankarana dans les dernières décennies, et l'*Indri indri*, aujourd'hui limité à la **forêt humide** de l'Est. (Planche par Velizar Simeonovski.)

Identification des espèces

1 : †*Pachylemur* sp., 2 : *Indri indri*, 3 : †*Babakotia radofilai*, 4 : *Propithecus perrieri*.

plus précisément encore, si elles le faisaient sur ou au-dessus du sol. Parmi l'ordre des Primates, il existe de nombreuses postures et de moyens de locomotion, comme ceux qui s'accrochent et qui sautent à la verticale, les **quadrupèdes arboricoles** et grimpeurs et ceux qui se déplacent d'arbre en arbre suspendus par leurs membres, parfois en utilisant uniquement les membres antérieurs ou plus communément, les membres antérieurs et les membres postérieurs ensemble. Selon les observations directes dans la nature de la locomotion et de la posture des primates actuels, il est possible de vérifier la relation entre les aspects de la morphologie ostéologiques et les proportions corporelles, et comment ces animaux se déplacent et se reposent. Ce type de comparaison a

guidé nos reconstructions des modes de locomotion des lémuriens éteints à travers ce livre.

Sur les 17 types de lémuriens identifiés parmi les restes osseux récupérés dans les grottes d'Ankarana, six sont éteints (94 ; Tableau 12). Pour les espèces **subfossiles** disparues, en utilisant des analogies et des aspects de leur anatomie extrapolés à partir de primates actuels, il est possible d'obtenir un éclaircissement sur le mode avec lequel ils se seraient déplacés et dans quelles parties verticales de la forêt ils auraient vécu. Les forêts qui entourent et traversent le massif de l'Ankarana, étaient autrefois pleines de lémuriens utilisant différents types de locomotion et différentes positions pour se nourrir et se reposer. Très peu de sites connus contiennent autant de restes subfossiles que cette région abritait autrefois (voir Planche 12).

Les six différentes espèces éteintes identifiées parmi les restes de l'Ankarana incluent *Mesopropithecus dolichobrachion*, *Babakotia radofilai*, *Archeolemur edwardsi*, *Pachylemur* sp., *Palaeopropithecus* sp. et *Megaladapis grandidieri / madagascariensis*. Quelques points doivent être mentionnés sur les raisons pour lesquelles certaines des identifications d'espèces éteintes de lémuriens ne sont pas très précises, les deux plus importants points d'interrogation sont indiqués avec un « sp. ». Les restes osseux de ces taxons montrent des similitudes avec les espèces les plus connues provenant d'autres sites de l'île, et les différences sont insuffisantes pour nommer une nouvelle espèce. *Palaeopropithecus* et *Pachylemur* font tous deux partie des lémuriens éteints d'Ankarana, mais ils sont assez rares dans les échantillons subfossiles, ce qui complique toute tentative pour les identifier en toute confiance jusqu'au niveau de l'espèce. *Babakotia radofilai* et *Mesopropithecus dolichobrachion* sont des espèces récemment décrites et nouvelles pour la science et sans aucun doute liées à Ankarana, d'où elles ont été nommées.

Pour commencer la reconstruction de certains aspects de la faune des lémuriens éteints de l'Ankarana, il serait bon de définir la période pendant laquelle certains de ces animaux étaient encore en vie grâce aux datations au **carbone-14** (40, 51). Deux dates sont disponibles pour *Megaladapis grandidieri / madagascariensis* : 26 150 ans **BP**

(trop vieux pour l'étalonnage) et 12 760 ans BP (date moyenne calibrée de 14 970), la première date est l'une des plus anciennes connues de lémuriens et se rapproche de la limite supérieure pour la datation au ^{14}C. D'autres dates disponibles venant de lémuriens subfossiles de l'Ankarana comprennent *Hapalemur simus* de 4560 ans BP (date moyenne calibrée de 5155), *Babakotia radofilai* de 4400 ans BP (date moyenne calibrée de 5045) et *Archaeolemur edwardsi* de 1020 ans BP (date moyenne calibrée de 870). Cette dernière estimation est la plus récente connue pour cette espèce. Par conséquent, ces dates couvrent environ 25 000 ans avec les premières datant du **Pléistocène** Supérieur et la plus récente datant de la période où les premiers hommes aient colonisé Madagascar. C'est une période substantielle, au cours de laquelle de nombreux changements ont eu lieu dans la forêt locale.

Sur la Planche 17, nous avons reproduit quatre différents types de lémuriens qui auraient vécu dans la partie supérieure de la forêt d'Ankarana, c'est-à-dire dans les **canopées** moyenne et supérieure. Nous avons représenté cette forêt avec une canopée fermée, c'est-à-dire un couvert végétal en grande partie continu, qui empêche la plupart du temps le soleil d'atteindre le sol. De plus, il était probablement composé d'un mélange de plantes des **forêts humides**, qui sont ici entièrement vert, ce qui aurait coïncidé avec la saison des pluies. Quatre types de lémuriens sont représentés, *Babakotia radofilai* et *Pachylemur* sp., qui ont disparu ; *Indri indri* qui existe encore, mais qui est maintenant limité aux forêts humides de l'Est et *Propithecus perrieri*. Cette dernière espèce vit encore dans le Nord et a été enregistrée dans l'Ankarana aussi récemment qu'en 1987, mais a apparemment disparu du parc depuis (12).

Babakotia radofilai a été décrit il y a quelques années sur la base d'un os de mâchoire supérieure avec des dents uniques, récupéré dans la grotte d'Antsiroandoha de l'Ankarana (92). Des travaux ultérieurs concernant de nouvelles découvertes de *B. radofilai*, dont des spécimens d'Anjohibe (voir Planche 14), ont apporté de nombreuses indications supplémentaires sur certains aspects de l'anatomie de cette espèce (90, 150, 242). Il semble que cet animal pesait jusqu'à 20 kg (153). Un squelette relativement complet a été récupéré à la mi-juillet 1991 dans l'Ankarana. Bill Jungers a participé à cette expédition ; l'équipe s'est aventurée dans une grotte boueuse. Elle a découvert un os d'avant-bras sortant d'une flaque d'eau, et une inspection plus minutieuse a révélé un crâne complet et bien d'autres os. Tout ce qui a pu être découvert a été retiré de la mare boueuse, ramené au camp, et l'équipe a été ravie de découvrir un des squelettes de lémuriens subfossiles les plus complets jamais trouvé.

Grâce à ses pattes antérieures particulièrement longues, environ 20 % plus longues que ses membres postérieurs, ainsi que d'autres **adaptations** anatomiques, dont des os des doigts et des orteils longs et recourbés, *B. radofilai* se déplaçait dans les arbres en se suspendant la tête en bas et en utilisant ses quatre membres et peut-être même parfois en se balançant par ses membres antérieurs. Il n'était probablement pas capable de sauter. Avec ses membres postérieurs courts et ses pieds préhensiles, il aurait été très maladroit lors de la marche sur le sol, et étant principalement arboricole, il ne le faisait peut-être que rarement. Selon ce mode de vie et ces moyens de locomotion, il aurait vécu dans la canopée forestière fermée ou relativement fermée, probablement avec beaucoup de connexions de branches et de lianes. Comme illustré sur la Planche 17, la suspension impliquait sans doute l'utilisation de ses quatre membres dans diverses combinaisons, parfois en alternance (lors du déplacement) et parfois simultanée (en se pendant). Selon son anatomie dentaire et l'usure de ses dents, il a été déduit qu'il se nourrissait de différents types d'aliments, mangeant des feuilles (**folivore**), des fruits (**frugivore**), des graines (**granivore**), et il était capable de mâcher des objets durs (96, 152).

Peu de temps après la découverte et le diagnostic de *B. radofilai*, une autre nouvelle espèce de « lémurien-paresseux » a été découvert et décrit comme étant *Mesopropithecus dolichobrachion* (242). Ses dents sont semblables à celles de *Mesopropithecus* des Hautes Terres centrales et du Sud-ouest, mais les proportions de ses membres sont uniques pour le genre. C'était un autre habitant des forêts de grande taille, **quadrumane** et très arboricole.

L'autre espèce disparue représentée sur la Planche 17 est *Pachylemur*, un genre étroitement lié aux varis actuels *Varecia*, mais bien plus gros, pesant un peu plus de 10 kg (153), comparativement aux 3,0 à 4,5 kg de *Varecia*. De tous les genres de lémuriens subfossiles, *Pachylemur*, avec deux espèces reconnues, est l'un des plus répandus (90), et peut-être seulement concurrencé par *Archaeolemur*. *Pachylemur jullyi* était connu sur différents sites des Hautes Terres centrales et *P. insignis* dans des localités de l'Ouest et du Sud-ouest. L'identité spécifique des spécimens de l'Ankarana doit encore être travaillée parce que nous ne disposons que de quelques spécimens fragmentaires provenant de ce site. Comme celle de *Varecia*, la dentition de *Pachylemur* était celle d'un frugivore et non d'un mangeur de graines (96) ; il faisait probablement passer des graines intactes par son système digestif et contribuait ainsi à la **dispersion** et à la **régénération** des plantes des forêts.

Les membres antérieurs et postérieurs de *Pachylemur* étaient à peu près de la même longueur, contrairement à ceux de *Varecia* qui avait des membres postérieurs plus longs ; par conséquent, *Pachylemur* était sans doute un grimpeur plus lent et délibéré. Il était aussi probablement strictement arboricole et utilisait ses mains et pieds pour appréhender la canopée. Comme il est montré sur la Planche 17, nous en déduisons que *Pachylemur*, un peu comme son proche cousin *Varecia*, était capable de se suspendre par les pieds arrière pour accéder aux ressources alimentaires, telles que les figues.

Sur la Planche 17 est illustré un groupe de sifaka *Propithecus perrieri* caché un peu derrière les arbres. Cette espèce toute noire est le *Propithecus* actuel typique des régions **calcaires** de l'extrême Nord de Madagascar. Un certain nombre de restes subfossiles de l'Ankarana ont été initialement alloués à *P. diadema* (94). Autrefois, *perrieri* était considéré comme une sous-espèce de *P. diadema*, et il semble que les restes de *Propithecus* de l'Ankarana soit en effet ceux de *P. perrieri*. La seule exception vient des échantillons provenant d'une seule grotte, qui ont été provisoirement identifiés comme appartenant à *P. tattersalli* ; cette espèce est connue dans la région de Daraina, à moins de 100 km au sud de l'Ankarana. *Propithecus perrieri* se nourrit principalement de feuilles, de fleurs et de fruits (169).

Selon certains anciens guides locaux de l'Ankarana, au cours de leur jeunesse, ils ont réellement vu, ou entendu leurs aînés mentionner, que les sifakas noirs étaient communs dans la zone protégée. En 1987, au cours d'un inventaire biologique intensif des forêts de l'Ankarana, quelques observations de cette espèce ont été faites par Jörg Ganzhorn et ses collègues (143), et par la suite, elle semble avoir disparu, mais elle est encore connue de blocs forestiers proches (12). La raison pour laquelle cette espèce ne vit plus dans le parc est ouverte à la spéculation. Toutefois, cette information combinée à des observations similaires révèle que le plus petit lémurien mangeur de bambous *Hapalemur griseus* devient aussi localement rare, nous donnant l'impression que les changements dans l'habitat local et dans la répartition des lémuriens associée se poursuit jusqu'à nos jours. Ceci est renforcé par l'observation des os du lémurien subfossile le plus commun qui est le plus grand lémurien mangeur de bambous *H. simus*, retrouvés dans les grottes de l'Ankarana. Cette espèce n'est maintenant connue que dans des poches des forêts humides du Centre-est (voir Planche 16).

La dernière espèce représentée sur la Planche 17 est *Indri indri*, qui a aujourd'hui une large répartition dans la forêt humide de l'Est près d'Andapa au sud du fleuve Mangoro. Cette espèce est rare dans les collections subfossiles de l'Ankarana (151), et ces restes n'ont pas été datés au ^{14}C. Comme le montre l'illustration, *Indri* qui est aujourd'hui dans la partie nord de son aire de répartition actuelle a tendance à être plus sombre que ceux qui se trouvent plus au sud. Les populations restantes de cette espèce ne vivent pas dans les zones de **forêt sèche caducifoliée** ou de forêt de transition.

Comme il est expliqué sur la Planche 8, ce lémurien avait autrefois une répartition plus large sur l'île, s'étendant même vers le Sud-ouest. La baisse initiale de ces anciennes populations est plus vraisemblablement associée à l'**évolution** des types de forêt, directement liée aux changements climatiques naturels. Compte tenu de nos connaissances sur les besoins en habitat de ce lémurien actuel, ces changements sont mieux expliqués par des changements de formations forestières humides à sèches. Les seules datations au ^{14}C des subfossiles d'*Indri* qui proviennent d'Ampasambazimba (voir Planche

12) sur les Hautes Terres centrales, ont révélé des dates d'environ 3800 et 2400 ans BP (dates moyennes calibrées de 4115 et 2505 ; 51).

Les restes subfossiles récupérés dans les grottes de l'Ankarana, fournissent une fenêtre exceptionnelle sur une communauté de lémuriens très riche et diversifiée qui existait dans cette zone au cours des dernières années. Les extrapolations basées sur les datations au ^{14}C de lémuriens éteints et actuels, ainsi que sur les besoins en habitat des espèces qui vivent encore à Madagascar aujourd'hui, indiquent que les variations locales de la structure forestière, presque certainement liées à des changements des conditions météorologiques, peuvent se produire très rapidement sur une échelle de temps géologique. Bien que nous n'ayons aucune preuve physique parmi les restes subfossiles montrant que les lémuriens étaient autrefois chassés, aujourd'hui, il existe dans l'Ankarana des signes de l'exploitation d'animaux sauvages comme viande de brousse (44). Ce qui est primordial, c'est qu'au cours des derniers siècles, en particulier les dernières décennies, les forêts environnantes du massif ont été fortement dégradées et fragmentées par les hommes. Ceci est associé à la fois à l'exploitation légale et illégale de bois durs, ainsi qu'à une infiltration massive dans la zone protégée par des gens à la recherche de gisements de saphir.

Peu d'habitat forestier subsiste aujourd'hui dans et autour de l'Ankarana. Un **écosystème** forestier autrefois important, montrant peut-être des similitudes **écologiques** aux forêts claires de Miombo (voir Planche 12), à proximité immédiate de la face Ouest du massif a été transformé en **savane** avec quelques arbres dispersés. Nous proposons que plusieurs facteurs furent responsables de la réduction de l'extraordinaire diversité de lémuriens du site, notamment par ordre d'importance, le changement climatique naturel transformant les habitats forestiers locaux en formations plus sèches, la modification par l'homme des écosystèmes forestiers en fragments incapables de soutenir les plus grand taxons et il est possible que cette modification a été ponctuée par la pression de la chasse, surtout avec l'augmentation de la densité de la population humaine.

ANKARANA III – TRAGEDIE ET RECONSTITUTION DU MODE DE VIE ET DE L'ECOLOGIE D'UN LEMURIEN DISPARU A PARTIR DE SES RESTES OSSEUX

Les échantillons **fossiles** et **subfossiles** des **vertébrés** étudiés par les **paléontologues** est le résultat direct de la mort naturelle ou peut-être accidentelle d'un animal. La mort est inhérente au processus, avec des parties de la carcasse ou les os qui sont récupérés plus tard par des chercheurs sur le terrain. Dans le contexte du livre, tous les différents types d'os récupérés à Madagascar sont des subfossiles. Un des avantages d'un tel matériau est qu'il contient de la matière organique et inorganique, qui peut être utilisée pour étudier les différents aspects sur la période pendant laquelle l'animal a vécu (datation au **carbone-14**), les aspects de son régime alimentaire (analyse des **isotopes stables**) et même dans certains cas ses caractéristiques **génétiques** (analyse **ADN**). Lorsque ces différentes techniques sont appliquées aux subfossiles, leurs squelettes reprennent vie en quelque sorte et nous apportent une vision sur leur ancienne **histoire naturelle**.

L'étude de « l'anatomie fonctionnelle » et de la chair sur les os peut nous en dire beaucoup plus sur la façon dont l'animal se déplaçait et ce qu'il consommait.

Souvent, en particulier dans les milieux cavernicoles relativement secs, après la mort d'un animal, le corps se décompose et les os restant ne sont pas trop dérangés, sauf par les **prédateurs** ou par les eaux. En trouvant des parties de squelette plus ou moins rassemblées, dont les petits os complexes des pieds et des mains, cet assemblage fournit des informations importantes pour les paléontologues et les anatomistes fonctionnels qui tentent de reconstruire par exemple, comment les animaux se déplaçaient, ou comment ils manipulaient des objets avec leurs mains et leurs pieds. Nous présentons ici une étude de cas sur la façon dont les restes de certains lémuriens géants nous apportent un aperçu intéressant et important sur les caractéristiques de leur anatomie et par extrapolation,

Planche 18. Une scène de l'Ankarana présentant un lémurien du genre *Megaladapis* perdu dans un passage de la grotte. Pour renforcer le sens d'être dans l'obscurité totale, nous avons utilisé une sorte d'imagerie infrarouge. Cet animal aurait bientôt succombé à la pénurie d'eau, de nourriture ou tout simplement à la peur de s'être perdu. Les **paléontologues** ont retrouvé son squelette partiellement articulé plusieurs milliers d'années plus tard, offrant de nouvelles perspectives sur la morphologie de ces lémuriens géants et sur les caractéristiques de leur mode de vie et de locomotion. (Planche par Velizar Simeonovski.)

contribue à une meilleure appréciation de leur histoire naturelle.

L'espèce représentée sur la Planche 18 est un individu de « lémurien-koala » *Megaladapis*. C'est l'un des six lémuriens éteints qui ont été récupérés dans des grottes de l'Ankarana (voir Planches 16 & 17, Tableau 12). Nous référons ici ce lémurien de façon ambiguë à *M. grandidieri / madagascariensis* car ces deux espèces sont étroitement liées et correspondent en taille et en morphologie (262). *Megaladapis madagascariensis* est le plus petit membre de ce genre trouvé dans des localités subfossiles du Sud et Sud-ouest de l'île, tandis que *M. grandidieri* est connu sur des sites des Hautes Terres centrales. Les restes de *Megaladapis* du Nord-ouest et l'extrême Nord de Madagascar, dont le Massif d'Ankarana, nous rappellent les caractéristiques de ces deux espèces, mais l'attribution précise à l'une ou l'autre ou à une nouvelle espèce nécessite encore une étude plus approfondie. Cet individu, qui est remarquablement complet, a été découvert dans une cavité de la grotte d'Andrafiabe appelée « Galerie des Gours sec » (gours est un type de **spéléothèmes**).

Megaladapis fût le premier genre de lémurien subfossile à être diagnostiqué et décrit scientifiquement (77) ; c'était « un étrange crâne lémuroïde gigantesque » du Sud-ouest du site d'Ambolisatra, qui a été nommé *M. madagascariensis*. Dans cette publication importante, Forsyth-Major a attiré l'attention sur les similitudes de ce lémurien avec le koala australien, *Phascolarctos*, et cette analogie a

pris racine, c'est pourquoi nous nous référons à eux aujourd'hui comme aux « lémuriens-koalas ». Une histoire **taxonomique** complexe suivie et trois espèces ont finalement été convenues (89) : *madagascariensis*, *grandidieri* et *edwardsi*.

Les tentatives pour reconstruire le mode de vie des « lémuriens-koalas » ont été entravées par la rareté des crânes et des squelettes de ces animaux. Plusieurs reconstitutions ont été présentées au cours du siècle dernier, certaines à la limite de la fantaisie. Quoiqu'il en soit, les découvertes de Charles Lamberton sur *Megaladapis* à Beavoha (165) ont permis de remédier à beaucoup d'incertitudes au sujet de la **taxonomie** de ce genre. *Megaladapis* fut assimilé à beaucoup de choses, des gorilles aux ours des cavernes, et l'excentrique paléontologue italien Guiseppe Sera lui a même attribué un **habitat aquatique**. Les restes trouvés dans la cavité de la « Galerie des Gours et sec » et dans d'autres grottes du massif de l'Ankarana ont révélé de nouveaux détails importants qui contribuent grandement à affiner notre compréhension de sa biologie.

Une conclusion qui est partagée par presque tout le monde ayant étudié *Megaladapis*, est que c'était un mangeur de feuilles (**folivore**) présentant une étrange anatomie crânienne. Ses molaires ont une forme similaire à celle du plus petit lépilémur actuel (*Lepilemur*), se nourrissant également presque exclusivement de feuilles. En plus de cette similitude dentaire, *Megaladapis* et *Lepilemur* partagent une géométrie inhabituelle de l'articulation de la mâchoire. Ces détails anatomiques communs ont convaincu de nombreux chercheurs qui ont déduit que ces deux genres, bien que très différents en taille et dans la façon dont ils se déplaçaient, appartenaient à la même famille. De l'ADN ancien a été extrait d'os de *Megaladapis* assez récemment (155), cependant, il semble que *Megaladapis* est en fait plus étroitement lié aux lémuriens actuels des genres *Eulemur*, *Lemur*, *Varecia* et *Hapalemur*. Cela signifie que les similitudes observées entre *Megaladapis* et *Lepilemur* sont en fait le résultat d'une **convergence évolutive**.

L'analyse de l'usure dentaire basée sur des images agrandies, indiquent que *Megaladapis* se nourrissait principalement de feuilles (96, 240). Son crâne est unique parmi les primates : il est très allongé, la face avant est inclinée vers le haut ; il a quelques caractéristiques étranges dans sa structure dentaire, et ses os nasaux sont longs et retombent sur l'ouverture nasale (Figure 2). Le squelette postcrânien de *Megaladapis* qui comprend les membres, les ceintures osseuses et la colonne vertébrale, ou en d'autres termes, tout ce qui se situe derrière le crâne, est également tout à fait inhabituel. Les membres supérieurs sont plus longs que les inférieurs. Cependant, par rapport à la masse corporelle, tous les os des membres sont courts et extrêmement robustes. Il escaladait avec force et prudence, était capable de se suspendre, et était probablement assez agile pour aller au sol lorsqu'il lui fallait trouver de l'eau ou pour se déplacer entre les parcelles de forêt (152).

Malgré tout le travail sur ce primate remarquable au cours des dernières années, ce n'est que dans l'Ankarana que les fossiles de *Megaladapis* ont été trouvés avec des mains et des pieds, et les informations sur le subadulte de la Planche 18 nous apportent de nouveaux aperçus fascinants. Par exemple, ses pieds étaient d'énormes organes de préhension, plus longs que le reste de la patte arrière (274). La longueur du pied représentait un pourcentage de la longueur totale du membre postérieur supérieur à 40 %, un record mondial parmi tous les primates actuels et éteints. Le gros orteil était énorme et l'aidait à former un mécanisme en forme de pince qui aurait servi à l'animal à grimper et à s'accrocher aux troncs d'arbres et aux branches épaisses de presque n'importe quelle orientation.

En revenant à notre Planche, nous savons que ce malheureux animal était un subadulte car les os de ses membres n'avaient pas tout à fait fini de grandir. C'est peut-être à la suite de l'odeur de l'eau venant des profondeurs de la « Galerie des Gours sec », qu'il s'est perdu, et est mort seul et désemparé par la soif, la faim et par l'anxiété. Il n'existe aucune preuve d'un traumatisme qui ferait penser le contraire. Il a probablement fini par se recroqueviller pour mourir sur les blocs **karstiques** où il a été trouvé des centaines d'années plus tard, avec les éléments de son squelette encore partiellement associés.

Planches sur les espèces

CRYPTOPROCTA SPELEA – MEGA-PREDATEUR DISPARU : MODE DE VIE ET STRATEGIE DE CHASSE

La faune indigène actuelle de **Carnivora** de Madagascar est composée de 10 espèces (114), la plus grande étant *Cryptoprocta ferox*. Cette espèce ressemble beaucoup au puma *Puma concolor* dans sa morphologie externe et sa taille, avec un visage aux traits félins, un corps lisse musclé et un torse long, et la longueur de la queue à peu près égale à la longueur de la tête plus le corps. Il s'agit d'un membre d'une famille unique de Carnivora à Madagascar appelée les Eupleridae. *Cryptoprocta ferox* présente un **dimorphisme sexuel**, les mâles étant plus grands que les femelles. Bien que les populations des espèces actuelles aient décliné au cours des dernières décennies, il est largement réparti dans les zones de forêts restantes de Madagascar, telles que les forê**ts humides** orientales de plaine et de montagne, la **forêt sèche caducifoliée** et le **bush épineux**.

Cryptoprocta ferox est le principal **prédateur** d'un large éventail de lémuriens actuels, en particulier les grandes espèces **diurnes** et dans une moindre mesure, les plus petites espèces nocturnes. Dans certaines parties de son aire de répartition, plus de 50 % de son régime alimentaire se compose de primates (66, 223). Ce magnifique **carnivore** est un redoutable chasseur. En mode **terrestre**, il peut facilement chasser des proies au sol, et en mode **arboricole**, il peut escalader les troncs d'arbres presque verticaux,

galoper sur les branches horizontales et sauter d'arbre en arbre. Ses griffes semi-**rétractables** l'aident à saisir les substrats ligneux et au sol, elles agissent comme des armes puissantes au moment de la mise à mort de ses proies.

Cryptoprocta ferox a été documenté pour attraper des animaux aussi lourds que lui, tels que les sifakas qui pèsent 6 kg (*Propithecus*). En outre, des fragments d'os d'animaux **introduits** nettement plus gros comme des zébus et des potamochères (*Potamochoerus*) ont été retrouvés dans leurs fèces ; il est difficile de savoir si ces proies ont été chassées ou récupérés. En tout cas, c'est le principal prédateur de Madagascar existant aujourd'hui, formant le sommet de la chaîne alimentaire de la même manière que les lions dans certaines parties d'Afrique. Toutefois, dans un passé récent, une autre espèce plus grande de *Cryptoprocta* vivait sur l'île et qui était un prédateur encore plus redoutable.

Des os appartenant au genre *Cryptoprocta* ont été récupérés dans des sites **paléontologiques** de Madagascar datant de l'**Holocène**, ainsi que sur des sites **archéologiques** plus récents, en particulier dans l'Ouest et l'extrême Sud (124). Tous ces restes sont des **subfossiles** ; en d'autres termes, aucun **fossile** ancien minéralisé de cet animal (ou de ses prédécesseurs) n'a pas encore été récupéré, bien que les

Planche 19. *Cryptoprocta spelea* aujourd'hui éteint aurait été un **prédateur** redoutable et en considérant simplement sa taille, il était sans doute capable d'attraper des **proies** plus grandes que l'actuel *C. ferox*. *Pachylemur insignis* aurait été une proie de taille appropriée ; c'est un lémurien disparu de plus ou moins 10 kg, connu dans les mêmes sites **subfossiles** que *C. spelea*. Ici, nous dépeignons l'aboutissement d'une chasse commune entre deux mâles adultes. L'actuel *C. ferox* chasse de la même façon. (Planche par Velizar Simeonovski).

preuves de **génétique moléculaire** suggèrent que son **ancêtre** fût arrivé à Madagascar il y a des millions d'années (275). D'énormes lacunes dans les données paléontologiques de Madagascar sont aussi courantes que frustrantes, avec aucune preuve de fossiles terrestres entre le Crétacé Supérieur et le Pléistocène Supérieur, ce qui correspond à une période de près de 60 millions d'années ! Par conséquent, jusqu'à ce que des gisements du **Pliocène** ou du **Pléistocène** ne soient découverts sur l'île comportant des **vertébrés** fossiles terrestres, des questions importantes demeureront sur l'histoire **évolutive** de ces différents animaux malgaches.

Guillaume Grandidier, le fils d'Alfred Grandidier, a étudié des os de *Cryptoprocta* récupérés dans des sites paléontologiques d'Ambolisatra, au nord de Toliara, et dans la grotte d'Andrahomana (voir Planche 3), à l'ouest de Tolagnaro. Il en a conclu que les échantillons de Carnivora récupérés sur ces sites représentent une nouvelle forme plus grande que l'actuel *C. ferox* et a proposé le nom de « *Cryptoprocta ferox* var. *spelea* » (130, 132).

D'une manière générale, le statut **taxonomique** du grand *Cryptoprocta* restait en suspens, jusqu'à ce qu'une étude comparative des os actuels et subfossiles a été menée il y a dix ans. En conclusion, cette étude suggère que, plutôt que de considérer *spelea* comme étant une forme de *C. ferox*, il serait préférable de le reconnaître comme une espèce à part entière, même si elle est aujourd'hui éteinte (124). Les restes osseux se rapportant à *C. spelea* ont été identifiés sur un certain nombre de sites : Lakaton'ny Akanga et Ankarana (voir Planches 16 à 18) dans l'extrême Nord, ceux des plaines du Centre-ouest, dans de nombreuses localités de l'extrême Sud et Sud-ouest et quelques sites des Hautes Terres centrales. Aussi, cette espèce avait une grande aire de répartition sur l'île il n'y a pas très longtemps. A Ankarana, Antsirabe (voir Planche 11), Beavoha, Beloha, Belo sur Mer (voir Planche 9) et Manombo (Toliara), des os de *C. ferox* et de *C. spelea* ont été trouvés parmi les subfossiles et ils ont été récupérés. Cependant, comme la plupart de ces échantillons datent d'une période d'excavations paléontologiques pendant laquelle aucune attention particulière n'a été réservée à la structure **stratigraphique** des gisements, il est difficile de discerner si ces deux espèces vivaient dans ces régions au cours de la même période. En outre, comme il sera rappelé ci-dessous, les dates disponibles au **carbone-14** des restes subfossiles de *Cryptoprocta* sont peu informatives sur ce point.

Charles Lamberton, en se basant sur une mandibule collectée à Tsiandroina qui avait une morphologie très différente, a décrit une autre espèce subfossile de ce genre, *C. antamba* (162). Le nom *antamba* vient du malgache et est dérivé d'un animal légendaire du Sud de Madagascar. En 1658, *antamba* a été décrit par Flacourt (75, p. 221) : « est une bête grande comme un grand chien qui a la tête ronde et selon les Nègres, elle a la ressemblance d'un léopard. Elle dévore les hommes et les veaux. Elle est rare et ne demeure que dans les montagnes les moins fréquentées. » Le spécimen de Tsiandroina représente probablement un individu mal formé de *C. spelea*.

Plusieurs datations au ¹⁴C de subfossiles de *Cryptoprocta* ont été récemment publiées, elles ont toutes été attribuées à *C. spelea* (51) : Ampasambazimba (voir Planche 12) - 2835 ans **BP** (date moyenne calibrée de 2870) ; Andolonomby - trois dates de 1905, 1610 et 1520 ans BP (dates moyennes calibrées respectivement de 1790, 1450, 1355) ; la grotte d'Ankazoabo (Itampolo) - 1865 ans BP (date moyenne calibrée de 1740) ; Taolambiby (voir Planche 5) - deux dates de 3115 et 2005 ans BP (dates moyennes calibrées respectivement de 3270 et 1905) et Tsirave - deux dates de 2560 et 2425 ans BP (dates moyennes calibrées de 2555 et 2500).

Comme il a été indiqué ci-dessus, les échantillons subfossiles trouvés dans la plupart de ces sites incluent des os des deux membres de ce genre basé sur la taille et sur les caractères morphologiques. Malheureusement, il n'est pas possible de vérifier les identifications des spécimens utilisés pour calculer les datations au ¹⁴C ci-dessus, ce qui permettrait pourtant d'établir plus précisément le moment où *C. spelea* s'est éteint. La seule date qui se rapporte sans aucun doute à l'espèce éteinte vient d'Ankazoabo et qui est de 1865 ans BP. Dans les deux cas, la plupart des dates sont récentes et quelques-unes sont postérieures à la **colonisation** humaine de l'île - c'est-à-dire dans les 2500 dernières années BP.

Alors pourquoi *C. spelea* s'est-il éteint ? Il est difficile de répondre avec certitude à la question, mais certaines idées peuvent être proposées. Si cette espèce s'était en effet spécialisée dans les espèces de lémuriens de grande taille, c'est-à-dire des animaux plus gros que les espèces actuelles, l'**extinction** de sa proie principale, quelle qu'en soit la cause, aurait été dévastatrice.

L'espèce disparue était jusqu'à 30 % plus grande que celle d'aujourd'hui (124), et elle avait probablement un poids approchant 10-15 kg. Dans ce cas, en raison des limitations dues à la taille du corps, *C. spelea* n'a peut-être pas été aussi habile en tant que chasseur arboricole que *C. ferox* aujourd'hui. Par extrapolation, il s'agit vraisemblablement d'un prédateur de lémuriens plus gros et souvent terrestres, qui ont tous disparu.

Quelques-unes des dates au ¹⁴C de *Cryptoprocta* mentionnées ci-dessus se chevauchent avec la période postérieure à la colonisation humaine de l'île, et il existe potentiellement une relation de cause à effet. Si les deux espèces de *Cryptoprocta* ont vécu ensemble et en même temps dans les mêmes **habitats** forestiers, on pourrait imaginer le grand *spelea* se nourrissant abondamment de grosses proies qui ont disparu, et le plus petit *ferox* s'attaquant à des proies plus petites qui existent encore. En outre, *C. ferox* semble à un certain niveau être plutôt **généraliste** et attrapant une grande variété de proies animales en fonction du type de forêt et de ce qui est disponible (114). Par exemple, dans les hautes montagnes de l'Andringitra, au-dessus de la ligne des forêts, il se nourrit abondamment d'animaux pesant moins de 10 g.

Avec ce moyen d'adaptation de son alimentation, il a pu faire face aux changements des conditions écologiques de la végétation des derniers millénaires. En revanche, *C. spelea* était peut-être trop grand et trop spécialisé pour être en mesure d'y faire face.

Des os de *C. ferox* ont été récupérés sur un certain nombre de sites archéologiques. Ces restes représentent des animaux qui ont été tués, soit en attrapant des animaux **domestiques** tels que les bovins ou la volaille, ou peut-être qu'ils ont été consommés comme viande de brousse, puis jetés dans une fosse à ordures, ou encore, ils auraient pu représenter des individus chassés spécifiquement pour la cuisine. Le site de Rezoky, au nord d'Ankazoabo-Sud, était un ancien village datant du 13ème au 15ème siècle (63), et de nombreux restes d'os de *C. ferox* ont été identifiés sur le site (221). Les habitants de ce village étaient des pasteurs avec de grands troupeaux de vaches ; il semble que *Cryptoprocta* ait à l'occasion attrapé des animaux domestiques. Par conséquent, il ne serait pas surprenant que l'homme chassait *Cryptoprocta* afin de diminuer ces attaques, et cette persécution a sans doute existé sur l'île depuis des siècles et elle reste encore d'actualité aujourd'hui. Dans certaines parties du Centre-ouest de Madagascar, la principale source du déclin des populations de *C. ferox* est probablement liée à ces carnivores tués par des villageois quand ils s'attaquaient à leurs animaux domestiques.

Comme il a été mentionné plus haut, le plus grand prédateur vivant à Madagascar est *C. ferox*, qui est capable d'attraper des proies de la taille du genre *Propithecus* (environ 3 à 6 kg). *Cryptoprocta spelea* était jusqu'à un tiers plus grand que *C. ferox*. Sur la base de cette extrapolation, *C. spelea* était probablement capable de chasser des animaux de près de 10 kg, ce qui aurait inclus une grande variété d'espèces de lémuriens aujourd'hui disparues. Les individus immatures des plus grandes espèces éteintes de lémuriens auraient pu aussi courir des risques. Une proie de *C. spelea* aurait été *Pachylemur insignis*, dont le poids à l'âge adulte est estimé à 10 kg (153), et cette relation prédateur-proie est illustrée sur la Planche 19. Ces deux espèces ont été identifiées dans plusieurs sites subfossiles ensemble et elles ont même vécu pendant la même période. Comme *C. ferox* est connu aujourd'hui pour se nourrir de *Varecia*, il est raisonnable de représenter *C. spelea* chassant *Pachylemur*.

Cryptoprocta ferox chasse souvent de façon solitaire, mais il a été vu chassant en commun dans des groupes de 2-3 individus. Pour la chasse commune de lémuriens arboricoles, un *Cryptoprocta* va poursuivre la proie, escaladant les troncs et sautant d'arbre en arbre, ce qui oblige le lémurien à descendre au sol, là où son partenaire de chasse peut facilement l'attraper. Au cours d'une observation bien documentée de chasse commune, trois mâles ont été observés chassant un *Propithecus verreauxi*, et changeant de position entre eux ; certains sont au sol et d'autres se déplacent entre les arbres, cassant souvent des branches et s'écrasent au sol. La chasse se terminait après environ 45 minutes de poursuite quand le primate recevait une morsure mortelle à la nuque (174). Il a été observé que les mâles qui chassent en commun, sont plus grands que les mâles solitaires et ont un succès supérieur pour l'accouplement avec les femelles (175).

Nous avons utilisé ce thème pour la Planche 19, qui montre deux mâles adultes de *C. spelea* ayant attrapé un *Pachylemur* après une chasse sociale. Une autre explication intéressante pour ce comportement de chasse commune de l'actuel *C. ferox*, autre que la sélection sexuelle et l'accès aux femelles, est que cela pourrait représenter une relique ou un comportement résiduel du passé géologique récent, comportement conçu à l'origine pour leur permettre d'attraper des proies plus grosses, plus particulièrement de grands lémuriens qui sont maintenant éteints (174). Cela pourrait être correct en effet, mais comme mentionné ci-dessus, si les *Cryptoprocta* éteints et ceux qui existent actuellement avaient occupé les mêmes forêts et s'ils avaient divisé les proies selon leur taille, l'espèce actuelle aurait vraisemblablement rarement attrapé des proies plus grosses. Sinon, peut-être que la chasse commune chez cette espèce était une stratégie nécessaire pour supplanter *C. spelea* de ses grosses proies.

Sur la Planche 19, le scénario que nous proposons représente *C. spelea* qui a attaqué un *Pachylemur*, peut-être depuis un perchoir arboricole, alors que ce lémurien se déplaçait, se nourrissait ou se reposait dans les arbres. *Pachylemur* était fondamentalement arboricole dans ses habitudes. Cependant, même *Varecia* descend parfois au sol, et nous pensons que *Pachylemur* le faisait aussi. Selon la stratégie de chasse commune, peut-être qu'un *C. spelea* poussait la proie vers les griffes et les dents d'un autre individu attendant à côté dans la **canopée**, mais il est beaucoup plus probable que le *Pachylemur* paniqué eût été obligé d'aller au sol, là où il était le plus vulnérable, et où il a vécu une fin soudaine et violente.

STEPHANOAETUS MAHERY – PREDATEUR PRESUME ETRE SPECIALISTE DES PRIMATES ET SON ROLE DANS L'EVOLUTION DU COMPORTEMENT DES LEMURIENS ACTUELS ET DISPARUS

La **communauté** actuelle des **rapaces** de Madagascar comprend 16 espèces dont la taille varie de petits faucons se nourrissant principalement d'**invertébrés** à des aigles ou des autours relativement grands, chassant des **vertébrés** qui sont parfois de taille considérable. Il est reconnu que quelques espèces malgaches actuelles d'oiseaux de **proie diurnes** attrapent des lémuriens, mais ces actes semblent être relativement rares (112). En dépit de cela, plusieurs espèces de lémuriens actuels ont des réactions

Planche 20. Cette scène capture le moment où un grand aigle **prédateur** disparu, *Stephanoaetus mahery*, attaque un lémurien éteint, *Palaeopropithecus ingens*, juste avant que le **rapace** ne perce ses omoplates avec ses griffes puissantes et acérées. Ensuite, étant donné le poids considérable de la **proie**, il est difficile de connaître si l'aigle eût été capable de l'emporter pour le consommer. Alternativement, l'aigle a possiblement attaqué le lémurien et le fait tomber de l'arbre pour le dévorer ensuite au sol. (Planche par Velizar Simeonovski.)

instinctives quand ils voient ou quand ils entendent des **prédateurs** aviaires et ils lancent des « cris d'alarme » distincts (72). L'importance de l'impact de la prédation sur l'évolution du comportement social chez les primates, surtout pour les espèces diurnes, a fait l'objet d'un débat (49, 237). Pour Madagascar en particulier, la question qui se pose est de savoir si les niveaux actuels de prédation sur les lémuriens sont suffisants pour avoir été responsables des réponses actuelles innées des lémuriens diurnes, ou si ce sont vraiment des réponses comportementales restantes, associées aux rapaces récemment éteints (55, 108).

A un certain niveau, cette question est difficile à résoudre de manière définitive, mais il est certain que les niveaux actuels de prédation sont suffisants pour renforcer la réponse des lémuriens face aux oiseaux de proie éteints. Dans tous les cas, les informations sur les données **subfossiles** nous apportent des indications importantes sur les relations prédateurs-proies, entre les rapaces et les lémuriens au cours des dernières périodes géologiques.

Selon les os subfossiles d'oiseaux isolés, trouvés il y a plusieurs années par des **paléontologues** dans différents sites de l'île, il a été possible de documenter l'**extinction** de trois espèces de rapaces, dont deux étaient clairement de grande taille. En 1995, un article publié a identifié deux espèces différentes d'aigle parmi des restes subfossiles appartenant au genre *Aquila* (117), qui n'est pas représenté dans l'avifaune actuelle de Madagascar. Dans les deux cas,

à cause de similitudes ostéologiques entre les membres actuels du genre *Aquila* et tenant compte du **dimorphisme sexuel** sur leur taille entre les mâles et les femelles de la même espèce, il n'est pas clair si les deux aigles malgaches sont des espèces **endémiques** qui ont disparu ou non. Une autre possibilité est que les os appartiennent à des espèces actuelles avec des populations vivant dans d'autres endroits du monde, comme en Afrique, alors que la population malgache a disparu du pays. Une de ces espèces subfossiles était un *Aquila*, relativement petit, qui aurait certainement été un important prédateur de mammifères de taille moyenne, peut-être avec un poids maximum de quelques kilos. L'autre aigle était bien plus grand et de taille similaire à l'actuel *A. chrysaetos* ou *A. rapax*, qui ont été documentés pour emporter des proies pesant jusqu'à 4 kg et tuant des animaux pesant 40 kg (31).

Un autre oiseau de proie disparu encore plus impressionnant, a été décrit à partir de restes subfossiles (107) ; d'après différents os, dont des parties de pattes et des griffes, ce rapace aurait été un prédateur vraiment redoutable. Etant donné que ces os montrent des similitudes considérables avec ceux de l'aigle couronné africain *Stephanoaetus coronatus*, le nouveau subfossile a été placé dans le même genre, et le nom d'espèce qui lui a été assigné est *mahery*. S'il est vrai que tout ce que nous savons de *S. mahery* s'appuie seulement sur quelques os, il existe par contre une littérature considérable sur les caractéristiques de l'**histoire**

naturelle et sur le régime alimentaire de *S. coronatus*, et qui nous apporte des indications importantes sur les caractéristiques du mode de vie du disparu *S. mahery*.

Stephanoaetus coronatus est un rapace massif et puissant, pesant plus de 4 kg et capable d'un vol rapide et direct. Avec de grandes griffes courbées et acérées pour percer des os et de la chair et un énorme bec fort, capable de déchiqueter les proies habilement, c'est une machine de chasse, s'attaquant à des proies pesant jusqu'à 20 kg (31). Cette espèce semble être aussi à l'aise dans la forêt ou dans les **savanes** boisées. Aucune datation au **carbone-14** n'est actuellement disponible pour *S. mahery*, ni pour les deux aigles subfossiles *Aquila* connus sur différents sites de l'île. Cependant, dans certaines situations, des dates provisoires récentes **(Holocène)** peuvent être proposées.

Un certain nombre d'études menées sur des restes de proies trouvés dans et autour des nids de *S. coronatus* indiquent qu'il se spécialise clairement sur les mammifères, se nourrissant de primates, de céphalophes, de **Carnivora**, de damans, etc. Dans certaines zones forestières, plus de 50 % de son régime alimentaire se compose de primates (241). Cet aigle dispose de plusieurs techniques de chasse, et Leslie Brown a indiqué qu'il est en mesure de saisir et de maîtriser des proies relativement grandes en vol, surprenant souvent l'animal alors qu'il volait à travers la forêt. Une technique de chasse fréquemment employée est de « s'asseoir et attendre », où le rapace observe à partir d'un arbre les animaux passant dans le coin, et quand ils sont au bon endroit, il fonce sur eux. Cet aigle est capable de capturer des primates diurnes de grande taille se déplaçant à travers la voûte d'arbres, comme les colobes **arboricoles** pesant plus de 8 kg. Dans ce cas, il attrape souvent sa proie par derrière, plante ses griffes puissantes dans les épaules, en perçant les omoplates, puis emporte l'animal qui se débat ou qui est déjà mort sur un arbre ou au sol pour le déchiqueter et pour s'en nourrir.

Ces actes de prédation ont une incidence considérable sur la dynamique des populations de primates. Dans la forêt de Kibale en Ouganda, il a été estimé que 2 % de la communauté diurne de primates, y compris 1 % de *Cercopithecus ascanius*, succombent chaque année à la prédation par *S. coronatus* (195). D'égale importance, des travaux récents sur les lieux de l'alimentation de cet aigle dans la forêt de Taï en Côte-d'Ivoire, indiquent que près de 50 % du nombre d'individus ou de la **biomasse** de proies consommées sont des primates (148, 241). En outre, ce rapace a une densité estimée plus élevée dans la forêt de Taï que celle des léopards et par conséquent, il est considéré comme étant l'un des prédateurs de mammifères les plus importants.

Plusieurs études ont été menées sur *S. coronatus* afin de documenter la façon dont ils maîtrisent leurs proies, en particulier les primates et les types de marques qu'ils laissent dans les restes d'os associés (250). Dans une analyse d'échantillons de proies de la forêt de Kibale, cette espèce a été citée comme un « mangeur exigeant » qui ne cause pas beaucoup de dégâts aux os par rapport par exemple, à certains Carnivora comme les chats ou les hyènes. En fait, des crânes presque intacts, des os de membres postérieurs et antérieurs et des omoplates, tous dépouillés de la viande, peuvent être récupérés sous les sites de nidification de *S. coronatus*. Plus importants encore, les différents éléments osseux montrent des signes de prédation par les aigles, telles que les marques des griffes formant des perforations comme celles d'un « ouvre-boîte », en particulier dans les omoplates ou encore par des entailles du puissant bec dans les différents os (235). Les marques distinctes laissées par cette espèce dans les restes de proies présentent une « signature » claire qui les distingue des autres prédateurs, comme les Carnivora, les hiboux et les hommes (257).

En fait, ces marques sont suffisamment distinctes pour que ce genre d'aigle ait été impliqué dans le dépôt de différents os fossiles, comme les restes du Pliocène en Afrique du Sud, et dans les vestiges de proies se trouvait le crâne d'un jeune hominidé *Australopithecus africanus* (19). Si cela s'avère exact, les **ancêtres** de l'homme étaient sujets à la prédation des aigles *Stephanoaetus* il y a des millions d'années.

En extrapolant les informations sur *S. coronatus* aux subfossiles de *S. mahery*, qui étaient à peu près de la même taille, il est raisonnable d'imaginer que les espèces éteintes de Madagascar avaient été de formidables prédateurs de mammifères ciblant les lémuriens. Compte tenu

de la capacité de l'espèce africaine à attraper des proies pesant jusqu'à 20 kg, nous supposons une similarité entre les aigles malgache et africain. Cela voudrait dire qu'il était capable de s'en prendre à la totalité des lémuriens diurnes actuels, dont le plus grand ayant pesé environ 6,5 kg, ainsi qu'à divers lémuriens éteints légèrement plus grands.

Dans les collections subfossiles de l'Université d'Antananarivo, au Département de Paléontologie, il y a un certain nombre d'omoplates de *Palaeopropithecus* qui portent des marques distinctes de perforations et de cassures, qui rappellent celles qui ont été illustrées pour les primates africains attrapés par *S. coronatus* (235). Basé en partie sur cette conclusion, nous illustrons ici *S. mahery* attraper un subadulte de *P. ingens* (Planche 20). En une fraction de seconde, le lémurien se rend compte qu'il est sur le point d'être attaqué par l'aigle, qui plantera instantanément ses énormes griffes dans les épaules du malheureux primate. Il le menace vainement avec sa bouche ouverte.

Herbert F. Standing, un des paléontologues qui ont découvert les subfossiles d'Ampasambazimba (voir Planche 12), où des échantillons de l'aigle disparu ont aussi été trouvés, a noté que les os de *P. maximus* de ce site présentaient ce qu'il pensait être des marques de dents de crocodile (249). Comme les crocodiles sont connus pour digérer les os des animaux qu'ils consomment, cette proposition paraît peu probable. Ces marques proviendraient plutôt d'attaques d'aigles couronnés disparus. Dans tous les cas, compte tenu de sa façon d'escalader et de se déplacer à travers la **canopée** de la forêt, ainsi que de ses rares déplacements au sol, il est facile d'imaginer comme il est montré ici, *Palaeopropithecus* se reposant sur un tronc d'arbre, s'exposant ainsi à *S. mahery* qui était en train de chasser.

Trois espèces de *Palaeopropithecus* ont été décrites parmi les échantillons subfossiles de Madagascar (104). Elles pesaient environ 20 kg pour les plus petits *P. kelyus* et à plus de 40 kg pour *P. ingens* et *P. maximus* (153). Comme cette gamme supérieure de masse corporelle dépasse la capacité de chasse connue de *S. coronatus*, nous supposons que *S. mahery* se nourrissait probablement de subadultes de *P. maximus* et *P. ingens,* mais il pouvait aussi manger des subadultes et des adultes de *P. kelyus*. Le malheureux animal que nous décrivons ici pourrait donc représenter un de ces petits adultes ou plus vraisemblablement un subadulte solitaire qui s'est aventuré seul, et il en a payé le prix ultime.

Les subfossiles de *S. mahery* sont connus des Hautes Terres centrale (Ampasambazimba, voir Planche 12) et de sites du Sud-ouest (Lamboharana). Par conséquent, cette espèce a probablement eu une large répartition à travers l'île. Cette répartition se chevauche avec celles des trois espèces éteintes de *Palaeopropithecus*, connues le long des gradients altitudinaux des parties occidentale et centrale de l'île, et des trois sites mentionnés ci-dessus contenant des os de *S. mahery*.

Trois datations au ^{14}C, dont une de *P. ingens*, sont disponibles à partir d'os de lémuriens excavés à

Ankilitelo (voir Planche 6). Celles-ci sont très récentes et datent d'entre 630 et 510 ans **BP** (dates moyennes calibrées de 585 à 475 ; 51). Ainsi, par extrapolation, il était possible que cet aigle fût encore en vie jusqu'à une période récente. Pour certains lémuriens éteints, qui ont sans doute commencé à se reproduire dans leur deuxième ou troisième année, ce laps de temps ne représente que quelques centaines de générations.

Il serait intéressant de se demander quel impact l'extinction de cet aigle chasseur de lémuriens a eu sur la faune moderne ? Cela a été un sujet de débat dans la littérature sur les lémuriens, particulièrement sur les **adaptations** des espèces ayant différents styles de vie et modèles d'activité, allant de diurne au **nocturne**, ou avec la capacité de basculer entre ces périodes (**cathéméral**) (67). Un bon point de comparaison pour ces caractéristiques est l'observation des *Propithecus* actuels qui sont à la fois nocturnes et diurnes (238).

Une **hypothèse** proposée indique qu'avec la disparition du chasseur diurne *S. mahery* qui était comme une force motrice de l'évolution des lémuriens à s'adapter contre la prédation, certaines espèces nocturnes sont devenues diurnes ou cathémérales. Si cela se révélait correct, cela pourrait expliquer une partie de caractères mixtes de l'anatomie et du comportement chez les membres du genre *Propithecus*. D'autres chercheurs, comme Ian Colquhoun (49), conviennent que la cathéméralité chez les lémuriens est liée à la prédation, mais ils soutiennent plutôt que les menaces du *Cryptoprocta* cathéméral ont sélectionné certaines espèces qui ont adapté leurs activités en fonction de celles de ce redoutable prédateur (voir Planche 19). Il est à noter que tous les lémuriens éteints, à l'exception de l'aye-aye géant *Daubentonia robusta*, ont été reconstruits comme ayant des cycles d'activités diurnes (99). Est-ce que la disparition de cet aigle aurait ouvert des **niches** diurnes pour les lémuriens actuels qui ont survécu à la vague d'extinctions ?

Il a été souligné qu'avec les niveaux actuels de la prédation sur les lémuriens diurnes par les rapaces d'aujourd'hui, il n'y a aucune raison d'invoquer le rôle de prédateurs disparus dans l'évolution de certaines adaptations comportementales (55, 236). Cependant, comme nous avons essayé de le montrer ici, sur la base des parallèles entre l'**écologie** alimentaire de l'actuel *S. coronatus* africain et celle du disparu *S. mahery* malgache, cette dernière espèce était certainement un important prédateur de lémuriens et il était probablement absent des **écosystèmes** modernes de Madagascar pour seulement quelques centaines d'années. Il semble que celui-ci, ainsi que le grand aigle *Aquila* mentionné précédemment, furent un *tour de force* associé à une pression évolutive sur les lémuriens, en particulier en ce qui concerne les adaptations des espèces actuelles et éteintes pour réduire la pression de prédation.

GLOSSAIRE[1]

A

Adaptation : état d'une espèce qui la rend plus favorable à la reproduction ou à l'existence sous les conditions de son environnement.

ADN : acide désoxyribonucléique qui constitue la molécule support de l'information génétique héréditaire.

Anaérobie : se dit d'une cellule ou d'un organisme qui peut vivre et se développer dans un environnement dépourvu d'oxygène.

Ancêtre : tout organisme, population ou espèce à partir duquel d'autres organismes, populations ou espèces sont nés par reproduction.

Ancien Monde : dénomination d'un ensemble de régions, composé de l'Europe, de l'Asie et de l'Afrique.

Anthropogénique (anthropique) : effets, processus ou matériels générés par les activités de l'homme.

Aquatique : se dit d'un organisme qui vit dans l'eau ou au bord de l'eau.

Arboricole : se dit d'un animal qui vit sur les arbres.

Archéologie (archéologique) : science qui, grâce à la mise au jour et à l'analyse des vestiges matériels du passé, permet d'appréhender depuis les temps les plus reculés les activités de l'homme, ses comportements sociaux ou religieux et son environnement.

Aridification : diminution de la teneur en humidité du sol provoquant une sécheresse extrême.

B

Biodiversité : se réfère à la variété ou à la variabilité entre les organismes vivants et les complexes écologiques dans lesquels se trouvent ces organismes.

Biogéographie : science qui étudie la distribution des espèces animales et végétales sur notre planète et l'évolution de cette distribution.

Biomasse : masse totale d'organismes vivants dans un biotope donné à un moment donné.

Biome : vaste entité biogéographique définie par ses caractéristiques climatiques et ses populations végétales et animales.

Biomécanique : exploration des propriétés mécaniques des organismes vivants.

Biote (biotique) : ensemble des êtres vivants (faune et flore) d'une région ou d'une période géologique.

Bipède : se dit d'un animal qui marche sur deux pattes.

BP : âge obtenu par la méthode de datation au carbone-14. Les résultats sont donnés en années « before present » en Anglais (BP) ou « avant Jésus Christ ».

Bush épineux : habitat du domaine du Sud constitué généralement par des broussailles caducifoliées et des fourrés épineux.

C

Calcaire : se dit d'un sol qui contient plus de 13 % de carbonate de calcium.

Canopée : couche supérieure de la végétation par rapport au niveau du sol, généralement celle des branches d'arbres et des épiphytes. Dans les forêts tropicales, la canopée peut se situer à plus de 30 m au-dessus du sol.

Carbone-14 (^{14}C ou radiocarbone) : méthode de datation absolue la plus couramment utilisée en archéologie et en paléontologie pour l'Holocène. Cette méthode repose donc sur le cycle de vie d'un des isotopes du carbone-14 ou ^{14}C.

---

[1] Dans la plupart des cas, les définitions sont tirées ou modifiées à partir de www.wikipedia.org ou d'autres sources d'internet.

Carnivora (carnivoran) : ordre de la classe des mammifères qui possèdent, en général, de grandes dents pointues, des mâchoires puissantes et qui chassent d'autres animaux.

Carnivore : se dit d'un organisme qui mange de la viande.

Cathéméral : se dit d'un animal qui a une activité aussi bien diurne que nocturne.

Climax (climacique) : état stable ou état idéal d'équilibre atteint par l'ensemble sol-végétation d'un milieu naturel donné. La biomasse y est théoriquement maximale.

Collagène : protéine principal constituant des fibres entre les cellules du tissu conjonctif.

Colonisation : occupation d'une région donnée par une ou plusieurs espèces. Dans le contexte de cet ouvrage, les différentes colonisations humaines qui ont eu lieu à Madagascar, sont associées à l'arrivée des premières vagues de pionniers et par la suite à leur installation dans les différentes parties de l'île.

Coloniser : établir une population ou colonie.

Commensalisme (commensaux) : mode d'alimentation d'un animal qui se nourrit des débris de repas ou des parasites externes d'un animal d'une autre espèce, généralement plus grand, sans faire de tort à son hôte qui le laisse faire.

Communauté : groupes d'organismes partageant un environnement commun.

Compétition : rivalité entre des espèces vivantes pour l'accès aux ressources du milieu.

Convergent (convergence) : se dit des similarités retrouvées indépendamment chez deux ou plusieurs organismes qui n'ont pas un ancêtre proche.

Crépusculaire (crépuscule) : se dit d'un organisme qui est actif le soir et au petit matin.

D

Déforestation : phénomène de régression des surfaces couvertes de forêt, lié aux actions des êtres humains.

Déglaciation : recul des glaciers.

Dégradation : détérioration du couvert végétal dans une forêt déterminée. Les causes peuvent être d'origine naturelle, comme les cyclones, ou d'origine humaine comme la déforestation, les feux de brousse ou la surexploitation des champs agricoles.

Dernier Maximum Glaciaire : période qui marque le maximum d'extension des calottes de glace, à la fin de la dernière période glaciaire.

Dessiccation : action de dessécher, souvent associée avec le changement climatique.

Dimorphisme sexuel : cas pour une espèce lorsque le mâle et la femelle ont un aspect différent (forme, taille, couleur).

Dispersion : mode de propagation des individus d'une espèce, souvent à la suite d'un évènement majeur de reproduction. Les organismes peuvent se disperser comme les graines, les œufs, les larves ou les adultes.

Diurne : se dit d'un organisme actif pendant le jour.

Diversité spécifique : terme utilisé pour désigner le nombre de taxa donnés.

Domestique : se rapporte à un animal faisant l'objet d'une pression de sélection continue et constante, normalement dans le contexte d'élevage en captivité, c'est-à-dire qui a fait l'objet d'une domestication.

E

Ecologie (écologique) : science des relations des organismes avec le monde environnant.

Ecosystème : tous les organismes trouvés dans une région particulière et l'environnement dans lequel ils vivent. Les éléments d'un écosystème interagissent entre eux d'une certaine façon, et de ce fait ils dépendent les uns des autres directement ou indirectement.

Ecotone : zone de transition située entre deux différentes communautés végétales adjacentes.

Endémique : organisme natif d'une région particulière et inconnu ailleurs.

Epiphyte : plante qui se fixe sur d'autres sans pour autant se comporter en parasite.

Estivation : engourdissement de certains animaux pendant la période sèche et/ou froide.

Etranglement génétique : conservation d'une caractéristique particulière à une partie d'une communauté ou d'une population après une diminution importante du nombre effectif de reproducteurs ou une réduction de la variation génétique.

Evolution (évolutive) : déroulement des évènements impliqués dans le développement évolutif d'une espèce ou d'un groupe taxonomique d'organismes.

Extinction : disparition totale d'une espèce.

F

Folivore : se dit d'un animal se nourrissant essentiellement de feuilles, de tiges et d'écorces.

Forêt galerie (riveraine) : bande de forêt le long des cours d'eau et qui a une haute canopée et qui est floristiquement différente de la formation végétale adjacente.

Forêt humide (sempervirente) : formation végétale arborée haute et dense caractérisée par des précipitations abondantes, avec une pluviométrie entre 1750 et 2000 mm par an. Le feuillage demeure présent et vert tout au long de l'année.

Forêt sèche caducifoliée (caduque) : forêt constituée de plantes qui perdent la majorité de leurs feuilles au cours de la saison sèche.

Fossile : reste minéralisé d'un animal ou d'une plante ayant existé dans un temps géologique passé.

Frugivore : se dit d'un animal dont le régime alimentaire est à base de fruits.

G

Généraliste : se dit d'un animal qui n'est pas spécialisé vis-à-vis du régime alimentaire ou des autres aspects de son histoire naturelle.

Génétique : discipline de la biologie qui implique la science de l'hérédité et les variations des organismes vivants. Avec des termes plus simples, la science de l'hérédité.

Génétique moléculaire : recherche qui concerne la structure et l'activité d'un matériel génétique au niveau moléculaire.

Génome : ensemble de matériels génétiques, c'est-à-dire des molécules d'ADN, d'une cellule.

Glaciation (glaciaire) : période durant laquelle la quantité de glace stockée à la surface du globe est supérieure à la normale.

Gondwana : supercontinent qui a existé du Cambrien jusqu'au Jurassique, composé essentiellement de l'Amérique du Sud, de l'Afrique, de Madagascar, de l'Inde, de l'Antarctique et de l'Australie.

Granivore : se dit d'un animal dont le régime alimentaire est à base de graines.

Groupe sœur (« sister group ») : groupe monophylétique plus étroitement lié au groupe en question, par rapport à d'autres groupes.

H

Habitat : endroit et conditions dans lesquels vit un organisme.

Harem : structure sociale dans laquelle plusieurs femelles s'associent et se reproduisent avec un seul mâle.

Herbacé : en botanique, désigne tout aspect qui est de la nature de l'herbe par opposition à ce qui est ligneux.

Herbivore : se dit d'une espèce se nourrissant exclusivement de plantes vivantes.

Hibernation : état dans lequel se trouve un organisme, ou un groupe d'organismes, qui ralentit son métabolisme durant une période donnée.

Histoire naturelle : sciences naturelles qui concernent les observations et les études dans la nature, sur les animaux, les plantes et les minéraux.

Holocène : période géologique qui a commencé à la fin du Pléistocène il y a 12 000 ans et qui continue aujourd'hui.

« Hot-spot » : aire géographique représentative de la richesse en biodiversité.

Hypervirulent : doué d'un pouvoir hautement infectieux, maligne ou mortelle.

Hypothèse : supposition à partir de laquelle un raisonnement a été construit.

I

Ignées : se dit des roches d'origine volcanique.

Insectivore : se dit d'un organisme qui consomme principalement d'insectes.

Intraspécifique : désigne tout ce qui se rapporte aux relations entre les individus d'une même espèce.

Interglaciaire : une période séparant deux glaciations et durant laquelle les températures moyennes sont relativement élevées.

Interspécifique : désigne tout ce qui se rapporte aux relations entre les différentes espèces.

Introduit : organisme non originaire d'un endroit donné mais ramené d'un autre, exotique.

Invertébré : animal sans colonne vertébrale, comme les insectes.

Isotope (isotopique) : éléments dont les variations de la masse atomique sont due aux différences du nombre de neutrons dans le noyau ; ils possèdent donc les mêmes propriétés chimiques.

Isotope stable : isotope d'un élément chimique qui n'a pas de radioactivité décelable.

K

Karst (karstique) : paysage formé par des roches calcaires. Les paysages karstiques sont caractérisés par des formes d'érosion de surface dues aux pluies acides, mais aussi par le développement de cavités et de grottes causées par la circulation des eaux souterraines.

L

Linguistique : discipline s'intéressant à l'étude du langage et des langues.

Luminescence stimulée optiquement : type de datation basée sur les aspects particuliers de la luminescence. Connu en anglais comme « Optically Stimulated Luminescence » (OSL).

M

Maternel : propre à la mère.

Mégafaune : ensemble des animaux de grande taille.

Mésozoïque : appelé anciennement Ere secondaire, est une ère géologique qui s'étend de 252,2 à 66 millions d'années, au cours de laquelle sont apparues des espèces de mammifères et celles de dinosaures.

Métamorphisme : modification à l'état solide des roches sous l'effet de la pression et de la température.

Microendémique : organisme natif d'une région particulière et avec une répartition géographique très limitée.

Minéralisation : transformation d'une substance organique (os) en substance minérale (fossile).

Mitochondrial : relatif aux mitochondries qui sont des organites cellulaires eucaryotes, c'est également le lieu de la respiration cellulaire ou usine énergétique de la cellule.

N

Néolithique : période de la Préhistoire qui débute vers 9000 ans avant J.-C. et qui prend fin vers 3 300 ans avant J.-C.

Niche (écologique) : place et spécialisation d'une espèce à l'intérieur d'un peuplement ou ensemble des conditions d'existence d'une espèce animale (habitat, nourriture, comportement de reproduction, relation avec les autres espèces).

Nocturne : se dit d'un organisme actif pendant la nuit.

Nomenclature : action de ranger dans une catégorie, comme les noms scientifiques.

Nouveau Monde : dénomination de l'Amérique (du Nord, Centrale et du Sud).

O

Omnivore : se dit d'un animal qui se nourrit d'aliments variés d'origine animale ou végétale.

Ongulé : mammifère herbivore doté de sabots.

Orographique : relatif à l'orographie, partie de la géographie qui traite du relief terrestre, ce qui se rapporte au relief.

P

Paléontologie (paléontologique) : discipline scientifique qui étudie les restes fossiles des êtres vivants du passé et les implications évolutives de ces études.

Pantropical : relatif à l'ensemble de la zone tropicale.

Paternel : propre au père.

Pathogène : parasite qui peut provoquer une maladie chez son hôte.

Patrimoine naturel : monuments naturels constitués par des formations physiques et biologiques ou par des groupes de telles formations qui ont une valeur nationale ou universelle exceptionnelle du point de vue esthétique ou scientifique.

Pérenne : se réfère à un organisme qui vit plus d'un an ; qui dure longtemps.

Période glaciaire : période de grand froid et d'extension énorme des glaciers à la surface de la terre.

Période interglaciaire : période séparant deux glaciations et durant laquelle les températures moyennes sont relativement élevées.

Perturbation : évènement ou série d'évènements qui bouleversent la structure d'un écosystème, d'une communauté ou d'une population et qui altèrent l'environnement physique.

Phénologie : étude de l'influence des variations climatiques sur certains phénomènes périodiques de la vie des plantes (germination, floraison) et des animaux (migration, hibernation, etc.).

Phénotypique (phénotype) : se dit d'un état d'un caractère observable (anatomique ou morphologique) chez un organisme vivant.

Photosynthèse : chez les plantes vertes, processus de la fabrication des matières organiques à partir de l'eau et du gaz carbonique atmosphérique, utilisant la lumière solaire comme source d'énergie et qui produit un dégagement d'oxygène.

Phylogénétique : étude de la relation évolutive au sein de différents groupes d'organismes, comme les espèces ou les populations.

Phytogéographie : science qui étudie la distribution des espèces végétales sur notre planète et l'évolution de cette distribution.

Pléistocène : première époque du Quaternaire qui s'étend de deux millions à 10 000 ans avant J.-C.

Pliocène : la plus récente époque géologique du Néogène qui s'étend de 5,3 à 2,6 millions d'années.

Prairie : terrain couvert d'herbes pratiquement sans arbres.

Prédateur (prédation) : organisme vivant qui met à mort des proies pour s'en nourrir ou pour alimenter sa progéniture.

Proie : organisme chassé et mangé par un prédateur.

Q

Quadrumane : animal qui a quatre mains, comme les singes.

Quadrupède : animal qui marche à quatre pattes, particulièrement chez les mammifères.

Quaternaire : troisième période géologique du Cénozoïque et la plus récente sur l'échelle des temps géologiques.

R

Rapace : oiseau qui chasse d'autres animaux.

Ratite : oiseau d'origine Gondwanienne, avec des pattes robustes et des ailes rudimentaires, incapable de voler.

Régénération : capacité d'un milieu forestier à se reconstituer par des processus naturels, comme la dispersion des graines par les oiseaux.

Rétractile (rétractable) : faculté de retirer ou de rentrer les griffes dans les pattes. Certains mammifères portent des griffes semi-rétractiles, c'est-à-dire qu'elles ne rentrent pas totalement dans les pattes.

S

Savane : formation végétale composée de plantes herbacées vivaces de la Famille des Poaceae (graminées). Elle est plus ou moins parsemée d'arbres ou d'arbustes.

Sédimentaire : roche formée par le dépôt et le compactage de sédiments à partir de la dégradation de la roche mère, à la surface de la croûte terrestre.

Sédimentation : qualifie l'ensemble des processus par lesquels les particules en suspension et en transit cessent de se déplacer et se déposent, devenant ainsi des sédiments.

Spéléologiste : spécialiste de l'exploration et de l'étude des grottes et des gouffres.

Spéléothème : dépôts minéraux précipités dans une grotte, comme les stalactites ou les stalagmites.

Stratigraphique (stratigraphie) : qui a rapport à la stratigraphie, qui est une discipline des sciences de la Terre étudiant la succession des différentes couches géologiques ou strates.

Subfossile : reste osseux encore non minéralisé comme un vrai fossile, formé dans un passé géologique récent.

Sylvicole : se dit d'un organisme qui habite les forêts.

Sympatrique (sympatrie) : qui qualifie deux ou plusieurs organismes qui coexistent dans un même endroit sans s'hybrider.

Systématique : science qui étudie la classification des organismes vivants ou morts.

T

Taphonomie : étude de l'enfouissement sous toutes ses formes aboutissant à la formation de gisements fossilifères.

Taxonomie (taxonomique) : science ayant pour objet la désignation et la classification des organismes.

Tectonique : étude des structures géologiques de grande échelle, telles les mouvements des plaques et les mécanismes qui en sont responsables.

Terrestre : qui appartient à la terre, comme les animaux terrestres.

Tertiaire : ancien nom d'une ère géologique s'étendant de 65 à 2,6 millions d'années.

Torpeur (léthargie) : ralentissement de l'activité physiologique et engourdissement prolongé.

V

Vertébré : animaux possédant surtout un squelette osseux ou cartilagineux interne, qui comporte en particulier une colonne vertébrale composée de vertèbres.

Vicariantes (vicariance) : se dit des taxons étroitement apparentés qui existent chacun dans une zone géographique séparée. Ils sont supposés provenir d'une seule population et qui sont ensuite dispersés à cause d'événements géologiques.

Z

Zoogéographie : science qui étudie la distribution des espèces animales sur notre planète et l'évolution de cette distribution.

BIBLIOGRAPHIE

1. **Abbott, D. H., Bryant, E. F., Gusiakov, V., Masse, W. B. & Breger, D. 2008.** Comment: Impacts, mega-tsunami, and other extraordinary claims. *GSA Today*, 18: 12. doi: 10.1130/GSATG9C.1

2. **Ali, J. R. & Krause, D. W. 2011.** Late Cretaceous bioconnections between Indo-Madagascar and Antarctica: Refutation of the Gunnerus Ridge causeway hypothesis. *Journal of Biogeography*, 38: 1855-1872.

3. **Allentoft, M. E., Bunce, M., Scofield, R. P., Hale, M. L. & Holdaway, R. N. 2010.** Highly skewed sex ratios and biased fossil deposition of moa: Ancient DNA provides new insight on New Zealand's extinct megafauna. *Quaternary Science Reviews*, 29: 753-762.

4. **Amadon, D. 1947.** An estimated weight of the largest known bird. *Condor*, 49: 159-164.

5. **Andrews, C. W. 1897.** On some fossil remains of carinate birds from central Madagascar. *Ibis*, seventh series, 3: 343-359.

6. **Andrianarimisa, A., Andrianjakarivelo, V., Rakotomalala, Z. & Anjeriniaina, M. 2009.** Vertébrés terrestres des fragments forestiers de la Montagne d'Ambatotsirongorongo, site dans le Système des Aires Protégées de Madagascar de la Région Anosy, Tolagnaro. *Malagasy Nature*, 2: 30-51.

7. **Andriatsimietry, R., Goodman, S. M., Razafimahatratra, E., Jeglinski, J. W. E., Marquard, M. & Ganzhorn, J. U. 2009.** Seasonal variation in the diet of *Galidictis grandidieri* Wozencraft, 1986 (Carnivora: Eupleridae) in a sub-arid zone of extreme southwestern Madagascar. *Journal of Zoology*, London, 279: 410-415.

8. Appert, O. 1966. La distribution géographique des lémuriens diurnes de la région du Mangoky au sud-ouest de Madagascar. *Bulletin de l'Académie Malgache*, 44: 43-45.

9. **Arnold, E. N. 1979.** Indian Ocean giant tortoises: Their systematics and island adaptations. *Philosophical Transactions of the Royal Society of London B*, 286: 127-145.

10. **Austin, J. J., Arnold, E. N. & Bour, R. 2003.** Was there a second adaptive radiation of giant tortoises in the Indian Ocean? Using mitochondrial DNA to investigate speciation and biogeography of *Aldabrachelys* (Reptilia, Testudinidae). *Molecular Ecology*, 12: 1415-1424.

11. **Ballhorn, D. J., Kautz, S. & Rakotoarivelo, F. P. 2009.** Quantitative variability of cyanogenesis in *Cathariostachys madagascariensis* – the main food plant of bamboo lemurs in southeastern Madagascar. *American Journal of Primatology*, 71: 305-315.

12. **Banks, M. A., Ellis, E. R., Antonio & Wright, P. C. 2007.** Global population size of a critically endangered lemur, Perrier's sifaka. *Animal Conservation*, 10: 254-262.

13. **Barthère, F.-M. 1915.** Observations sur une hache en os, provenant des fouilles exécutées par l'Académie Malgache, à Ampasambazimba en 1908 (Madagascar). *Bulletin de la Société Préhistorique Française*, 12: 358-361.

14. **Battistini, R. 1965.** Problèmes géomorphologiques de l'Extrême Nord de Madagascar. *Madagascar, Revue de Géographie*, 7: 1-61.

15. **Battistini, R. & Vérin, P. 1967.** Ecologic changes in protohistoric Madagascar. In *Pleistocene extinctions: The search for a cause*, eds. P. S. Martin & H. E. Wright Jr., pp. 407-424. Yale University Press, New Haven.

16. **Battistini, R. & Vérin, P. 1971.** Témoignages archéologiques sur

la côte vezo de l'embouchure de l'Onilahy à la baie des Assassins. *Taloha*, 4: 51-63.

17. **Battistini, R., Vérin, P. & Rason, R. 1963.** Le site archéologique de Talaky. *Annales Malgaches*, 1: 111-153.

18. **Beaujard, P. 2011.** The first migrants to Madagascar and their introduction of plants: Linguistic and ethnological evidence. *Azania*, 46: 169-189.

19. **Berger, L. R. & Clarke, R. J. 1995.** Eagle involvement in accumulation of the Taung child fauna. *Journal of Human Evolution*, 29: 275-299.

20. **Bickelmann, C. & Klein, N. 2009.** The late Pleistocene horned crocodile *Voay robustus* (Grandidier & Vaillant, 1872) from Madagascar in the Museum für Naturkunde Berlin. *Fossil Record*, 12: 13-21.

21. **Blake, S., Wikelski, M., Cabrera, F., Guezou, A., Silva, M., Sadeghayobi, E., Yackulic, C. B. & Jaramillo, P. 2012.** Seed dispersal by Galápagos tortoises. *Journal of Biogeography*, 39: 1961-1972.

22. **Blench, R. 2010.** New evidence for the Austronesian impact on the East African coast. In *The global origins and development of seafaring*, eds. C. Anderson, J. Barrett & K. Boyle, pp. 239-248. McDonald Institute for Archaeological Research, Cambridge.

23. **Boisserie, J.-R. 2005.** The phylogeny and taxonomy of Hippopotamidae (Mammalia: Artiodactyla): A review based on morphology and cladistic analysis. *Zoological Journal of the Linnean Society*, 143: 1-26.

24. **Bond, W. J. & Silander, J. A. 2007.** Springs and wire plants: Anachronistic defences against Madagascar's extinct elephant birds. *Proceedings of the Royal Society B*, 274: 1985-1992.

25. **Bond, W. J., Silander, J. A., Ranaivonasy, J. & Ratsirarson, J. 2008.** The antiquity of Madagascar's grasslands and the rise of C_4 grassy biomes. *Journal of Biogeography*, 35: 1743-1758.

26. **Bour, R. 1994.** *Recherches sur des animaux doublement disparus : Les tortues géantes subfossiles de Madagascar*. Ecole Pratique des Hautes Etudes, Montpellier.

27. **Bourgeois, J. & Weiss, R. 2009.** «Chevrons» are not mega-tsunami deposits -- A sedimentologic assessment. *Geology*, 37: 403-406.

28. **Brochu, C. A. 2007.** Morphology, relationships, and biogeographical significance of an extinct horned crocodile (Crocodylia, Crocodylidae) from the Quaternary of Madagascar. *Zoological Journal of the Linnean Society*, 150: 835-863.

29. **Brodkorb, P. 1963.** Catalogue of fossil birds. Part 1 (Archaeopterygiformes through Ardeiformes). *Bulletin of the Florida State Museum*, 7: 179-293.

30. **Brook, G. A., Rafter, M. A., Railsback, L. B., Sheen, S.-W. & Lundberg, J. 1999.** A high-resolution proxy record of rainfall and ENSO since AD 1550 from layering in stalagmites from Anjohibe Cave, Madagascar. *The Holocene*, 9: 695-705.

31. **Brown, L. H., Urban, E. K. & Newman, K. 1982.** *The birds of Africa*, volume 1. Academic Press, New York.

32. **Burney, D. A. 1987.** Pre-settlement vegetation changes at Lake Tritrivakely, Madagascar. *Palaeoecology of Africa and the Surrounding Islands*, 18: 357-381.

33. **Burney, D. A. 1987.** Late Holocene vegetational change in central Madagascar. *Quaternary Research*, 28: 130-143.

34. **Burney, D. A. 1993.** Late Holocene environmental change in arid southwestern Madagascar. *Quaternary Research*, 40: 98-106.

35. **Burney, D. A. 1999.** Rates, patterns, and processes of landscape transformation and extinction in Madagascar. In *Extinction in near time*, ed. R. D. E. MacPhee, pp. 145-164. Kluwer/Plenum, New York.

36. **Burney, D. A. & Flannery, T. F. 2005.** Fifty millennia of catastrophic

extinctions after human contact. *Trends in Ecology and Evolution*, 20: 395–401.

37. **Burney, D. A. & Ramilisonina. 1998.** The *kilopilopitsofy, kidoky,* and *bokyboky:* Accounts of strange animals from Belo-sur-Mer, Madagascar, and the megafaunal "extinction window." *American Anthropologist*, 100: 957-966.

38. **Burney, D. A., James, H. F., Grady, F. V., Rafamantanantsoa, J.-G., Ramilisonina, Wright, H. T. & Cowart, J. B. 1997.** Environment change, extinction and human activity: Evidence from caves in NW Madagascar. *Journal of Biogeography*, 24: 755-767.

39. **Burney, D. A., Robinson, G. S. & Burney, L. P. 2003.** *Sporormiella* and the late Holocene extinctions in Madagascar. *Proceedings of the National Academy of Sciences, USA*, 100: 10800-10805.

40. **Burney, D. A., Burney, L. P., Godfrey, L. R., Jungers, W. L., Goodman, S. M., Wright, H. T. & Jull, A. J. T. 2004.** A chronology for late Prehistoric Madagascar. *Journal of Human Evolution*, 47: 25-63.

41. **Burney, D. A., Vasey, N., Godfrey, L. R., Ramilisonina, Jungers, W. L., Ramarolahy, M. & Raharivony, L. 2008.** New findings at Andrahomana Cave, southeastern Madagascar. *Journal of Cave and Karst Studies*, 70: 13-24.

42. **Cardiff, S. G. 2006.** Bat cave selection and conservation in Ankarana, northern Madagascar. Master's thesis, Columbia University, New York.

43. **Cardiff, S. & Befourouack, J. 2003.** The Réserve Spéciale d'Ankarana. In *The natural history of Madagascar*, eds. S. M. Goodman & J. P. Benstead, pp. 1501-1507. The University of Chicago Press, Chicago.

44. **Cardiff, S. G., Ratrimomanarivo, F. H., Rembert, G. & Goodman, S. M. 2009.** Hunting, roost disturbance and roost site persistence of bats in caves at Ankarana, northern Madagascar. *African Journal of Ecology*, 47: 640-649.

45. **Carleton, M. D., Goodman, S. M. & Rakotondravony, D. 2001.** A new species of tufted-tailed rat, genus *Eliurus* (Muridae: Nesomyinae), from western Madagascar, with notes on the distribution of *E. myoxinus*. *Proceedings of the Biological Society of Washington*, 114: 972-987.

46. **Chanudet, C. 1975.** Conditions géographiques et archéologiques de la disparition des subfossiles malgaches. Mémoire de Maîtrise, Université de Bretagne Occidental, Brest.

47. **Clarke, S. J., Miller, G. H., Fogel, M. L., Chivas, A. R. & Murray-Wallace, C. V. 2006.** The amino acid and stable isotope biogeochemistry of elephant bird (*Aepyornis*) eggshells from southern Madagascar. *Quaternary Science Reviews*, 25: 2343-2356.

48. **Coe, M. J., Bourn, D. & Swingland, I. R. 1979.** The biomass, production and carrying capacity of giant tortoises on Aldabra. *Philosophical Transactions of the Royal Society B,* 286: 163-176.

49. **Colquhoun, I. C. 2006.** Predation and cathemerality. Comparing the impact of predators on the activity patterns of lemurids and ceboids. *Folia Primatologica*, 77: 143-165.

50. **Cooper, A., Lalueza-Fox, C., Anderson, S., Rambaut, A., Austin, J. & Ward, R. 2001.** Complete mitochondrial genome sequences of two extinct moas clarify ratite evolution. *Nature*, 409: 704-707.

51. **Crowley, B. E. 2010.** A refined chronology of prehistoric Madagascar and the demise of the megafauna. *Quaternary Science Reviews*, 29: 2591-2603.

52. **Crowley, B. E. & Godfrey, L. R. 2013.** Why all those spines? Anachronistic defences in the Didiereoideae against now extinct lemurs. *South African Journal of Science*, 109: 1-7.

53. **Crowley, B. E. & Samonds, K. E. Sous presse.** Stable carbon isotope

values confirm a recent increase in grasslands in northwestern Madagascar. *The Holocene.*

54. **Crowley, B. E., Godfrey, L. R. & Irwin, M. T. 2011.** A glance to the past: Subfossils, stable isotopes, seed dispersal, and lemur species loss in southern Madagascar. *American Journal of Primatology*, 73: 25-37.

55. **Csermely, D. 1996.** Antipredator behavior in lemurs: Evidence of an extinct eagle on Madagascar or something else? *International Journal of Primatology*, 17: 349-354.

56. **Dahl, O. 1951.** *Malgache et Maanyan.* Egede Instituttet, Oslo.

57. **Davies, S. J. J. F. 1978.** The food of emus. *Austral Ecology*, 3: 411-422.

58. **Decary, R. 1927.** Une mission scientifique dans le Sud-est de Madagascar. *Bulletin de l'Académie Malgache*, nouvelle série, 9: 79-86.

59. **Decary, R. 1934.** Les grottes d'Anjohibe. *La Revue de Madagascar*, 8: 81-85.

60. **Dewar, R. E. 1984.** Extinctions in Madagascar: The loss of the subfossil fauna. In *Pleistocene extinctions: The search for a cause*, eds. P. S. Martin & R. G. Klein, pp. 574-593. Yale University Press, New Haven.

61. **Dewar, R. E. & Rakotovololona, S. 1992.** La chasse aux subfossiles : Les preuves de XIème siècle au XIIIème siècle. *Taloha*, 11: 4-15.

62. **Dewar, R. E. & Richard, A. F. 2012.** Madagascar: A history of arrivals, what happened, and will happen next. *Annual Reviews of Anthropology*, 41: 495-517.

63. **Dewar, R. E. & Wright, H. E. 1993.** The culture history of Madagascar. *Journal of World Prehistory*, 7: 417-466.

64. **Dewar, R. E., Radimilahy, C., Wright, H. T., Jacobs, Z., Kelly, G. O. & Berna, F. Sous presse.** Stone tools and foragers in northern Madagascar: Holocene extinction models questioned. *Proceedings of the National Academy of Sciences*, USA.

65. **de Wit, M. 2003.** Madagascar: Heads it's a continent, tail it's an island. *Annual Review of Earth Planetary Science*, 31: 213-248.

66. **Dollar, L. J., Ganzhorn, J. U. & Goodman, S. M. 2006.** Primates and other prey in the seasonally variable diet of *Cryptoprocta ferox* in the dry deciduous forest of western Madagascar. In *Primate anti-predator strategies*, eds. S. L. Gursky & K. A. I. Nekaris, pp. 63-76. Springer Press, New York.

67. **Donati, G. & Borgognini-Tarli, S. M. 2006.** From darkness to daylight: Cathemeral activity in primates. *Journal of Anthropological Sciences*, 84: 1-11.

68. **Dumont, E. R., Ryan, T. M. & Godfrey, L. R. 2011.** The *Hadropithecus* conundrum reconsidered, with implications for interpreting diet in fossil hominins. *Proceedings of the Royal Society B*, 278: 3654-3661.

69. **Ekblom, T. 1953.** Studien über subfossile Lemuren von Madagaskar. *Bulletin of the Geological Institute of Uppsala*, 34: 123-190.

70. **Faure, M. & Guerin, C. 1990.** *Hippopotamus laloumena* nov. sp., la troisième espèce d'hippopotame holocène de Madagascar. *Comptes Rendus de l'Académie des Sciences*, série 11, 310: 1299-1305.

71. **Faure, M., Guérin, C., Genty, D., Gommery, D. & Ramanisovoa, B. 2010.** Le plus ancien hippopotame fossile (*Hippopotamus laloumena*) de Madagascar (Belobaka, Province de Mahajanga). *Comptes Rendus Palévol*, 9: 155-162.

72. **Fichtel, C. & Kappeler, P. M. 2002.** Anti-predator behavior of group-living Malagasy primates: Mixed evidence for a referential alarm call system. *Behavioral Ecology and Sociobiology*, 51: 262-275.

73. **Filhol, H. 1895.** Observations concernant les mammifères

contemporains des *Aepyornis* à Madagascar. *Bulletin du Muséum national d'Histoire naturelle,* Paris, 1: 12-14.

74. **Fisher, D. 2011.** The world's worst economies. *Forbes Magazine,* 5 July 2011.

75. **Flacourt, E. de. 1658 [reprinted in 1995].** *Histoire de la Grande Isle Madagascar.* Edition présentée et annotée par Claude Allibert. INALCO-Karthala, Paris.

76. **Fontoynont, M. 1909.** Les gisements fossilifères d'Ampasambazimba. *Bulletin de l'Académie Malgache,* 6: 3-8.

77. **Forsyth-Major, C. I. 1894.** On *Megaladapis madagascariensis,* an extinct gigantic lemuroid from Madagascar, with remarks on the associated fauna, and on its geologic age. *Philosophical Transactions of the Royal Society of London B,* 185:15-38.

78. **Fovet, W., Faure, M. & Guérin, C. 2011.** *Hippopotamus guldbergi* n. sp : Révision du statut d'*Hippopotamus madagascariensis* Guldberg, 1883, après plus d'un siècle de malentendus et de confusions taxonomiques. *Zoosystema,* 33: 61-82.

79. **Gade, D. W. 1996.** Deforestation and its effects in highland Madagascar. *Mountain Research and Development,* 16: 101-116.

80. **Ganzhorn, J. U. 1994.** Les lémuriens. Dans Inventaire biologique – forêt de Zombitse, eds. S. M. Goodman & O. Langrand. *Recherches pour le Développement, Série Sciences Biologiques,* No. Spécial: 70-72.

81. **Ganzhorn, J. U. & Randriamanalina, M. H. 2003.** Les lémuriens de la forêt de Mikea. Dans Inventaire floristique et faunistique de la forêt de Mikea : Paysage écologique et diversité biologique d'une préoccupation majeure pour la conservation, eds. A. P. Raselimanana & S. M. Goodman. *Recherches pour le Développement, Série Sciences Biologiques,* 21: 87-93.

82. **Gardner, C. J., Fanning, E., Thomas, H. & Kidney, D. 2009.** The lemur diversity of the Fiherenana–Manombo complex, southwest Madagascar. *Madagascar Conservation & Development,* 4: 38-43.

83. **Gasse, F. & Van Campo, E. 1998.** A 40,000 year pollen and diatom records from Lake Tritrivakely, Madagascar, in southern tropics. *Quaternary Research,* 49: 299-311.

84. **Gasse, F. & Van Campo, E. 2001.** Late Quaternary environmental changes from a pollen and diatom record in the southern tropics (Lake Tritrivakely, Madagascar). *Palaeogeography, Palaeoclimatology & Palaeoecology,* 167: 287-308.

85. **Gasse, F., Cortijo, E., Disnar, J. R., Ferry, L., Gibert, E., Kissel, C., Laggoun-Defarge, F., Lallier-Vergès, E., Miskovsky, J. C., Ratsimbazafy, B., Ranaivo, F., Robison, L., Tucholka, P., Saos, J.-L., Sifeddine, A., Taieb, M., Van Campo, E. & Williamson, D. 1994.** A 36 ka environmental record in the southern tropics: Lake Tritrivakely (Madagascar). *Compte Rendus de l'Académie des Sciences,* Paris, série II, 318: 1513-1519.

86. **Gautier, L. & Goodman, S. M. 2003.** Introduction to the flora of Madagascar. In *The natural history of Madagascar,* eds. S. M. Goodman & J. P. Benstead, pp. 229-250. The University of Chicago Press, Chicago.

87. **Godfrey, L. R. 1986.** The tale of the tsy-aomby-aomby. *The Sciences,* 1986: 49-51.

88. **Godfrey, L. R. & Irwin, M. T. 2007.** The evolution of extinction risk: Past and present anthropogenic impacts on the primate communities of Madagascar. *Folia Primatologica,* 78: 405-419.

89. **Godfrey, L. R. & Jungers, W. L. 2002.** Quaternary fossil lemurs. In *The primate fossil record,* ed. W. Hartwig, pp. 97-121. Cambridge University Press, New York.

90. **Godfrey, L. R. & Jungers, W. L. 2003.** The extinct sloth lemurs of Madagascar. *Evolutionary Anthropology*, 12: 252-263.

91. **Godfrey, L. R. & Vuillaume-Randriamanantena, M. 1986.** *Hapalemur simus*: Endangered lemur once widespread. *Primate Conservation*, 7: 92-96.

92. **Godfrey, L. R., Simons, E. L., Chatrath, P. S. & Rakotosamimanana, B. 1990.** A new fossil lemur (*Babakotia*, Primates) from northern Madagascar. *Comptes Rendus de l'Académie des Sciences*, Paris, série 2, 310: 81-87.

93. **Godfrey, L. R., Jungers, W. L., Wunderlich, R. E. & Richmond, B. G. 1997.** Reappraisal of the postcranium of *Hadropithecus* (Primates, Indroidea). *American Journal of Physical Anthropology*, 103: 529-556.

94. **Godfrey, L. R., Jungers, W. L., Simons, E. L., Chatrath, P. S. & Rakotosamimanana, B. 1999.** Past and present distributions of lemurs in Madagascar. In *New directions in lemur studies*, eds. B. Rakotosamimanana, H. Rasamimanana, J. U. Ganzhorn & S. M. Goodman, pp. 19-53. Kluwer Academic/Plenum Publishers, New York.

95. **Godfrey, L. R., Simons, E. L., Jungers, W. L., DeBlieux, D. D. & Chatrath, P. S. 2004.** New discovery of subfossil *Hapalemur simus*, the greater bamboo lemur in western Madagascar. *Lemur News*, 9: 9-11.

96. **Godfrey, L. R., Semprebon, G. M., Jungers, W. L., Sutherland, M. R., Simons, E. L. & Solounias, N. 2004.** Dental use wear in extinct lemurs: Evidence of diet and niche differentiation. *Journal of Human Evolution*, 47: 145-169.

97. **Godfrey, L. R., Semprebon, G. M., Schwartz, G. T., Burney, D. A., Jungers, W. L., Flanagan, E. K., Cuozzo, F. P. & King, S. J. 2005.** New insights into old lemurs: The trophic adaptations of the Archaeolemuridae. *International Journal of Primatology*, 26: 825-854.

98. **Godfrey, L. R., Jungers, W. L., Burney, D. A., Ramilisonina, Wheeler, W., Lemelin, P., Shapiro, L. J., Schwartz, G. T., King, S. J., Ramarolahy, M. F., Raharivony, L. L. & Randria, G. F. N. 2006.** New discoveries of skeletal elements of *Hadropithecus stenognathus* from Andrahomana Cave, southeastern Madagascar. *Journal of Human Evolution*, 51: 395-410.

99. **Godfrey, L. R., Jungers, W. L. & Schwartz, G. T. 2006.** Ecology and extinction of Madagascar's subfossil lemurs. In *Lemurs: Ecology and adaptation*, eds. L. Gould & M. L. Sauther, pp. 41-63. Springer, New York.

100. **Godfrey, L. R., Jungers, W. L. & Burney, D. A. 2010.** Subfossil lemurs of Madagascar. In *Cenozoic mammals of Africa*, eds. L. Werdelin & W. J. Sanders, pp. 351-367. The University of California Press, Berkeley.

101. **Gommery, D., Ziegle, P., Ramanivosoa, B. & Cauvin, J. 1998.** Découverte d'un nouveau site à lémuriens subfossiles dans les karsts malgaches. *Comptes Rendus de l'Académie des Sciences*, séries IIA, 326: 823-826.

102. **Gommery, D., Sénégas, F., Mein, P., Tombomiadana, S., Ramanivosoa, B., Cauvin, J. & Cauvin, C. 2003.** Résultats préliminaires des sites subfossiles d'Antsingiavo (Madagascar). *Comptes Rendus Palevol*, 2: 639-648.

103. **Gommery, D., Tombomiadana, S., Valentin, F., Ramanivosoa, B. & Bezoma, R. 2004.** Nouvelle découverte dans le Nord-Ouest de Madagascar et répartition géographique des espèces du genre *Palaeopropithecus*. *Annales de Paléontologie*, 90: 279-286.

104. **Gommery, D., Ramanivosoa, B., Tombomiadana-Raveloson, S., Randrianantenaina, H. &**

Kerloc'h, P. 2009. Une nouvelle espèce de lémurien géant subfossile du Nord-Ouest de Madagascar (*Palaeopropithecus kelyus*, Primates). *Compte Rendus Palevol*, 8: 471-480.

105. Gommery, D., Ramanivosoa, B., Faure, M., Guerin, C., Kerloc'h, P., Sénégas, F. & Randrianantenaina, H. 2011. Les plus anciennes traces d'activités anthropiques de Madagascar sur des ossements d'hippopotames subfossiles d'Anjohibe. *Comptes Rendus Palevol*, 10: 271-278.

106. Gommery, D., Sénégas, F., Valentin, F., Ramanivosoa, B., Randriamantaina, H. & Kerloc'h, P. 2011. Madagascar. Premiers habitants et biodiversité passée. *Archéologie*, 494 (décembre): 40-49.

107. Goodman, S. M. 1994. Description of a new species of subfossil eagle from Madagascar: *Stephanoaetus* (Aves: Falconiformes) from the deposits of Ampasambazimba. *Proceedings of the Biological Society of Washington*, 107: 421-42.

108. Goodman, S. M. 1994. The enigma of antipredator behavior in lemurs: Evidence of a large extinct eagle on Madagascar. *International Journal of Primatology*, 15: 129-134.

109. Goodman, S. M. 1996. Description of a new species of subfossil lapwing (Aves, Charadriiformes, Charadriidae, Vanellinae) from Madagascar. *Bulletin du Muséum national d'Histoire naturelle*, Paris, série 4, section C, 18: 607-614.

110. Goodman, S. M. 1999. Holocene bird subfossils from the sites of Ampasambazimba, Antsirabe and Ampoza, Madagascar: Changes in the avifauna of south central Madagascar over the past few millennia. In *Proceedings of the 22nd International Ornithological Congress*, Durban, eds. N. J. Adams & R. H. Slotow, pp. 3071-3083. BirdLife South Africa, Johannesburg.

111. Goodman, S. M. 2000. A description of a new species of *Brachypteracias* (Family Brachypteraciidae) from the Holocene of Madagascar. *Ostrich*, 71: 318-322.

112. Goodman, S. M. 2003. Predation on lemurs. In *The natural history of Madagascar*, eds. S. M. Goodman & J. P. Benstead, pp. 1221-1228. The University of Chicago Press, Chicago.

113. Goodman, S. M. 2011. *Les chauves-souris de Madagascar*. Association Vahatra, Antananarivo.

114. Goodman, S. M. 2012. *Les Carnivora de Madagascar*. Association Vahatra, Antananarivo.

115. Goodman, S. M. & Hawkins, A. F. A. 2008. Les oiseaux. Dans *Paysages naturels et biodiversité de Madagascar*, ed. S. M. Goodman, pp. 383-434. Muséum national d'Histoire naturelle, Paris.

116. Goodman, S. M. & Rakotondravony, D. 1996. The Holocene distribution of *Hypogeomys* (Rodentia: Muridae: Nesomyinae) on Madagascar. In *Biogéographie de Madagascar*, ed. W. R. Lourenço, pp. 283-293. Editions ORSTOM, Paris.

117. Goodman, S. M. & Rakotozafy, L. M. A. 1995. Evidence for the existence of two species of *Aquila* on Madagascar during the Quaternary. *Geobios*, 28: 241-246.

118. Goodman, S. M. & Rakotozafy, L. M. A. 1997. Subfossil birds from coastal sites in western and southwestern Madagascar: A paleoenvironmental reconstruction. In *Natural change and human impact in Madagascar*, eds. S. M. Goodman & B. D. Patterson, pp. 257-279. Smithsonian Institution Press, Washington, D. C.

119. Goodman, S. M. & Raselimanana, A. 2003. Hunting of wild animals by Sakalava of the Menabe region: A field report from Kirindy-Mite. *Lemur News*, 8: 4-5.

120. Goodman, S. M. & Ravoavy, F. 1993. Identification of bird subfossils from cave surface deposits at Anjohibe,

Madagascar, with a description of a new giant *Coua* (Cuculidae: Couinae). *Proceedings of the Biological Society of Washington*, 106: 24-33.

121. **Goodman, S. M. & Soarimalala, V. 2004.** A new species of *Microgale* (Lipotyphla: Tenrecidae: Oryzorictinae) from the Forêt des Mikea of southwestern Madagascar. *Proceedings of the Biological Society of Washington*, 117: 251-265.

122. **Goodman, S. M. & Soarimalala, V. 2005.** A new species of *Macrotarsomys* (Rodentia: Muridae: Nesomyinae) from the Forêt des Mikea of southwestern Madagascar. *Proceedings of the Biological Society of Washington*, 118: 450-464.

123. **Goodman, S. M., Raherilalao, M. J., Rakotomalala, D., Rakotondravony, D., Raselimanana, A. P., Razakarivony, H. V. & Soarimalala, V. 2002.** Inventaire des vertébrés du Parc National de Tsimanampetsotsa (Toliara). *Akon'ny Ala*, 28: 1-36.

124. **Goodman S. M., Rasoloarison R. M. & Ganzhorn J. U. 2004.** On the specific identification of subfossil *Cryptoprocta* (Mammalia, Carnivora) from Madagascar. *Zoosystema*, 26: 129-143.

125. **Goodman, S. M., Vasey, N. & Burney, D. A. 2006.** The subfossil occurrence and paleoecological implications of *Macrotarsomys petteri* (Rodentia: Nesomyidae) in extreme southeastern Madagascar. *Comptes Rendus Palevol*, 5: 953-962.

126. **Goodman, S. M., Vasey, N. & Burney, D. A. 2007.** Description of a new species of subfossil shrew-tenrec (Afrosoricida: Tenrecidae: *Microgale*) from cave deposits in extreme southeastern Madagascar. *Proceedings of the Biological Society of Washington*, 120: 367-376.

127. **Goodman, S. M., Raherilalao, M. J. & Block, N. L. 2011.** Patterns of morphological and genetic variation in the *Mentocrex kioloides* complex (Aves: Gruiformes: Rallidae) from Madagascar, with the description of a new species. *Zootaxa*, 2776: 49-60.

128. **Grandidier, A. 1868.** Sur les découvertes zoologiques faites récemment à Madagascar. *Annales des Sciences Naturelles*, 10: 375-378.

129. **Grandidier, G. 1900.** Note sur des ossements d'animaux disparus, provenant d'Ambolisatra, sur la côte sud-est de Madagascar. *Bulletin du Muséum national d'Histoire naturelle*, 16: 214-218.

130. **Grandidier, G. 1902.** Observations sur les lémuriens disparus de Madagascar : Collections Alluaud, Gaubert, Grandidier. *Bulletin du Muséum national d'Histoire naturelle*, 8: 497-505, 587-592.

131. **Grandidier, G. 1903.** Description de l'*Hypogeomys australis*, une nouvelle espèce de rongeur subfossile de Madagascar. *Bulletin du Muséum national d'Histoire naturelle*, 9: 13-15.

132. **Grandidier, G. 1905.** Les animaux disparus de Madagascar. Gisements, époques et causes de leur disparition. *Revue de Madagascar*, 7: 111-128.

133. **Grandidier, G. 1905.** Recherches sur les lémuriens disparus et en particulier sur ceux qui vivaient à Madagascar. *Nouvelles Archives du Muséum*, Paris, série 4, 7: 1-142.

134. **Grandidier, G. 1928.** Description de deux nouveaux mammifères insectivores de Madagascar. *Bulletin du Muséum national d'Histoire naturelle*, Paris, 34: 63-70.

135. **Grandidier, G. 1928.** Une variété du *Cheiromys madagascariensis* actuel et un nouveau *Cheiromys* subfossile. *Bulletin de l'Académie Malgache*, 11: 101-107.

136. **Green, G. M. & Sussman, R. W. 1990.** Deforestation history of the eastern rain forests of Madagascar from satellite images. *Science*, 248: 212-215.

137. **Griffin, W. D. 2009.** The Matitanana archaeological project: Culture history and social complexity in the seven rivers region of southeastern

Madagascar. Ph.D. thesis, The University of Michigan, Ann Arbor.

138. **Guldberg, G. A. 1883.** Undersøgelser over en subfossil flodhest fra Madagascar. *Christiania Videnskabsselskab forhandlinger* 6: 1-24 (in Riksmål).

139. **Gusiakov, V. Abbott, D. H., Bryant, E. A., Masse, W. B. & Breger, D. 2010.** Mega tsunami of the world oceans: Chevron dune formation, micro-ejecta, and rapid climate change as the evidence of recent oceanic bolide impacts. In *Geophysical hazards*, ed. T. Beer, pp. 197-227. Springer, Berlin.

140. **Hamrick, M. W., Simons, E. L. & Jungers, W. L. 2000.** New wrist bones of the Malagasy giant subfossil lemurs. *Journal of Human Evolution*, 38: 635-650.

141. **Hanssen, S. 2002.** The Ambohitantely Special Reserve in central high land Madagascar: Forest change and forest occurrence. Masters thesis. Norwegian University of Science and Technology, Trondheim.

142. **Harper, G. J., Steininger, M. K., Tucker, C. J., Juhn, D. & Hawkins, F. 2007.** Fifty years of deforestation and forest fragmentation in Madagascar. *Environmental Conservation*, 34: 325-333.

143. **Hawkins, A. F. A., Chapman, P., Ganzhorn, J. U., Bloxam, Q. C. M., Barlow, S. C. & Tonge, S. J. 1990.** Vertebrate conservation in Ankarana Special Reserve, northern Madagascar. *Biological Conservation*, 54: 83-110.

144. **Humbert, H. 1927.** Destruction d'une flore insulaire par le feu. *Mémoires de l'Académie Malgache*, 5: 1-80.

145. **Humbert, H. 1955.** Les territoires phytogéographiques de Madagascar. In Colloques internationaux du Centre National de la Recherche Scientifique, LIX : Les divisions écologiques du monde, moyen d'expression, nomenclature, cartographie, Paris, 1954. *Année Biologique*, série 3, 31: 439-448.

146. **Hurles, M. E., Sykes, B. C., Jobling, M. A. & Forster, P. 2005.** The dual origin of the Malagasy in island southeast Asia and east Africa: Evidence from maternal and paternal lineages. *American Journal of Human Genetics*, 76: 894-901.

147. **Huynen, L., Gill, B. J., Millar, C. D. & Lambert, D. M. 2010.** Ancient DNA reveals extreme egg morphology and nesting behavior in New Zealand's extinct moa. *Proceedings of the National Academy of Sciences, USA*, 107: 16201-16206.

148. **Jenny, D. 1996.** Spatial organisation of leopards *Panthera pardus* in Taï National Park, Ivory Coast: Is rainforest habitat a 'tropical haven'? *Journal of Zoology,* London, 240: 427-440.

149. **Jernvall, J., Wright, P. C., Ravoavy, F. L. & Simons, E. L. 2003.** Report on findings of subfossils at Ampoza and Ampanihy in southwestern Madagascar. *Lemur News*, 8: 21-23.

150. **Jungers, W. L., Godfrey, L. R., Simons, E. L., Chatrath, P. S. & Rakotosamimanana, B. 1991.** Phylogenetic and functional affinities of *Babakotia radofilai*, a new fossil lemur from Madagascar. *Proceedings of the National Academy of Sciences*, USA, 88: 9082-9086.

151. **Jungers, W. L., Godfrey, L. R., Simons, E. L. & Chatrath, P. S. 1995.** Subfossil *Indri indri* from the Ankarana Massif of northern Madagascar. *American Journal of Physical Anthropology*, 97: 357-366.

152. **Jungers, W. L., Godfrey, L. R., Simons, E. L., Wunderlich, R. E., Richmond, B. G. & Chatrath, P. S. 2002.** Ecomorphology and behavior of giant extinct lemurs from Madagascar. In *Reconstructing behavior in the primate fossil record*, eds. J. M. Plavcan, R. F. Kay, W. L. Jungers & C. P. van Schaik, pp. 371-411. Kluwer Academic/Plenum Publishers, New York.

153. Jungers, W. L., Demes, B. & Godfrey, L. R. 2008. How big were the "giant" extinct lemurs of Madagascar? In *Elwyn Simons: A search for origins*, eds. J. G. Fleagle & C. C. Gilbert, pp. 343-360. Springer, New York.

154. Kappeler, P. M. 2000. Lemur origins: Rafting by groups of hibernators? *Folia Primatologica*, 71: 422-425.

155. Karanth, K. P., Delefosse, T., Rakotosamimanana, B., Parsons, T. J. & Yoder, A. D. 2005. Ancient DNA from giant extinct lemurs confirms single origin of Malagasy primates. *Proceedings of the National Academy of Sciences*, USA, 102: 5090-5095.

156. Kaudern, W. 1918. Quartare Fossilien aus Madagaskar. *Zoologishes Jahrbuch*, 41: 521-533.

157. Kolloy, E. A., Sussman, R. W. & Muldoon, K. M. 2007. The status of lemur species at Antserananomby: An update. *Primate Conservation*, 22: 71-77.

158. Kellum-Ottino, M. 1972. Discovery of a Neolithic adze in Madagascar. *Asian Perspectives*, 15: 83-86.

159. Klein, J. 2002. Deforestation in the Madagascar highlands: Established 'truth' and scientific uncertainty. *Geojournal*, 56: 191-199.

160. Kull, C. A. 2002. The 'degraded' tapia woodlands of highland Madagascar: Rural economy, fire ecology, and forest conservation. *Journal of Cultural Geography*, 19: 95-128.

161. Kull, C. A. 2012. Air photo evidence of historical land cover change in the highlands: Wetlands and grasslands give way to crops and woodlots. *Madagascar Conservation and Development*, 7: 144-152.

162. Lamberton, C. 1930. Contribution à la connaissance de la faune subfossile de Madagascar. Notes IV-VII. Lémuriens et Cryptoproctes. *Mémoires de l'Académie Malgache*, 27: 1-203.

163. Lamberton, C. 1931. Contribution à l'étude anatomique des *Aepyornis*. *Bulletin de l'Académie Malgache*, 13: 151-174.

164. Lamberton, C. 1934. Contribution à la connaissance de la faune subfossile de Madagascar. Lémuriens et Ratites. *Mémoires de l'Académie Malgache*, 17: 1-168.

165. Lamberton, C. 1937. Fouilles paléontologiques faites en 1936. *Bulletin de l'Académie Malgache*, nouvelle série, 19: 1-19.

166. Lamberton, C. 1937 (1938). Contribution à la connaissance de la faune subfossile de Madagascar. Note III. Les Hadropithèques. *Bulletin de l'Académie Malgache*, nouvelle série, 27: 75-139.

167. Lamberton, C. 1946. Contribution a la connaissance de la faune subfossile de Madagascar. Note XV. *Plesiorycteropus madagascariensis* Filhol. *Bulletin de l'Académie Malgache*, nouvelle série, 25: 25-53.

168. Lawler, R. R. 2008. Testing for a historical population bottleneck in wild Verreaux's sifaka (*Propithecus verreauxi verreauxi*) using microsatellite data. *American Journal of Primatology*, 70: 1-5.

169. Lehman, S. M. & Mayor, M. 2004. Dietary patterns in Perrier's sifakas (*Propithecus diadema perrieri*): A preliminary study. *American Journal of Primatology*, 62: 115-122.

170. Lemelin, P., Hamrick, M. W., Richond, B. G., Godfrey, L. R., Jungers, W. L. & Burney, D. A. 2008. New hand bones of *Hadropithecus stenognathus*: Implications for the paleobiology of the Archaeolemuridae. *Journal of Human Evolution*, 54: 405-413.

171. Lorenz von Liburnau, L. R. 1902. Ueber *Hadropithecus stenognathus* Lz. Nebst bemerkungen zu einigen anderen ausgestorbenen Primaten von Madagascar. *Denkschrift der Kaiserlichen Akademie der Wissenschaften Wien*, 72: 243-254.

172. Lorenz von Libernau, L. R. 1905. *Megaladapis edwardsi* G. Grandidier.

Denkschriften der Mathematisch-Naturwissenschaftlichen Klasse der Kaiserlichen Akademie der Wissenschaften zu Wien, 77: 451-490.

173. **Lowry II, P. P., Schatz, G. E. & Phillipson, P. B. 1997.** The classification of natural and anthropogenic vegetation in Madagascar. In *Natural change and human impact in Madagascar*, eds. S. M. Goodman & B. D. Patterson, pp. 93-123. Smithsonian Institution Press, Washington, D. C.

174. **Lührs, M.-L. & Dammhahn, M. 2010.** An unusual case of cooperative hunting in a solitary carnivore. *Journal of Ethology*, 28: 379-383.

175. **Lührs, M.-L., Dammhahn, M. & Kappeler, P. M. 2013.** Strength in numbers: Males in a carnivore grow bigger when they associate and hunt cooperatively. *Behavioral Ecology*, 24: 21-28.

176. **Mack, A. L. 1995.** Seed dispersal by the Dwarf Cassowary, *Casuarius bennetti*, in Papua New Guinea. Ph.D. thesis, The University of Miami, Coral Gables.

177. **MacPhee, R. D. E. 1986.** Environment, extinction, and Holocene vertebrate localities in southern Madagascar. *National Geographic Research*, 2: 441-455.

178. **MacPhee, R. D. E. 1994.** Morphology, adaptations, and relationships of *Plesiorycteropus*, and a diagnosis of a new order of eutherian mammals. *Bulletin of the American Museum of Natural History*, 220: 1-214.

179. **MacPhee, R. D. E. & Burney, D. A. 1991.** Dating of modified femora of extinct dwarf *Hippopotamus* from southern Madagascar: Implications for constraining human colonization and vertebrate extinction events. *Journal of Archaeological Science*, 18: 695-706.

180. **MacPhee, R. D. E. & Marx, P. A. 1997.** The 40,000-year plague: Humans, hypervirulent diseases, and first-contact extinctions. In *Natural change and human impacts in Madagascar*, eds. S. M. Goodman & B. D. Patterson, pp. 169-217. Smithsonian Institution Press, Washington, D. C.

181. **MacPhee, R. D. E. & Raholimavo, E. M. 1988.** Modified subfossil aye-aye incisors from southwestern Madagascar: Species allocation and paleoecological significance. *Folia Primatologica*, 51: 126-142.

182. **MacPhee, R. D. E., Simons, E. L., Wells, N. A. & Vuillaume-Randriamananatena, M. 1984.** Team finds giant lemur skeleton. *Geotimes*, 29: 10-11.

183. **MacPhee, R. D. E., Burney, D. A. & Wells, N. A. 1985.** Early Holocene chronology and environment of Ampasambazimba, a Malagasy subfossil lemur site. *International Journal of Primatology*, 6: 463-489.

184. **Mahé, J. 1965.** *Les subfossiles Malgaches*. Imprimerie Nationales, Antananarivo.

185. **Mahé, J. & Sourdat, M. 1972.** Sur l'extinction des vertébrés subfossiles et l'aridification du climat dans le Sud-ouest de Madagascar. *Bulletin de la Société Géologique de France*, 14: 295-309.

186. **Major, C. I. F. 1902.** Some account of a nearly complete skeleton of *Hippopotamus madagascariensis* Guld., from Sirabé, Madagascar, obtained in 1895. *Geological Magazine*, IX, 455: 193-199.

187. **Martin, P. S. 1966.** Africa and Pleistocene overkill. *Nature*, 212: 339-342.

188. **Martin, P. S. 1984.** Prehistoric overkill: The global model. In *Quaternary extinctions: A prehistoric revolution*, eds. P. S. Martin & R. G. Klein, pp. 354-403. The University of Arizona Press, Tucson.

189. **Masse, W. B. 2007.** The archaeology and anthropology of Quaternary period cosmic impact. In *Comets/asteroid impacts and human society*, eds. P. T. Bobrowsky & H. Rickman, pp. 25-70. Springer Verlag, Berlin.

190. **Masse, W. B., Weaver, R. B., Abbott, D. H., Gusiakov, V. K. & Bryant, E. A. No date.** Missing in action? Evaluating the putative absence of impacts by large asteroids and comets during the Quaternary period. http://www.amostech.com/TechnicalPapers/2007/Poster/Masse.pdf, last downloaded 26 June 2012.

191. **Mein, P., Sénégas, F., Gommery, D., Ramanivosoa, B., Randrianantenaina, H. & Kerloc'h, P. 2010.** Nouvelles espèces subfossiles de rongeurs du Nord-Ouest de Madagascar. *Comptes Rendus Palevol,* 9: 101-112.

192. **Midgley, J. J. & Illing, N. 2009.** Were Malagasy *Uncarina* fruits dispersed by the extinct elephant bird? *South African Journal of Science,* 105: 467-469.

193. **Milne-Edwards, A. & Grandidier, A. 1894.** Observations sur les *Æpyornis* de Madagascar. Compte *Rendus de l'Académie des Sciences,* Paris, 118: 122-127.

194. **Milne-Edwards, A. & Grandidier, A. 1895.** Sur des ossements d'oiseaux provenant des terrains récents de Madagascar. *Bulletin du Muséum national d'Histoire naturelle,* Paris, 1: 9-11.

195. **Mitani, J. C., Sanders, W. J., Lwanga, J. S. & Windfelder, T. L. 2001.** Predatory behavior of crowned hawk-eagles (*Stephanoaetus coronatus*) in Kibale National Park, Uganda. *Behavioral Ecology and Sociobiology,* 49: 187-195.

196. **Mlíkovský, J. 2006.** Subfossil birds of Andrahomana, southeastern Madagascar. *Annalen des Naturhistorischen Museums in Wien,* 107A: 87-92.

197. **Moat, J. & Smith, P. 2007.** *Atlas of the vegetation of Madagascar.* Royal Botanic Gardens, Kew.

198. **Monnier, Dr. & Lamberton, C. 1922.** Note sur des ossements subfossiles de la région de Mananjary. *Bulletin de l'Académie Malgache,* nouvelle série, 3 [for 1916-1917]: 211-212.

199. **Muldoon, K. M. 2010.** Paleoenvironment of Ankilitelo Cave (late Holocene, southwestern Madagascar): Implications for the extinction of giant lemurs. *Journal of Human Evolution,* 58: 338-352.

200. **Muldoon, K. M., DeBlieux, D. D., Simons, E. L. & Chatrath, P. S. 2009.** The subfossil occurrence and paleoecological significance of small mammals at Ankilitelo Cave, southwestern Madagascar. *Journal of Mammalogy,* 90: 1111-1131.

201. **Muldoon, K. M., Crowley, B. E., Godfrey, L. R., Rasoamiaramanana, A., Aronson, A., Jernvall, J., Wright, P. C. & Simons, E. L. 2012.** Early Holocene fauna from a new subfossil site: A first assessment from Christmas River, south central Madagascar. *Madagascar Conservation and Development,* 7: 23-29.

202. **Olson, L. E., Rakotomalala, Z., Hildebrandt, K. B. P., Lanier, H. C., Raxworthy, C. J. & Goodman, S. M. 2009.** Phylogeography of *Microgale brevicaudata* (Tenrecidae) and description of a new species from western Madagascar. *Journal of Mammalogy,* 90: 1095-1110.

203. **Oskam, C. L., Haile, J., McLay, E., Rigby, P., Allentoft, M. E., Olsem, M. E., Bengtsson, C., Walter, R., Baynes, A., Dortch, J., Parker-Pearson, M., Gilbert, M. T. P., Holdaway, R. N, Willerslev, E. & Bunce, M. 2010.** Fossil avian eggshell preserves ancient DNA. *Proceedings of the Royal Society B,* 277: 1991-2000.

204. **Palkovacs, E. P., Gerlach, J. & Caccone, A. 2002.** The evolutionary origin of Indian Ocean tortoises (*Dipsochelys*). *Molecular Phylogenetics and Evolution,* 24: 216-227.

205. **Pareliussen, I., Olsson, G. A. & Armbruster, W. S. 2006.** Factors limiting the survival of native tree

seedlings used in conservation efforts at the edges of forest fragments in upland Madagascar. *Restoration Ecology*, 14: 196-203.

206. Parga, J. A., Sauther, M. L., Cuozzo, F. P., Youssouf Jacky, I. A. & Lawler, R. R. 2012. Evaluating ring-tailed lemurs (*Lemur catta*) from southwestern Madagascar for a genetic population bottleneck. *American Journal of Physical Anthropology*, 147: 21-29.

207. Parker Pearson, M., Godden, K., Ramilisonina, Retsihasetse, Schwenninger, J.-L., Huertebize, G., Radimilahy, C. & Smith, H. 2010. *Pastoralists, warriors and colonists: The archaeology of southern Madagascar*. Archaeopress, Oxford.

208. Pedrono, M., Griffiths, O. L., Clausen, A., Smith, L. L., Griffiths, C. J., Wilmé, L. & Burney, D. A. 2013. Using a surviving lineage of Madagascar's vanished megafauna for ecological restoration. *Biological Conservation*, 159: 501-506.

209. Perez, V. R., Godfrey, L. R., Nowak-Kemp, M., Burney, D. A., Ratsimbazafy, J. & Vasey, N. 2005. Evidence of early butchery of giant lemurs in Madagascar. *Journal of Human Evolution*, 49: 722-742.

210. Perrier de la Bâthie, H. 1921. La végétation Malgache. *Annales du Musée Colonial de Marseille*, 9: 1-246.

211. Perrier de la Bâthie, H. 1934. Au sujet de l'âge de la faune à *Æpyornis* et hippopotames. *Mémoire de l'Académie Malgache*, 17: 162-168.

212. Perrier de la Bâthie, H. 1936. *Biogéographie des plantes à Madagascar*. Société d'Editions Géographiques, Maritimes et Coloniales, Paris.

213. Petit, G. 1935. Contribution à l'étude faunistique de la Réserve Naturelle du Manampetsa (Madagascar). *Annales des Sciences Naturelles, Zoologie*, série 10, 18: 421-481.

214. Pinter, N. & Ishman, S. E. 2008. Impacts, mega-tsunami, and other extraordinary claims. *GSA Today*, 18: 37-38.

215. Quéméré, E., Amelot, X., Pierson, J., Crouau-Roy, B. & Chikhi, L. 2012. Genetic data suggest a natural prehuman origin of open habitats in northern Madagascar and question the deforestation narrative in this region. *Proceedings of the National Academy of Sciences, USA*, 109: 13028-13033.

216. Radofilao, J. 1977. Bilan des explorations spéléologiques de l'Ankarana. *Annales de l'Université de Madagascar, série Sciences de la Nature et Mathématiques*, 14: 195-204.

217. Raison, J.-P. & Vérin, P. 1968. Le site de subfossiles de Taolambiby (Sud-ouest de Madagascar) doit-il être attribué à une intervention humaine ? : Observations à la suite d'une reconnaissance. *Annales de l'Université de Madagascar - Lettres*, 7: 133-142.

218. Rakotoarisoa, J.-A. 1997. Evolution and interpretation of the archeological evidence. In *Natural change and human impact in Madagascar*, eds. S. M. Goodman & B. D. Patterson, pp. 331-341. Smithsonian Institution Press, Washington, D. C.

219. Rakotoarisoa, J.-A. 2002. Madagascar. Background notes. *In: Objects as envoys: Cloth, imagery, and diplomacy in Madagascar*, eds. C. M. Kreamer & S. Fee, pp. 25-30. Smithsonian Institution, Washington, D. C.

220. Rakotozafy, L. M. A. 1993. Etude sur des Anatidae subfossiles et leur paléoenvironnement dans les Hauts-Plateaux Malgaches. Mémoire Diplôme d'Etudes Approfondies, Université d'Antananarivo, Antananarivo.

221. Rakotozafy, L. M. A. & Goodman, S. M. 2005. Contribution à l'étude zooarchéologique de la région du Sud-ouest et extrême Sud de Madagascar sur la base des collections de l'ICMAA de l'Université d'Antananarivo.

Taloha, 14-15: http://www.taloha.info/document.php?id=137

222. **Rasamimanana, N., Ratsirarson, J. & Richard, A. F. 2012.** Influence de la variabilité climatique sur la phénologie de la forêt de la Réserve Spéciale de Bezà Mahafaly. *Malagasy Nature*, 6: 67-82.

223. **Rasoloarison, R. M., Rasolonandrasana, B. P. N., Ganzhorn, J. U. & Goodman, S. M. 1995.** Predation on vertebrates in the Kirindy Forest, western Madagascar. *Ecotropica*, 1: 59-65.

224. **Rasolofoson, D., Rakotondratsimba, G., Rakotonirainy, O., Rasolofoharivelo, T., Rakotozafy, L., Ratsimbazafy, J., Ratelolahy, F., Andriamaholy, V. & Saroy, A. 2007.** Le bloc forestier de Makira charnière de lémuriens. *Lemur News*, 12: 49-53.

225. **Ratnam, J., Bond, W. J., Fensham, R. J., Hoffmann, W. A., Archibald, S., Lehmann, C. E. R., Anderson, M. T., Higgins, S. I. & Sankaran, M. 2011.** When is a 'forest' a savanna, and why does it matter? *Global Ecology and Biogeography,* 20: 653-660.

226. **Ratovonamana, R. Y., Rajeriarison, C., Roger, E. & Ganzhorn, J. U. 2011.** Phenology of different vegetation types in Tsimanampetsotsa National Park, southwestern Madagascar. *Malagasy Nature*, 5: 14-38.

227. **Raxworthy, C. J. & Nussbaum, R. A. 1997.** Biogeographic patterns of reptiles in eastern Madagascar. In *Natural change and human impact in Madagascar*, eds. S. M. Goodman & B. D. Patterson, pp. 124-141. Smithsonian Institution Press, Washington, D. C.

228. **Razafimahefa Rasoanimanana, R., Nicoud, G., Mietton, N. & Paillet, A. 2012.** Réinterprétation des formations superficielles Pléistocènes du bassin d'Antsirabe (Hautes Terres centrales de Madagascar). *Quaternaire*, 23: 339-353.

229. **Roberts, R. G., Flannery, T. F., Ayliffe, L. K., Yoshida, H., Olley, J.** M., Prideaux, G. J., Laslett, G. M., Baynes, A., Smith, M. A., Jones, R. & Smith, B. L. 2001. New ages for the last Australian megafauna: Continent-wide extinction about 46,000 years ago. *Science*, 292: 1888-1892.

230. **Rosaas, T. G. 1893.** Recent discoveries of fossils at Antsirabe. *Antananarivo Annual*, 7: 111-114.

231. **Sabatier, M. & Legendre, S. 1985.** Une faune à rongeurs et chiroptères Plio-Pléistocènes de Madagascar. Actes du 110ème Congrès national des Sociétés savantes, Montpellier, Section des Sciences, 6: 21-28.

232. **Samonds, K. E. 2007.** Late Pleistocene bat fossils from Anjohibe Cave, northwestern Madagascar. *Acta Chiropterologica*, 9: 39-65.

233. **Samonds, K. E., Parent, S. N., Muldoon, K. M., Crowley, B. E. & Godfrey, L. R. 2010.** Rock matrix surrounding subfossil lemur skull yields diverse collection of mammalian subfossils: Implications for reconstructing Madagascar's paleoenvironments. *Malagasy Nature*, 4: 1-16.

234. **Samonds, K. E., Godfrey, L. R., Ali, J. R., Goodman, S. M., Vences, M., Sutherland, M. R., Irwin, M. T. & Krause, D. W. 2013.** Imperfect isolation: Factors and filters shaping Madagascar's modern vertebrate fauna. *PLOS One*, 8(4): e62086. doi:10.1371/journal.pone.0062086.

235. **Sanders, W. J., Trapani, J. & Mitani, J. C. 2003.** Taphonomic aspects of Crowned Hawk-eagle predation on monkeys. *Journal of Human Evolution*, 44: 87-105.

236. **Sauther, M. L. 1989.** Antipredator behavior of free ranging *Lemur catta* at Beza Mahafaly Special Reserve, Madagascar. *International Journal of Primatology*, 10: 595-606.

237. **Schaik, C. P. van. 1983.** Why are diurnal primates living in groups? *Behaviour*, 87: 120-144.

238. **Schaik, C. P. van & Kappeler, P. M. 1996.** The social systems of gregarious

lemurs: Lack of convergence with anthropoids due to evolutionary disequilibrium? *Ethology*, 102: 915-941.

239. **Schmid, J. & Rasoloarison, R. M. 2002.** Lemurs of the Réserve Naturelle Intégrale d'Ankarafantsika, Madagascar. Dans Une évaluation biologique de la Réserve Naturelle Intégrale d'Ankarafantsika, Madagascar, eds. L. E. Alonso, T. S. Schulenberg, S. Radilofe & O. Missa. *Bulletin RAP d'Evaluation Rapide*, 23: 73-82.

240. **Scott, J. R., Ungar, P. S., Jungers, W. L., Godfrey, L. R., Scott, R. S., Simons, E. L., Teaford, M. F. & Walker, A. 2009.** Dental microwear texture analysis of two genera of subfossil lemurs from Madagascar. *Journal of Human Evolution*, 56: 405-416.

241. **Shultz, S. 2002.** Population density, breeding chronology and diet of Crowned Eagles *Stephanoaetus coronatus* in Taï National Park, Ivory Coast. *Ibis*, 144: 135-138.

242. **Simons, E. L., Godfrey, L. R., Jungers, W. L., Chatrath, P. S. & Rakotosamimanana, B. 1992.** A new giant subfossil lemur *Babakotia* and the evolution of the sloth lemurs. *Folia Primatologica*, 58: 190-196.

243. **Simons, E. L., Godfrey, L. R., Jungers, W. L., Chatrath, P. S. & Ravaoarisoa, J. 1995.** A new species of *Mesopropithecus* (Primates, Palaeopropithecidae) from northern Madagascar. *International Journal of Primatology*, 16: 653-682.

244. **Simons, E. L., Simons, V. F. H., Chatrath, P. S., Muldoon, K. M., Oliphant, M., Pistole, N. & Savvas, C. 2004.** Research on subfossils in southwestern Madagascar and Ankilitelo Cave. *Lemur News*, 9: 12-16.

245. **Simpson, G. G. 1952.** Probabilities of dispersal in geologic time. *Bulletin of the American Museum of Natural History*, 99: 163-76.

246. **Soarimalala, V. & Goodman, S. M. 2008.** New distributional records of the recently described and endangered shrew tenrec *Microgale nasoloi* (Tenrecidae: Afrosoricida) from central western Madagascar. *Mammalian Biology*, 73: 468-471.

247. **Soarimalala, V. & Goodman, S. M. 2011.** *Les petits mammifères de Madagascar*. Association Vahatra, Antananarivo.

248. **Standing, H. F. 1905.** Rapport sur des ossements sub-fossiles provenant d'Ampasambazimba. *Bulletin de l'Académie Malgache*, 4: 95-100.

249. **Standing, H. F. 1908.** On recently discovered subfossil primates from Madagascar. *Transactions of the Zoological Society of London*, 18: 59-162.

250. **Struhsaker, T. & Leakey, M. 1990.** Prey selectivity by crowned hawk-eagles on monkeys in the Kibale Forest, Uganda. *Behavioral Ecology and Sociobiology*, 26: 435-444.

251. **Stuenes, S. 1989.** Taxonomy, habits, and relationships of the subfossil Madagascan hippopotami *Hippopotamus lemerlei* and *H. madagascariensis*. *Journal of Vertebrate Paleontology*, 9: 241-268.

252. **Tan, C. L. 1999.** Group composition, home range size, and diet of three sympatric bamboo lemur species (genus *Hapalemur*) in Ranomafana National Park, Madagascar. *International Journal of Primatology*, 20: 547-566.

253. **Tattersall, I. 1973.** Cranial anatomy of the Archaeolemurinae (Lemuroidea, Primates). *Anthropological Papers of the American Museum of Natural History*, 52: 1-110.

254. **Tattersall, I. 2007.** Madagascar's lemurs: Cryptic diversity or taxonomic inflation? *Evolutionary Anthropology*, 16: 12-23.

255. **Tofanelli, S. & Bertoncini, S. 2010.** Origin and evolutionary history of the Malagasy. In *Encyclopedia of*

life sciences. John Wiley & Sons, Chichester.

256. **Tovondrafale, T. 1994.** Contribution à la connaissance des Aepyornithidae : Etude de leurs œufs dans deux gisements de l'extrême Sud de Madagascar et discussion comparatives sur leur éco-éthologie et les causes de leur disparition. Mémoire de Diplôme d'Etudes Approfondies, Université d'Antananarivo, Antananarivo.

257. **Trapani, J., Sanders, W., Mitani, J. C. & Heard, A. 2006.** Precision and consistency of the taphonomic signature of predation by crowned hawk eagles (*Stephanoaetus coronatus*) in Kibale National Park, Uganda. *Palaios*, 21: 114-131.

258. **U. S. Geological Survey Geologic Names Committee. 2010.** Divisions of geologic time: Major chronostratigraphic and geochronologic units: U.S. Geological Survey fact sheet 2010–3059, downloaded 5 August 2012 from http://pubs.usgs.gov/fs/2010/3059/

259. **Vasey, N. & Burney, D. A. 2007.** Subfossil rodent species assemblages from Andrahomana Cave, southeastern Madagascar: Evidence of introduced species and faunal turnover. Poster presentation made at a conference entitled "Rats, humans, and their impacts on islands", held at the University of Hawai'i, Honolulu, 27-31 March 2007.

260. **Vérin, P. 1990.** *Madagascar*. Karthala, Paris.

261. **Vidal Romani, J. R., Mosquera, D. F. & Campos, M. L. 2002.** A 12,000 yr BP record from Andringitra Massif (southern Madagascar): Post-glacial environmental evolution from geomorphological and sedimentary evidence. *Quaternary International*, 93: 45-51.

262. **Virah-Sawmy, M., Willis, K. J. & Gillson, L. 2009.** Threshold response of Madagascar's littoral forest to sea-level rise. *Global Ecology and Biogeography*, 18: 98-110.

263. **Vuillaume-Randriamanantena, M., Godfrey L. R., Jungers, W. L. & Simons, E. L. 1992.** Morphology, taxonomy and distribution of *Megaladapis*: Giant subfossil lemur from Madagascar. *Comptes Rendus de l'Académie des Sciences, Paris*, série II, 315: 1835-1842.

264. **Walker, A. C. 1967.** Patterns of extinction among the subfossil Madagascan lemuroids. In Pleistocene *extinctions: The search for a cause*, eds. P. S. Martin & H. E. Wright Jr., pp. 425-432. Yale University Press, New Haven.

265. **Walker, A. C. 1967.** *Locomotor adaptation in recent and subfossil Madagascan lemurs*. Ph.D. thesis, University of London, London.

266. **Werdelin, L. 2010.** Bibymalagasia (Mammalia *Incertae Sedis*). In *Cenozoic mammals of Africa*, eds. L. Werdelin & W. J. Sanders, pp. 113-114. The University of California Press, Berkeley.

267. **Weston, E. M. & Lister, A. M. 2009.** Insular dwarfism in hippos and a model for brain size reduction in *Homo floresiensis*. *Nature*, 459: 85-88.

268. **White, E. I. 1930.** Fossil hunting in Madagascar. *Natural History Magazine*, 2 (15): 209-235.

269. **White, F. 1983.** *The vegetation of Africa: A descriptive memoir to accompany the UNESCO/AETFAT/UNSO vegetation map of Africa*. UNESCO, Paris.

270. **Wood, J. R., Rawlence, N. J., Rogers, G. M., Austin, J. J., Worthy, T. H. & Cooper, A. 2008.** Coprolite deposits reveal the diet and ecology of the extinct New Zealand megaherbivore moa (Aves, Dinornithiformes). *Quaternary Science Reviews*, 27: 2593-2602.

271. **Worthy, T. H. & Holdaway, R. N. 2002.** *The lost world of the moa*. Indiana University Press, Bloomington.

272. Wright, H. T. (ed.) 2007. Early state formation in Central Madagascar: An archeological survey of western Avaradrano. *Memoirs of the University of Michigan Museum of Anthropology*, 53: 1-311.

273. Wright, P. C., Johnson, S. E., Irwin, M. T., Jacobs, R., Schlichting, P., Lehman, S., Louis Jr., E. E., Arrigo-Nelson, S. J., Raharison, J.-L., Rafalirarison, R. R., Razafindratsita, V., Ratsimbazafy, J., Ratelolahy, F. J., Dolch, R. & Tan, C. 2008. The crisis of the critically endangered Greater Bamboo Lemur (*Prolemur simus*). *Primate Conservation*, 23: 5-17.

274. Wunderlich, R. E., Simons, E. L. & Jungers, W. L. 1996. New pedal remains of *Megaladapis* and their functional significance. *American Journal of Physical Anthropology*, 100: 115-138.

275. Yoder, A. D., Burns, M. M., Zehr, S., Delefosse, T., Veron, G., Goodman, S. M. & Flynn, J. J. 2003. Single origin of Malagasy Carnivora from an African ancestor. *Nature*, 421: 734-737.

276. Zinner, D., Ostner, J., Dill, A., Razafimanantsoa, L. & Rasoloarison, R. 2001. Results of a reconnaissance expedition in the western dry forests between Morondava and Morombe. *Lemur News*, 6: 16-18.

SCIENTIFIC NAME INDEX

A

Accipiter 153
  francesii 16, 82
Accipitridae 16, 82, 94, 153, 167, 173
Adansonia 68
Aepyornis 56, 66, 67, 68, 69, 70, 74, 75, 82,
  92, 105, 120, 125, 144, 148, 161, 194
  cursor 15, 66
  gracilis 15
  grandidieri 15, 66
  hildebrandti 15, 147, 148, 153, 161, 167
  ingens 15
  lentus 15
  maximus 15, 64, 65, 66, 69, 70, 93, 138
  medius 15, 138, 161, 167
  modestus 15
  mulleri 15, 147
  titan 15
Aepyornithidae 15, 43, 65, 82, 93, 98, 105,
  120, 138, 144, 153, 167, 173, 177, 194
Aepyornithiformes 15, 82, 93, 105, 120,
  138, 144, 153, 167, 173, 194
Afrosoricida 18, 82, 94, 105, 114, 153, 167,
  173
Agapornis
  cana 16, 173
Alaudidae 17, 82, 173
Alcedinidae 17, 173
Alcedo
  vintsioides 17, 173
Aldabrachelys 81, 104, 105, 153, 194
  abrupta 14, 82, 92, 93, 95, 96, 105, 120,
    126, 136, 138, 162, 167, 173
  gigantea 43, 44, 95, 96
  grandidieri 14, 56, 93, 95, 105
Alopochen
  aegyptiacus 118, 148, 162
  sirabensis 15, 93, 118, 121, 136, 138,
    148, 149, 153, 157, 162, 167
Anas
  bernieri 16, 93, 96, 121, 148, 153, 162,
    167
  erythrorhyncha 16, 93, 148, 153
  melleri 16, 93, 148, 153, 162, 167
Anastomus
  lamelligerus 15, 93, 120, 173
Anatidae 15, 82, 93, 121, 138, 153, 167

Anhimidae 75, 162
Anseriformes 15, 82, 93, 138, 153, 167
Apodidae 17, 82, 173
Apodiformes 17, 82, 173
Apus
  barbatus 17, 173
Aquila 16, 91, 94, 161, 167, 213, 214, 217
  chrysaetos 213
  rapax 213
Archaeoindris 98, 147, 158
  fontoynontii 18, 154, 158-159, 164, 167
Archaeolemur 57, 58, 68, 79, 80, 96, 139,
  142, 147, 157, 158, 160, 180, 200
  edwardsi 18, 79, 82, 119, 120, 121, 123,
    124, 137, 128, 147, 153, 160, 164, 167,
    173, 170, 100, 105, 194, 198
  majori 18, 72, 79, 80, 82, 92, 94, 101,
    104, 105, 114, 121, 123, 129, 133, 135,
    137, 138, 167, 185, 194, 198
Archaeolemuridae 18, 82, 94, 114, 121,
  138, 153, 167, 173, 194
Ardea 153
  cinerea 15, 120
  humbloti 15, 93, 120, 138
  purpurea 15, 93, 120
Ardeidae 15, 93, 120, 138, 153, 173
Ardeiformes 15, 93, 120, 138, 153, 173
Arecaceae 113, 175
Artiodactyla 20, 83, 94, 105, 114, 121, 138,
  144, 153, 167, 174
Asio
  madagascariensis 17, 173
Asteraceae 152
Astrochelys
  radiata 14, 81, 82, 93, 105, 138
Atelornis 126
  pittoides 126
Australopithecus
  africanus 215
Avahi 19, 174, 194
  laniger 19, 79, 83, 167
Aves 15, 82, 93, 105, 120, 138, 144, 153,
  167, 173, 194

B

Babakotia 159, 181
   radofilai 18, 168, 174, 179, 180, 192, 194, 198, 199
Bernieridae 17, 82
Bibymalagasia 18, 94, 98, 105, 121, 126, 136, 138, 150, 153, 167, 168, 173, 179
Brachypteracias 126
   langrandi 17, 121, 126
Brachypteraciidae 17, 121, 126
Brachystegia 40
Brachytarsomys 94, 185, 185
   albicauda 185
   mahajambaensis 20, 185, 186
   villosa 185
Brachyuromys 186
Bubulcus
   ibis 15, 173
Burseraceae 178
Buteo
   brachypterus 16, 94, 167, 173

C

Canarium 178
Cannabaceae 53, 152
Cannabis 53, 152
Carnivora 19, 25, 60, 75, 83, 90, 92, 94, 105, 110, 113, 114, 115, 125, 136, 138, 153, 167, 174, 194
Casuariidae 75
Casuarina 91
Casuarinaceae 91
Casuarius
   bennetti 75
Cathariostachys 179, 193
   madagascariensis 193
Centropus
   toulou 17, 173
Centrornis 74, 75
   majori 15, 82, 93, 149, 153, 162
Cercopithecus
   ascanius 214
Charadriidae 16, 94, 121
Charadriiformes 16, 94, 121
Cheirogaleidae 18, 82, 94, 105, 114, 167, 174, 194
Cheirogaleus 18, 94, 105
   major 19, 167

medius 19, 26, 79, 82, 114, 174
Chenalopex
   sirabensis 15
Chiroptera 19, 83, 94, 114, 174
Ciconiidae 15, 93, 120, 173
Columbidae 16, 82, 94, 173
Columbiformes 16, 82, 94, 121
Compositae 152
Coraciidae 17, 94
Coraciiformes 17, 82, 121, 173
Coracopsis
   vasa 16, 82, 94, 153, 173
Corvidae 17, 82
Corvus
   albus 17, 82
Coturnix 16, 173
Coua 162, 173
   berthae 17, 162, 167, 173, 178
   cristata 17, 82
   cursor 17, 82
   gigas 17, 82, 162, 173, 178
   primavea 17, 94, 129, 136, 138, 173, 178
Couinae 162, 168, 178
Crocodylidae 14, 93, 105, 120, 138, 153, 167, 173
Crocodylus 81, 105, 119
   niloticus 15, 81, 82, 93, 105, 120, 138, 173, 191
Cryptogale
   australis 18, 72
Cryptoprocta 86, 113, 136
   antamba 19, 208
   ferox 19, 86, 94, 109, 110, 114, 136, 138, 153, 162, 167, 174, 194, 206-211
   var. *spelea* 86, 208
   spelea 19, 77, 83, 84, 86, 92, 94, 105, 125, 136, 138, 153, 174, 194, 206-211
Cuculidae 17, 82, 94, 138, 167, 173
Cuculiformes 17, 82, 94, 138, 167, 173
Cuculus
   rochii 17, 173
Cyanolanius
   madagascarinus 17, 82

D

Daubentonia
   madagascariensis 18, 115, 194

robusta 18, 57, 101, 114, 115, 150, 167, 217
Daubentoniidae 18, 114, 167, 194
Dendrocygna 16, 93, 121, 138
Didierea 113
Didiereaceae 38, 113
Dinornithiformes 66
Dromaiidae 75
Dromaius
    novaehollandiae 75
Dryolimnas
    cuvieri 16, 94

E
Echinops
    telfairi 18, 82, 114
Egretta 15
Eidolon
    dupreanum 19, 83, 172, 174, 183
Eliurus 20, 83, 110, 114, 174
    antsingy 187
    myoxinus 20, 79, 83, 114, 174
Emballonura
    atrata 19, 94
Emballonuridae 19, 94
Erica 37
Ericaceae 34, 37, 41, 46, 151
Eugenia 157
Eulemur 19, 158
    coronatus 19, 191, 193, 194
    fulvus 19, 114, 166, 167, 174, 194
        sanfordi 191
    mongoz 19, 166, 167, 174
Euphorbiaceae 39, 156
Eupleridae 19, 83, 94, 105, 114, 153, 167, 174, 194, 206
Eurystomus
    glaucurus 17, 94

F
Fabaceae 40, 107
Falco
    newtoni 16, 82, 173
Falconidae 16, 82, 173
Falconiformes 16, 82, 94, 153, 173
Flacourtia
    rudis 15

Fossa
    fossana 19, 83, 174
Foudia
    madagascariensis 18, 82, 173
Fulica
    cristata 16, 82, 94, 121

G
Galidia
    elegans 19, 109, 110, 111, 114
Galidictis 167
    grandidieri 19, 109, 111, 114, 115
Galliformes 16, 153, 173
Gallinula
    chloropus 16, 82, 84, 153, 162, 167
Geobiastes 126
Geogale
    aurita 18, 82, 94, 114
Gromphadorhina 107
Gruiformes 16, 82, 94, 121, 153, 167, 173

H
Hadropithecus 68, 80, 129, 139, 147, 158, 160, 161
    stenognathus 18, 72, 79, 80, 82, 84, 86-87, 101, 124, 137, 138, 167
Haliaeetus
    vociferoides 16, 94, 96
Hapalemur 205
    griseus 19, 193, 194, 200
    simus 19, 158, 163, 167, 174, 179, 192-193, 194, 198, 200
Himantopus
    himantopus 16, 94
Hippopotamidae 20, 83, 94, 114, 138, 144, 153, 174
Hippopotamus 114, 139
    amphibius 138, 142, 143, 144
        standini 142
    guldbergi 20, 121, 138, 144, 149, 153, 162, 167
    laloumena 20, 143, 144, 174
    lemerlei 20, 53, 58, 81, 83, 92, 94, 96, 100, 104, 105, 119, 121, 136, 138, 142, 143, 144, 172, 174, 177
    madagascariensis 143, 144
Hipposideridae 19, 83, 94, 174
Hipposideros
    besaoka 19, 172, 174

commersoni 19, 83, 94, 174
Hirundinidae 17, 173
Hovacrex 149
  roberti 16, 94, 149, 153
Humulus 53, 152
Hypogeomys 72, 110, 150
  antimena 20, 78, 92, 94, 110, 111, 114,
    121, 126, 127, 150, 162, 167
  australis 20, 75, 78, 79, 83, 150, 153
Hypsipetes
  madagascariensis 17, 173

I

Indri 129, 195, 200
  indri 19, 121, 125, 158, 163, 167, 180,
    192, 194, 198, 200
Indriidae 19, 83, 94, 105, 114, 121, 124,
  167, 174, 194

L

Laridae 16, 94, 121
Larus 121
  cirrocephalus 16, 94
  dominicanus 16, 94
Lemur 101, 205
  catta 19, 57, 74, 79, 82, 94, 101, 105,
    114, 121, 124, 125
Lemuridae 19, 82, 94, 105, 114, 121, 138,
  153, 167, 174, 194
Lemuriformes 18, 82, 94, 105, 114, 121,
  138, 153, 167, 173
Lepilemur 18, 167, 174, 194, 204, 205
  ankararensis 191
  dorsalis 18
  edwardsi 18, 179
  leucopus 18, 101, 105, 114
  mustelinus 18
  ruficaudatus 18
  septentrionalis 18
Lepilemuridae 18, 105, 114, 167, 174, 194
Leptopterus
  viridis 17, 82
Leptosomatidae 17, 173
Leptosomus
  discolor 17, 173
Lophotibis
  cristata 15, 93, 121, 173

M

Macrotarsomys 78, 110
  bastardi 20, 79, 83, 94, 114
  petteri 20, 78, 79, 81, 83, 94, 110, 111,
    114, 115
Malvaceae 68
Mammalia 18, 82, 94, 105, 114, 138, 144,
  153, 167, 173, 194
Margaroperdix
  madagarensis 16, 153
Medemia 113, 175
Megaladapidae 19, 82, 94, 105, 114, 138,
  153, 167, 174, 194
Megaladapis 10, 80, 81, 101, 121, 157,
  164, 179, 181, 204
  edwardsi 19, 72, 80, 82, 92, 94, 96, 101,
    104, 105, 119, 120, 121, 123, 124, 160,
    181, 204
  grandidieri 19, 79, 147, 148, 153, 160,
    167, 174, 181, 204
  grandidieri/madagascariensis 174, 181,
    194, 198, 204-205
  madagascariensis 19, 79, 80, 82, 94,
    101, 104, 105, 109, 114, 121, 123, 124,
    136, 138, 148, 160, 174, 181, 204
Mentocrex
  beankaensis 187
Meropidae 17, 173
Merops
  superciliosus 17, 173
Mesitornithidae 16, 65, 168, 173, 178
Mesopropithecus 159, 164, 199
  dolichobrachion 18, 192, 198, 199
  globiceps 18, 92, 94, 101, 105, 124, 136,
    138, 194
  pithecoides 18, 147, 153, 159, 167
Microcebus 18, 79, 94, 167, 174, 194, 195
  griseorufus 18, 82, 88, 114
  murinus 18, 114
Microgale 77, 78, 173
  brevicaudata 18, 77, 114
  grandidieri 187
  jenkinsae 94
  longicaudata 18, 82
  macpheei 18, 75, 77, 82
  majori 18, 114
  nasoloi 18, 77, 78, 81, 82, 109, 114
  principula 77, 81, 82
  pusilla 18, 77, 81, 82, 94

Milvus
  aegyptius 16, 94, 173
Miniopteridae 19, 83, 114
Miniopterus
  gleni 19, 83, 114
Mirafra
  hova 17, 82, 173
Molossidae 19, 83, 94, 114
Monarchidae 17, 82
Monias 16, 173, 178
  benschi 178
Mops
  leucostigma 19, 83
Mormopterus
  jugularis 19, 83, 94, 114
Mullerornis 56, 66, 67, 68, 70, 74, 75, 82,
  92, 120, 125, 133, 147, 161, 173, 177,
  178
  agilis 15, 93, 148, 153, 161, 167
  betsilei 15, 153
  grandis 15
  rudis 15, 136, 138
Mungotictis
  decemlineata 19, 109, 114
Muridae 79, 110
Mus
  musculus 79
Mycteria
  ibis 15, 93
Myotis
  goudoti 19, 174
Myrtaceae 157

N

Nesillas
  lantzii 17, 82
Nesomyidae 20, 83, 94, 114, 121, 153, 167,
  174, 194
Nesomyinae 77, 110, 178, 185, 187
Nesomys 178, 186, 193
  audeberti 186, 193
  lambertoni 186, 193
  narindaensis 20, 174, 178, 186, 193, 194
  rufus 20, 78, 83, 186, 193
Newtonia
  brunneicauda 17, 173
Ninox
  superciliaris 17, 173

Numenius
  phaeopus 16, 94

O

Otomops
  madagascariensis 19, 114
Otus
  rutilus 17, 82, 173

P

Pachylemur 80, 101, 102, 161, 164, 183,
  194, 198, 199, 200, 210, 211
  insignis 19, 57, 79, 80, 82, 94, 101, 105,
  114, 121, 123, 124, 129, 135, 136, 138,
  161, 200, 210
  jullyi 19, 80, 147, 153, 161, 164, 200
Palaeognathae 66
Palaeopropithecidae 18, 94, 105, 114, 121,
  138, 153, 158, 159, 167, 174, 194
Palaeopropithecus 101, 102, 103, 124, 148,
  159, 180, 185, 186, 187, 194, 198, 215,
  216
  ingens 18, 53, 92, 94, 101, 102, 105, 107,
  114, 121, 123, 124, 135, 136, 138, 180,
  188, 215
  kelyus 18, 124, 174, 179, 181, 185, 187,
  188, 216
  maximus 18, 57, 147, 153, 158, 159, 164,
  167, 180, 188, 215, 216
Paramicrogale
  decaryi 72
Paremballonura
  atrata 19, 94
  tiavato 94
Passeriformes 17, 82, 173
Pedaliaceae 67
Pelecaniformes 15, 93, 153
Pelomedusa
  subrufa 81
Phalacrocoracidae 15, 93, 153
Phalacrocorax 15, 93, 96, 148, 153
  africanus 15, 93, 148, 153
Phascolarctos 204
Phasianidae 16, 153, 173
Phedina
  borbonica 17, 173
Phoeniconaias
  minor 15, 93, 173
Phoenicopteridae 15, 93, 121, 173

Phoenicopterus
 ruber 15, 93, 121
Platalea
 alba 15, 93, 121, 153
Plegadis
 falcinellus 140
Plesiorycteropus 94, 98, 150, 179
 germainepetterae 18, 162, 167
 madagascariensis 18, 105, 121, 126,
  129, 136, 138, 153, 162, 167, 173, 179
Ploceidae 18, 82, 173
Ploceus
 sakalava 18, 82
Poaceae 31, 43, 157, 179, 193
Polyboroides
 radiatus 16, 94
Porphyrio
 porphyrio 16, 94, 121, 153
Potamochoerus 142, 206
Primates 18, 82, 95, 105, 114, 121, 138,
 153, 167, 173, 194
Procellaridae 15, 82
Procellariiformes 15, 82
Propithecus 19, 101, 102, 138, 158, 159,
 166, 195, 200, 206, 210, 216
 diadema 19, 158, 166, 167, 200
 perrieri 194, 199, 200
 tattersalli 19, 192, 194, 200
 verreauxi 19, 57, 79, 83, 94, 101, 102,
  105, 114, 121, 166, 167, 174, 179, 210
Psittacidae 16, 82, 94, 153, 173
Psittaciformes 16, 82, 94, 153, 173
Pterocles
 personatus 16, 94, 121
Pteroclididae 16, 94, 121
Pteropodidae 19, 83, 174
Pteropus
 rufus 19, 83
Puffinus 15, 82
Puma
 concolor 206
Pycnonotidae 17, 173

R
Rallidae 16, 94, 121, 167, 187
Rallus
 madagascariensis 16, 94
Rattus 79

Recurvirostridae 16, 94
Reptilia 14, 82, 93, 105, 120, 138, 153, 167,
 173, 194
Rodentia 20, 83, 94, 114, 121, 153, 167,
 174
Rousettus
 madagascarienisis 19, 83, 174

S
Salicornia 91
Salicorniaceae 91
Salvadora 91
Salvadoraceae 91
Sarkidiornis
 melanotos 16, 153, 162
Scolapaciidae 16, 94
Setifer
 setosus 18, 82, 94, 114
Soricidae 79
Sporomiella 54, 134
Stephanoaetus
 coronatus 213-217
 mahery 16, 94, 161, 167, 211-217
Strepsirrhini 18, 82, 94, 105, 114, 121, 138,
 153, 167, 173, 194
Streptopelia
 picturata 16, 82, 94, 173
Strigidae 17, 82, 173
Strigiformes 17, 82, 173
Struthio
 camelus 65, 177
Struthioniformes 65
Suncus
 etruscus 79
 madagascariensis 79
Sylviidae 17, 82

T
Tadorninae 118, 149, 162
Tamarindus
 indica 107
Tenrec
 ecaudatus 18, 82, 88, 94, 105, 113, 114,
  153, 167, 173
Tenrecidae 18, 74, 77, 82, 94, 114, 153,
 167, 173, 187
Terpsiphone
 mutata 17, 82

Testudinidae 82, 93, 105, 120, 138, 153, 167, 173, 194
Thalassornis
leuconotus 16, 93
Thamnornis
chloropetoides 17, 82
Threskiornis
bernieri 15, 93, 121
Threskiornithidae 15, 93, 121, 153, 173
Triaenops
furculus 19, 83, 94, 174
goodmani 19, 172, 174
Tribonyx
roberti 16, 149
Tubulidentata 179
Turnicidae 16, 82, 173
Turnix
nigricollis 16, 82, 173
Tyto
alba 17, 21, 82, 173
Tytonidae 82, 173

U
Uapaca 157
bojeri 156
Uncarina 67, 69
Upupa
marginata 17, 82

Upupidae 17, 82
Uratelornis 126

V
Vaccinium 37
Vanellinae 118
Vanellus
madagascariensis 16, 94, 118, 121
Vanga
curvirostris 17, 82
Vangidae 17, 82, 173
Varecia 80, 161, 195, 200, 205
variegata 19, 158, 167
Vespertilionidae 19, 174
Voalavo 186
Voay
robustus 14, 15, 81, 82, 93, 105, 119, 120, 136, 138, 149, 153, 162, 167, 173

X
Xanthorrhoeaceae 115

Z
Zosteropidae 17, 82
Zosterops
maderaspatana 17, 82

INDEX DES LOCALITES A MADAGASCAR

Les chiffres en **gras** correspondent aux numéros de pages relatives à une localité spécifique.

A

Ambalavo 32

Ambararata 129

Ambariotelo 47

Ambatotsirongorongo 77

Ambohitantely 42

Ambolisatra 53, 58, 93, 204, 208

Ambongonambakoa 181

Ampasambazimba 20, 23, 31, 40, 45, 56, 66, 119, 125, 147, 148, **154-167**, 178, 182, 192, 201, 209, 215, 216

Ampoza 22, 78, 104, 112, **115-129**, 141, 157

Analavelona 112, 114, 117, 118, 126, 127, 128

Andapa 201

Andolonomby 54, 209

Andrahomana (voir Grotte d'Andrahomana)

Andringitra 29, 35, 36, 37, 46, 128, 129, 209

Anjajavy 20, 22 **183-188**

Anjohibe (voir Grotte d'Anjohibe)

Ankaivo 129

Ankarafantsika 179

Ankarana 20, 22, 125, 141, 168, 186, **188-205**, 208

Ankazoabo-Sud 118, 210

Ankevo 129,

Ankilibehandry 70, 129, 131-133

Ankilitelo 20, 22, **105-115**, 136, 216

Anosyenne (chaîne de montagnes) 78, 79, 81

Antananarivo 143

Antserananomby 135

Antsirabe 21, 22, 31, 66, 78, 118, **144-154**, 160, 161, 208

Antsirasira 129

Asambalahy 113

B

Baie d'Antongil 51, 192

Beavoha 93, 204, 208

Belo sur Mer 21, 45, 54, 70, **129-139**, 142, 161, 178, 208

Belo Tsiribihina 134

Belobaka 174, 181

Beloha 58, 208

Bemafandry 93

Bemaraha 32, 62, 110, 186, 192, 193

Beroroha 100

Betafo 144, 146, 147

Betsiboka (fleuve) 29

Beza Mahafaly 38, 100, 102

Bungo Tsimanindroa 185

C

Canal des Pangalanes 142, 143, 144

Cap Sainte Marie 22, **63-71**, 83

Cratère de Burckle 85

D

Daraina 41, 42, 200

E

Enijo 52

F

Faux Cap 83, 84

Fenambosy 83, 84

Fort Dauphin 67

G

Grotte d'Andrafiabe 191, 204

Grotte d'Andrahomana 20, 23, 57, **72-87**, 110, 160, 208

Grotte d'Anjohibe 20, 23, 58, 136, **168-183**, 192, 199

Grotte d'Anjohikely 180

Grotte d'Ankazoabo 92, 93, 209

Grotte d'Antsiroandoha 199

Grotte de Crocodile 191

Grotte de Lavakasaka 178

Grotte de Mitoho 91, 92

I

Ifanadiana 192

Irodo 51

Isalo 104, 117, 126, 128, 129
Itampolo 21, 70, 92, 209
Itampolove 93
Itasy 156

K
Kianjavato 192
Kirindy 134
Kirindy Mitea 134, 135

L
Lac Alaotra 46
Lac Andraikiba 150
Lac Kavitaha 157, 164
Lac Tritrivakely 46, 53, 144, 150, 152, 164
Lakaton'i Anja 51
Lakaton'ny Akanga 51, 208
Lamboharana 21, 67, 68, 93, 216
Lelia 94
Loharano 146

M
Mahajanga 138, 168, 182, 183, 188
Mahamavo (presqu'île) 185
Mahilaka 52
Makira 154
Manamby 107
Mananjary 21, 23, **139-144**
Mandrare (fleuve) 67 ·
Mangoky (fleuve) 29, 38
Mangoro (fleuve) 124, 201
Manombo (Toliara) 208
Maroantsetra 154
Marodoka 49
Marovato 66
Masinandraina 146, 147, 148, 150
Masinandreina 146
Masoala 29, 30, 34, 35
Menarandra (fleuve) 51, 52
Mikea 78, 110, 111, 115
Montagne d'Ambre 46, 191
Montagne de Français 51
Morarano 146, 147
Morondava 78, 92, 110, 111, 126, 129, 134, 150, 162

N
Namorona (rivière) 28
Narinda (presqu'île) 185
Nosy Be 49
Nosy Mangabe 51

O
Onilahy (fleuve) 28, 29, 88, 110

P
Plateau Horombe 39
Plateau Mahafaly 88-97, 109
Plateau Mikoboka 107, 112

R
Ranobe 97, 112, 113, 114, 133
Ranohira 39
Ranomafana 28, 179, 192, 193
Raulin Zohy 185, 187, 188
Rezoky 113, 210

S
Sakamena (rivière) 101, 104
Sakaraha 78
Sarodrano 51, 113
Sirabé 146

T
Talaky 69, 70-71
Taolambiby 22, 23, 53, 56, 57, 58, **98-105**, 164, 209
Tolagnaro 38, 67, 208
Toliara 54, 78, 97, 107, 113, 126
Tsaratanana 26
Tsiandroina 93
Tsihombe 69
Tsimanampetsotsa 22, 30, **88-97**, 109, 110, 115
Tsimbazaza 143
Tsirave 87, 100, 124, 160, 209
Tsiribihina (fleuve) 29

Z
Zombitse-Vohibasia 109, 111, 128